CAD/CAM 工程范例系列教材
职业技能培训用书

零部件测绘与 CAD 成图技术

主　编　王寒里　陈饰勇
副主编　顾德仁　王长民
参　编　黎江龙　黎亚军　左璇
　　　　李国东　江进枝

机 械 工 业 出 版 社

本书是全国职业院校技能大赛中职组零部件测绘与 CAD 成图技术赛项转化成果之一。本书把比赛的任务和基础知识进行有机的结合，主要内容包括测绘工具的使用、典型零件的三维建模、典型零件图的绘制、典型零件的草图绘图、典型零件质检报告的书写、常见零件的创新设计、三维装配与二维装配图的绘制以及综合实例，旨在培养学习者手工绘制草图、计算机制图和生产中零部件测绘等基本技能。

本书的特点是在企业真实生产环境和信息化的教学环境中，通过“做、学、教”任务驱动式的教学方法，对零部件测绘、手工绘图、CAD 成图、三维建模、装配知识与技能、质量控制、团队协作、职业素养等能力进行全面训练，使学习者具备岗位所需要的综合技能。

本书可作为职业教育院校机械类相关专业的教材，也可以作为相关技术人员进行机械设计的参考用书。本书配有相关教学资源，为便于教师选用和组织教学，选择本书作为教材的教师可登录机工教育服务网 www.cmpedu.com，注册后免费下载。

图书在版编目（CIP）数据

零部件测绘与 CAD 成图技术 / 王寒里，陈饰勇主编 . —北京：机械工业出版社，2018.11（2025.1 重印）
CAD / CAM 工程范例系列教材　职业技能培训用书
ISBN 978-7-111-61121-9

Ⅰ . ①零…　Ⅱ . ①王…②陈…　Ⅲ . ①机械元件 - 测绘 - 计算机辅助设计 -AutoCAD 软件 - 教材　Ⅳ . ① TH13

中国版本图书馆 CIP 数据核字（2018）第 234422 号

机械工业出版社（北京市百万庄大街 22 号　邮政编码 100037）
策划编辑：汪光灿　责任编辑：汪光灿　黎　艳
责任校对：张晓蓉　封面设计：张　静
责任印制：李　昂
北京瑞禾彩色印刷有限公司印刷
2025 年 1 月第 1 版第 10 次印刷
284mm×210mm · 12.75 印张 · 298 千字
标准书号：ISBN 978-7-111-61121-9
定价：58.00 元

电话服务
客服电话：010-88379833
010-88379833
010-68326294

网络服务
机　工　官　网：www.cmpbook.com
机　工　官　博：weibo.com/cmp1952
金　　书　　网：www.golden-book.com
机工教育服务网：www.cmpedu.com

前　　言

党的二十大报告中指出“实施科教兴国战略，强化现代化建设人才支撑”，将“大国工匠”和“高技能人才”纳入国家战略人才行列，本书是以帮助学生学习零部件的视图表达与尺寸标注、表面粗糙度的国家标准，掌握极限与配合、几何公差标注方法等理论基础与专业知识，使学生具备手工绘制草图、计算机制图、创新设计等基本技能的思路来组织编写的，突出了职业教育的特点。

近年来，全国职业院校技能大赛的成功举办，促进了职业院校的教学改革与课程建设，引导专业课程与生产实际相结合，推动课程标准与岗位标准相统一。本书基于产教融合理念，服务产业，促进创新，跨越产业与教育、教学与竞赛的领域，深度融合制造业与机械类相关专业学生培养的全过程。针对职业院校教学的实际情况，本书从测绘的教学计划和准备工作到多种测绘工具的使用，从典型零件的三维建模到零件的成图，从典型零件质检报告的书写到常见零件的创新设计，最后应用于综合实例中，形成了一套完整的教学系统，使学生通过训练，掌握零部件测绘要点与软件应用成图技术。

本书学时分配建议如下：

序号	内容	建议学时
1	第 1 章　零部件测绘的教学计划和准备工作	2
2	第 2 章　测绘工具的使用	2
3	第 3 章　典型零件的三维建模	6
4	第 4 章　典型零件图的绘制	8
5	第 5 章　典型零件的草图绘图	4
6	第 6 章　典型零件质检报告的书写	4
7	第 7 章　常见零件的创新设计	6
8	第 8 章　三维装配与二维装配图的绘制	6
9	第 9 章　综合实例	12
共计		50

本书由广州双元科技有限公司王寒里和广州航海学院陈饰勇任主编，上海科技管理学校顾德仁、广州中望龙腾软件股份有限公司王长民任副主编。参加编写的人员还有广州中望龙腾软件股份有限公司黎江龙、佛山市南海区信息技术学校黎亚军、武汉市东西湖职业技术学校左璇、广东省华侨职业技术学校李国东、江进枝。全书由王寒里统稿。

在本书编写过程中，得到了广州中望龙腾软件股份有限公司在软件与技术上的大力支持与帮助，也参考了部分文献资料，在此对广州中望龙腾软件股份有限公司与文献的作者表示感谢！

由于编者水平有限，书中难免存在不足之处，恳请广大读者批评指正。

编者

目　录

目　录

第 1 章

零部件测绘的教学计划和准备工作

1.1 零部件测绘的目的和教学计划

零部件测绘（图 1-1）是指对现有的机械装置进行拆卸，对非标准件进行分析，结合加工技术和材料学，选择适当的视图表达方式，添加合适的技术要求和公差要求，绘制出机械零件的草图、标准零件图和装配图的过程。

完整的零件图应该具备：一组视图、完整的尺寸、技术要求和标题栏。

图 1-1　零部件测绘

1.1.1 零部件测绘的目的和要求

1. 目的

(1) 设计新产品

测绘的目的是为了设计。测绘可以快速得到现有设备的资料和生产数据，对设计新设备有一定的参考价值，避免走弯路。图 1-2 所示为设计的新产品。

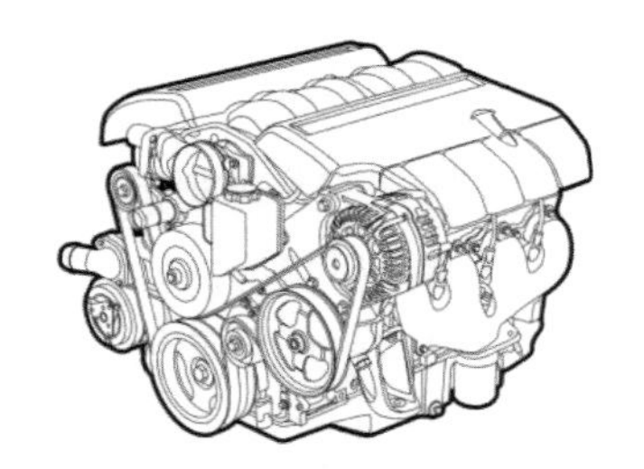

图 1-2 设计的新产品

(2) 修复零件与改造已有设备

由于机器长时间运行，可能会因为其中某一个零件损坏导致设备停机，在没有原始零件图样的情况下，需要测绘损坏的零件以得出详细的尺寸数据，然后绘制出标准的机械零件图，快速生产新的零件替换旧零件（图 1-3）。

有时为了提高生产率或改善设备的安全性，要对设备进行升级改造，也需要对零部件进行测绘，进行结构上的改进并加工新零件（图 1-4）。

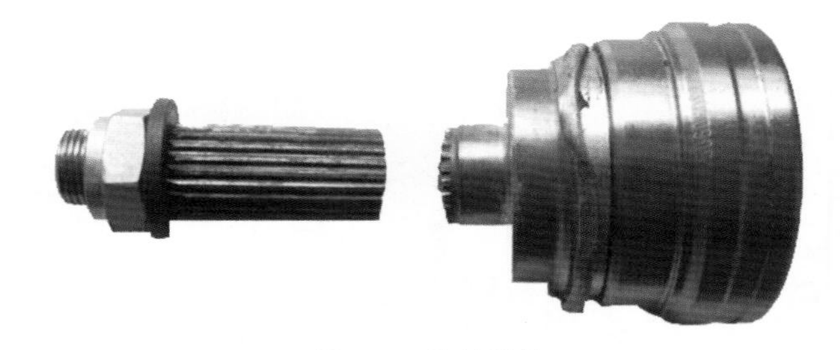

图 1-3 修复零件

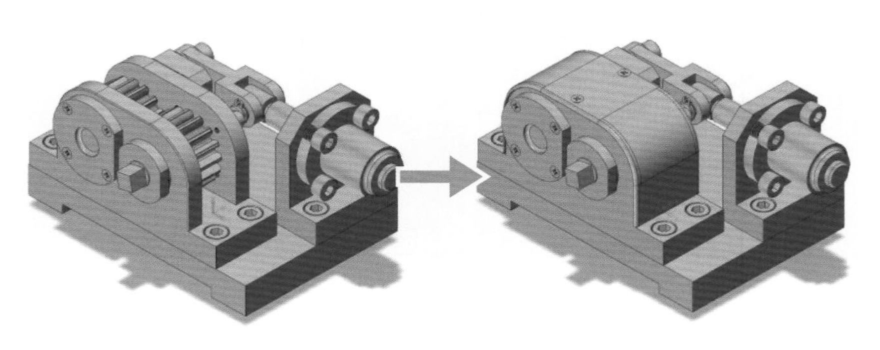

图 1-4 改造设备——加防尘罩

(3) 零部件测绘实训教学

零部件测绘实训是各类职业院校和技工院校“机械制图”教学中的一个极其重要的环节，可以训练学生的实践技能，培养学生的工程意识和创新能力。

零部件测绘实训（图 1-5）同时也是学生对“机械制图”这门课程掌握程度的有效检验，既能锻炼和培养学生的动手能力，也有助于学生将理论运用于实践，以及建立团队协作的意识。

图 1-5　实训教学

2. 要求

掌握各种零件草图的绘制方法；掌握常用测量工具的使用方法；掌握尺寸的分类和圆整的原则和方法；熟知零部件的公差与配合、表面结构要求及其他技术要求的基本鉴别原则；学会零部件拆卸的常用方法；掌握使用中望 3D 教育版软件绘制三维零件图和使用中望机械 CAD 教育版软件绘制二维零件图、装配图的基本方法；培养学习者综合运用所学知识解决问题和具备独立工作的初步职业技能。

目标技能

① 掌握基本测绘方法
② 掌握机械制图的基本知识
③ 了解机械加工的方法
④ 了解常用材料的性能和热处理方法
⑤ 会查找相关机械手册

1.1.2 零部件测绘的方法和步骤

1. 一般的绘图方法（图 1-6）

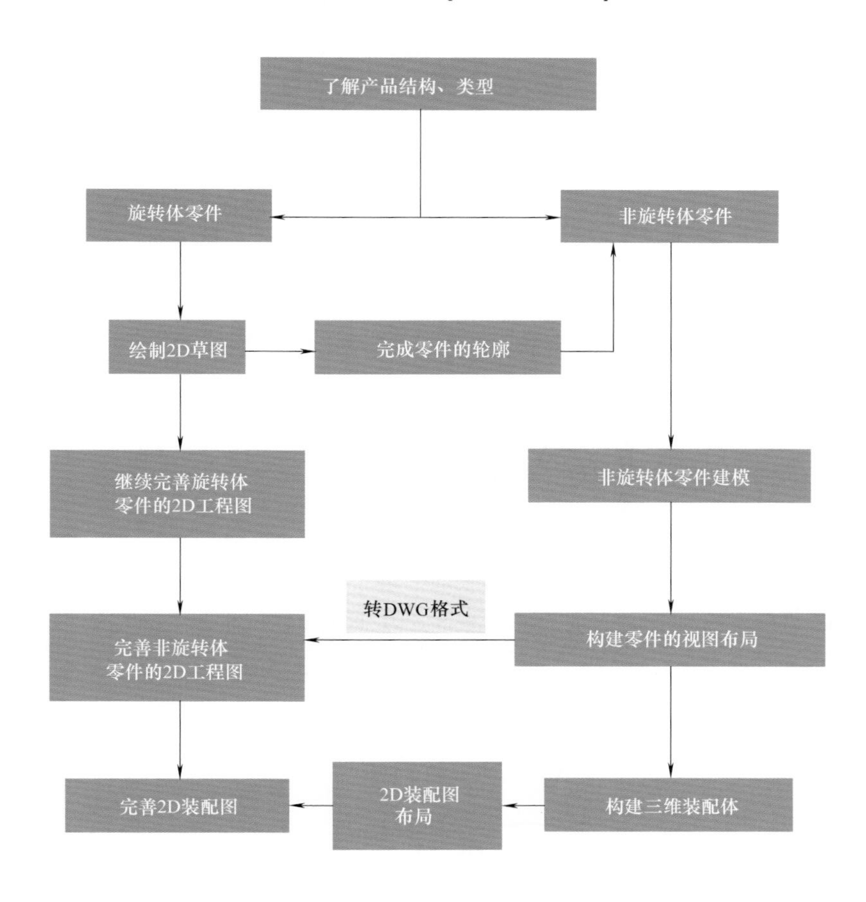

图 1-6　绘图方法

2. 步骤

(1) 观察外形和结构，拆卸机器

首先观察机器的外观，了解其用途，然后对该机器结构和制造方法进行分析，最后使用拆装工具对机器进行拆卸，将零件整齐、分类摆放在实训桌上，如图 1-7 所示。

合格

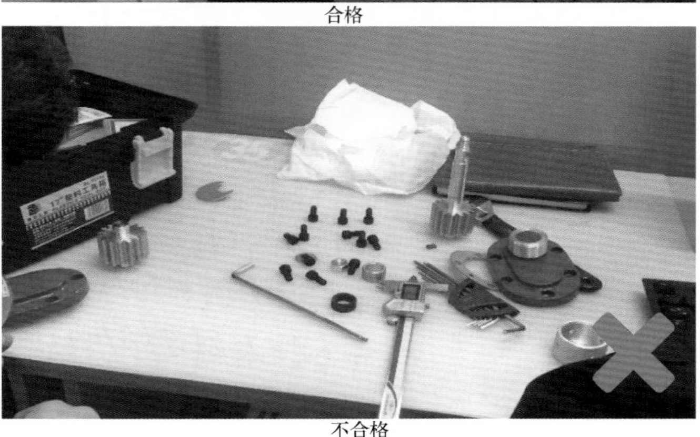

不合格

图 1-7　拆卸工件，摆放整齐

(2) 绘制零件草图

在实际生产中，修配机器测绘零件的工作常在机器现场进行，由于受条件的限制，一般先绘制零件草图（即目测比例、徒手绘制零件图）；然后由零件草图整理成零件工作图（简称零件图）。要求徒手在坐标纸上绘制零件的草图，不得使用直尺、圆规等相关绘图工具。

零件草图是绘制零件图的重要依据，它必须具备零件图应有的全部内容。要求图形正确，表达清晰，尺寸完整，线型分明，图面整洁，字体工整，并注写出技术要求等有关内容，如图 1-8 所示。

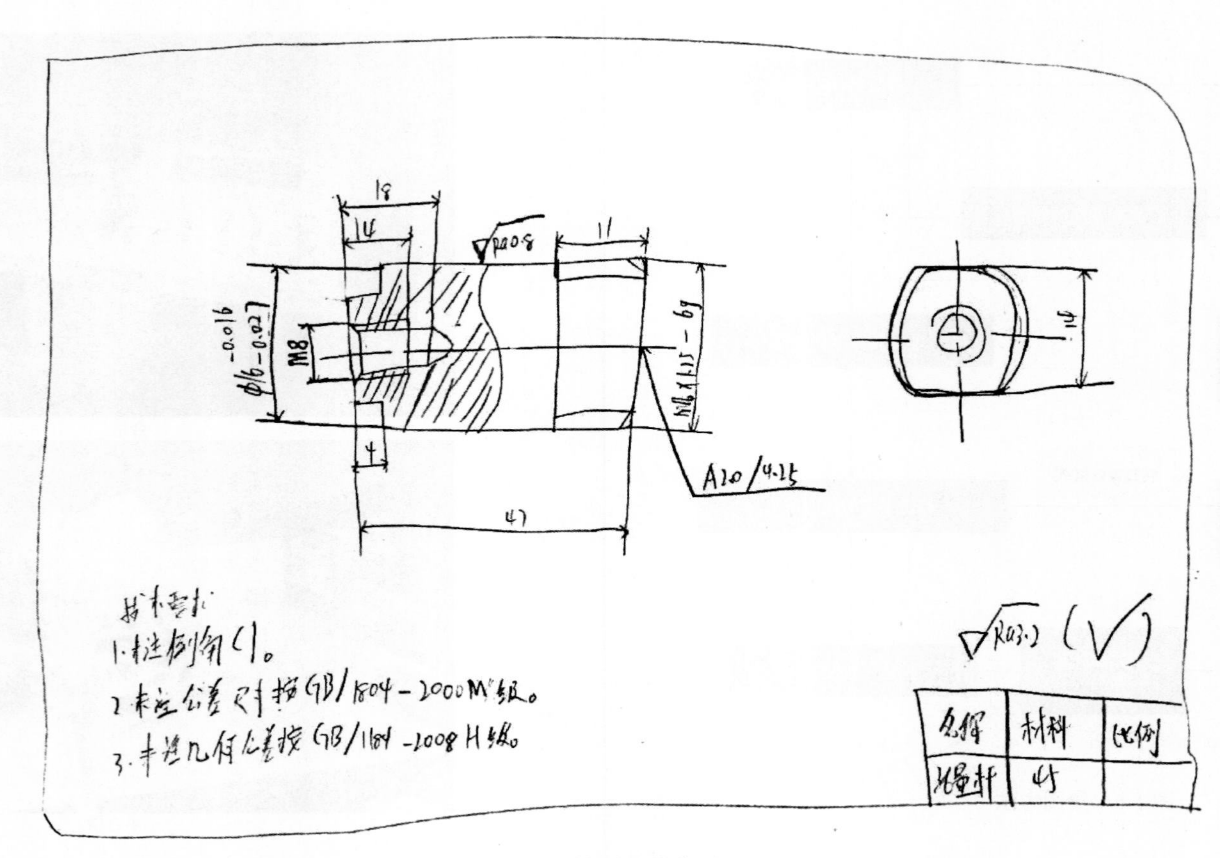

图 1-8　绘制零件草图

(3) 设计新产品完成质量检测报告

根据给定的质量检测报告，测量指定零件的尺寸，并做出检测结论和零件的处理意见（图 1-9）。

零件质量检测报告单

测量零件图									
③ ④ ② ①									
测　量　结　果（毫米）									
零件名称			检测件数		允许读数误差		±0.003mm		
序号	项目	尺寸要求	使用的量具	测量结果					项目判定
				NO.1	NO.2	NO.3	NO.4	NO.5	
1	外径	$\phi 8^{-0.013}_{-0.028}$mm							合　否
2	外径	$\phi 18^{-0.016}_{-0.034}$mm							合　否
3	长度	$8^{-0.013}_{-0.028}$mm							合　否
4	内径	$\phi 8^{+0.022}_{0}$mm							合　否
结论	合格品		次品		废品				
处理意见									

注意事项：

1.参赛选手必须在零件质量检测报告单上面正确填写“赛位号”“零件名称”“检测件数”。

2.参赛选手必须按任务书要求，检测零件指定部位每个尺寸是否合格，然后用“√”标记做出零件属于合格品、次品还是废品的检测结论，并简要描述做出检测结论的理由及对零件的处理意见：合格品——入库；次品—— 返修（哪个尺寸？）；废品——废弃。

图 1-9　检测报告

(4) 零件三维建模和虚拟装配

根据零件实物使用三维设计软件建立机器每个零件的三维数据，包括标准件等。完成零件三维建模后，再进行虚拟装配。在这一过程中对机器会有进一步了解，对各个零件之间的关系也会有全面的理解，如图 1-10 所示。

虚拟装配时需要进行装配干涉检查，以检验零件尺寸是否有误（螺纹干涉除外）。

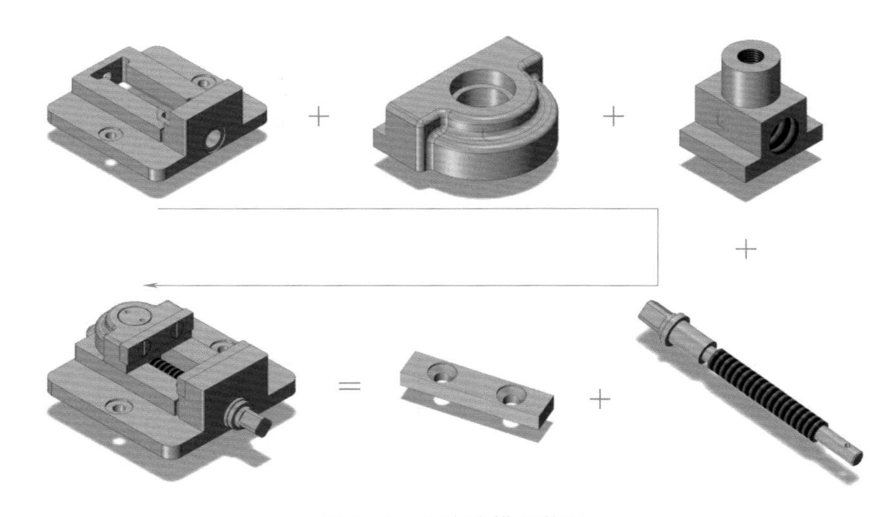

图 1-10　三维建模和装配

(5) 绘制零件图和装配图

在三维设计软件内根据零件的特点投影出零件二维图（图 1-11）。

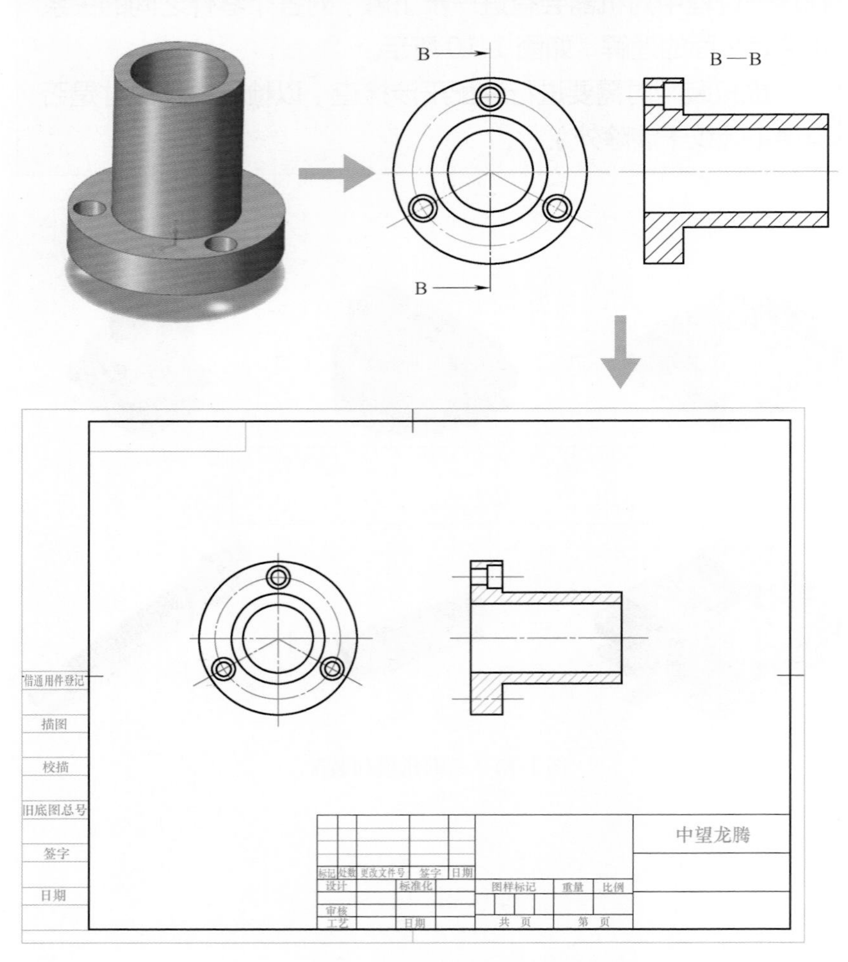

图 1-11　投影零件二维图

视图选择的基本原则

① 对零件各部分的形状和相对位置的表达要完整、清楚。

② 要便于看图和画图。

③ 在明确表示零件结构的前提下，应使视图（包括剖视图和断面图）的数量尽可能少。

④ 尽量避免使用虚线来表达物体的轮廓。

⑤ 避免不必要的细节重复。

结果如图 1-12 所示。

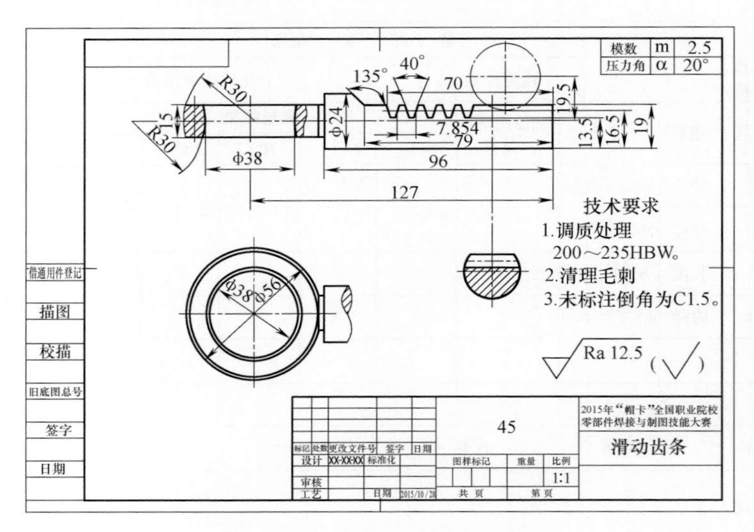

图 1-12　视图选择的基本原则

(6) 提交成果

按照零部件测绘实训计划书要求，提交规定格式的成果文件。

1.1.3 零部件测绘的教学计划和成绩评定

1. 测绘内容和教学计划表

教学计划表见表 1-1。

表 1-1 教学计划

序号	测绘内容	时间 / 天	配分
1	派发零部件测绘计划书，分发测绘装置和工量具，学习注意事项，拆卸装置	0.5	
2	任务一：绘制所有非标零件草图（标准件除外）	1	15
	任务二：完成质量检测报告		5
3	任务三：绘制所有零件的三维模型，进行虚拟装配，干涉检查	1	20
4	任务四：绘制二维零件图（标准件除外）	2	45
5	任务五：绘制二维装配图	1	15
6	职业素养：提交 PDF 图样和源文件，整理实训桌、测绘装置，工量具恢复原样	0.5	配分 5 分，采用倒扣分制
	总计	6	100

2. 尺寸精度的圆整规定

① 沉孔、锪孔、螺栓联接孔等特殊孔径，应按实际测量值标注。

② 在测绘过程中，所测得的零件各部位形状尺寸均按 0.5mm 精度四舍五入圆整。例如，若测量尺寸为 29.4mm 取 29mm，若为 29.6mm 则取 30mm 标注。

3. 几何精度及配合精度的标注要求

根据相关国家标准文件，结合测绘机构的运动原理和工作环境，使用机械设计手册或三维设计软件内工具，查阅技术参数，在对应零件上正确标注，并对零件及装配图添加合理的技术要求。

所有零件图的未注尺寸公差均按 GB/T 1804—2000m 级标注、未注几何公差均按 GB/T 1184—1996 H 级标注。

4. 成绩判定

零部件测绘实训成绩判定分为实训现场（职业素养）评分与提交作品评分两部分。

职业素养评测采用倒扣分制，配分 5 分，从总分 100 里面扣除；提交作品配分 100 分，分数由如下项目组成：草图 15%+ 质量报告 5%+ 三维建模和装配 20%+ 二维零件图 45%+ 二维装配图 15%+ 职业素养 5%。

1.2 零部件测绘的准备工作

1.2.1 测绘实训室的环境布局

目前职业院校关于零部件测绘教学与实训普遍存在学校实训场地分散、实训设备综合性不高、学生专业综合能力不强等问题。针对以上客观存在的问题，从以下几个方向来解决。

(1) 建设理实一体化实训室（图 1-13）

图 1-13　测绘实训室

(2) 开发专门的实训台

图1-14所示是一种适合零部件测绘与CAD成图技术教学、实训与竞赛的新型综合型实训台。实训台集零部件测量技术 机械制图、CAD识图与绘图相关课程开展理实一体化专门教学于一体，并能通过设备位置的适当调整，满足组织各级、各类竞赛的需要。

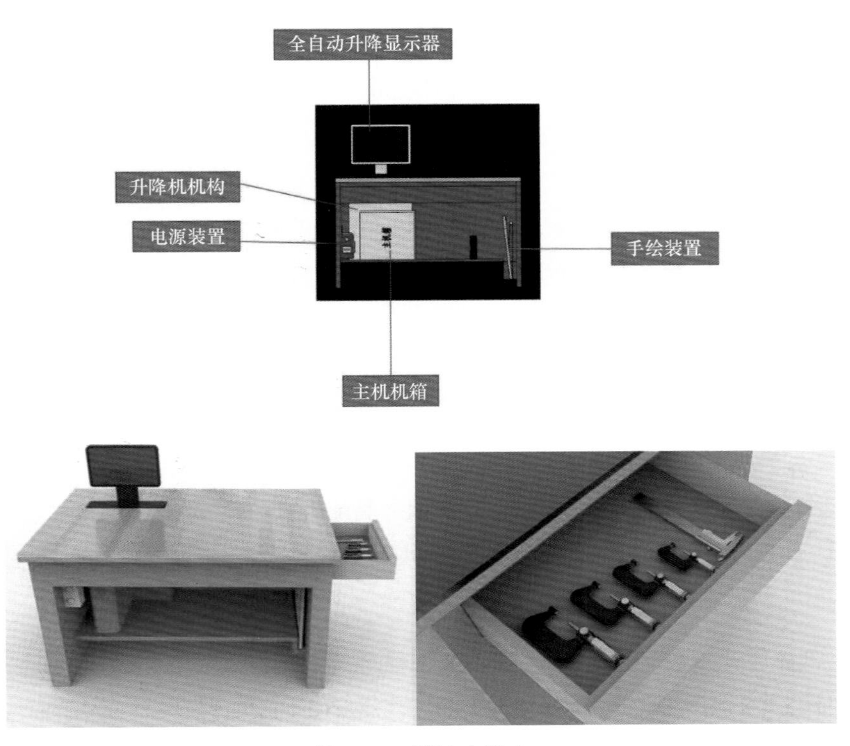

图1-14 测绘实训台

(3) 开发配套测绘项目

研发适合中高职、技工院校零部件测绘实训的测绘项目。项目包含零部件测绘装置（即测绘件）及配套的教学资源，旨在改进与完善职业院校的测绘项目，将测量、手绘、识图、绘图等技术进行有效整合，从而提高学生的专业综合能力。

随手笔记

1.2.2 零部件测绘的软硬件平台（表 1-2）

表 1-2 零部件测绘的软硬件平台

序号	合作项目	建设内容	功能简介	数量
1	实训室建设	场地设计、装修、内涵建设	200m^2 定制建设	1 间
2		理实一体化测绘桌椅	钢木结构，由两侧桌腿架、抽屉架、显示器托架、主机托架及松木实木桌面板安装组成；桌面左侧为绘图区，右侧为手工测绘区；配置一个抽屉	30 组
3	测绘资源	测绘装置	基础零件测量、升降机构、精密平口钳、凸轮机构、千斤顶及模具锥顶座 6 组	30 套
4		教学资源	与测绘件配套的教学资源	1 套
5	识图与绘图教学工具	机械识图软件	机械识图软件是中望公司开发的一款适合职业院校学生机械零部件单项识图与综合识图能力培养的实训评价类工具，可以有效提升职业院校学生的单项与综合机械识图能力	30 套
6		3D One Plus	国内首款青少年三维创意设计软件，独特的三视图功能，可作为基础识图工具，解决基础识图的三视图教学难点，更适合职业院校的教学需求。可开展青少年创客教育课程，还适用于学校的 3D 建模课程	30 套
7		中望机械 CAD 教育版	应用广泛的创新性机械设计软件，具备齐全的机械设计专用功能；智能化的图库、图幅、图层、BOM 表的管理工具，实现绘图环境定制；大幅提高工程师设计质量与效率，增强设计创新发展能力	30 节点
8		中望 3D 教育版	中望 3D 是集曲面造型、实体建模、模具设计、装配、钣金、工程图、2-5 轴加工等功能模块于一体，覆盖产品设计开发全流程的三维 CAD/CAM 软件，广泛应用于机械、模具、零部件等制造业领域	30 节点

1.2.3 零部件测绘的技术规范

（1）《机械制图员》国家职业标准

（2）《机械制图图样画法　视图》GB/T 4458.1—2002

（3）《机械制图图样画法　剖视图和断面图》GB/T 4458.6—2002

（4）《机械制图　尺寸注法》GB/T 4458.4—2003

（5）《机械制图　尺寸公差与配合注法》GB/T 4458.5—2003

（6）《机械绘图实例应用》

其他技术规范还包括职业院校中与“机械零件测量技术”相关的课程大纲、手册、教材等。

随手笔记

第 2 章
测绘工具的使用

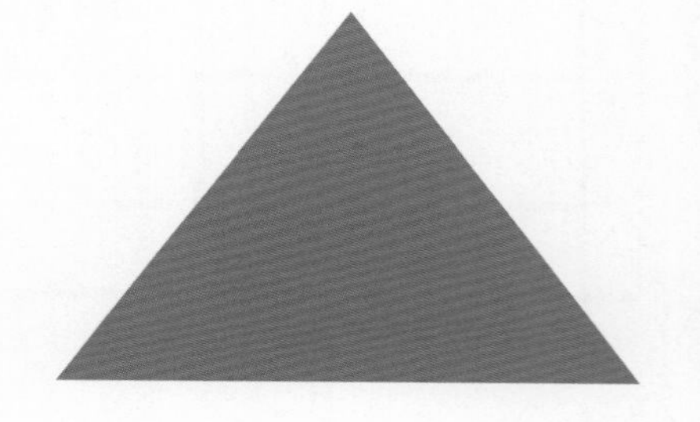

2.1 长度及深度测量工具

在工件的测量中，最常见的就是对工件进行长度或者深度测量，本节主要介绍几种常用的长度与深度测量工具，及其它们的测量方法。

2.1.1 直尺

1. 直尺简介

直尺根据材料的不同，分为塑料直尺和钢直尺。塑料直尺多用于绘图，而钢直尺适用于工件的测量。图 2-1 所示的是一把量程为 15cm 的钢直尺，最小刻度单位为 1mm，多用于测量精度要求不高的线性尺寸。

图 2-1　钢直尺

2. 直尺的使用

直尺可以测量多种线性尺寸，如图 2-2 所示，钢直尺可以直接用于测量工件的高度与厚度，也可以与三角板配合测量孔的深度，如图 2-3 所示。

图 2-2　钢直尺测量工件的高度与厚度

图 2-3　钢直尺与三角板配合测量孔的深度

2.1.2 游标卡尺与千分尺

在诸多测量工具中，游标卡尺和千分尺是最基础的两种测绘工具。游标卡尺和千分尺均为测量精度较高的量具，分度值为0.01mm。正确、熟练地应用测绘工具可以减少测量过程的误差，提高机械制图测绘的效率，保障测绘尺寸的精确度。

1. 游标卡尺

图 2-4 所示为游标卡尺的结构。

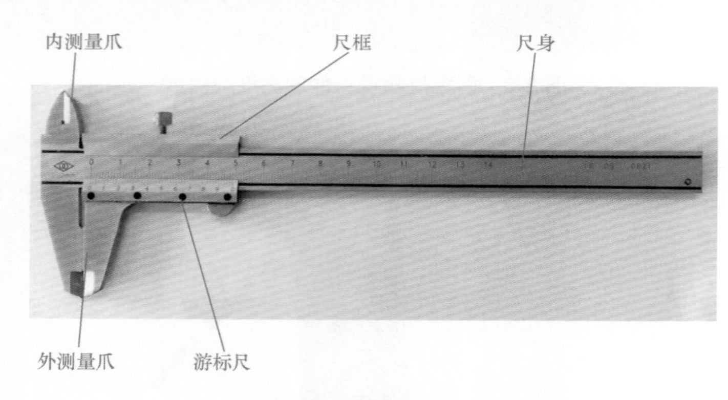

图 2-4 游标卡尺的结构

2. 游标卡尺的使用方法

游标卡尺不仅可以测量工件的长度，还可以测量工件的外径、内径以及距离等。

如图 2-5 所示，利用游标卡尺的外测量爪测量圆柱体外径；如图 2-6 所示，则是利用游标卡尺的内测量爪测量工件的内径。

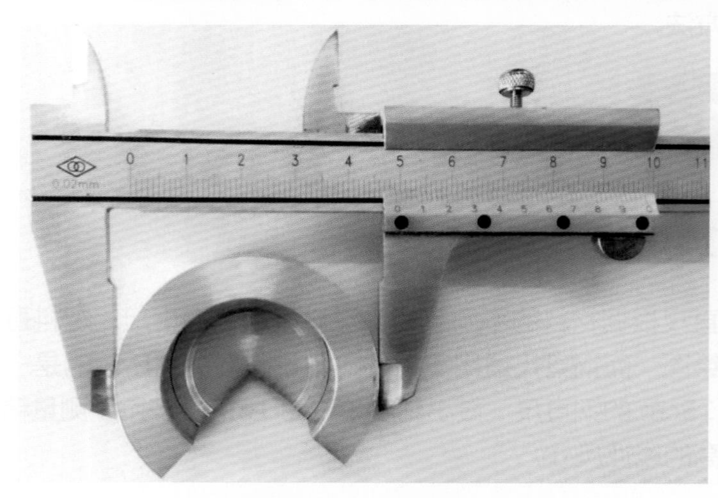

图 2-5 利用游标卡尺测量工件外径

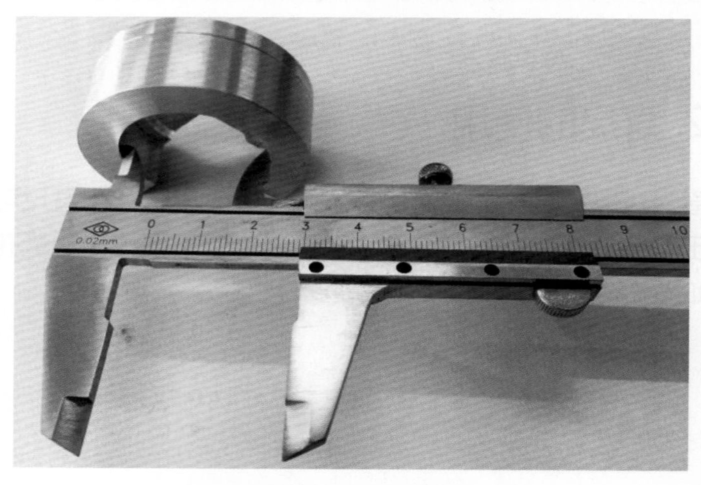

图 2-6 利用游标卡尺测量工件内径

如图 2-7 所示，利用游标卡尺的内量爪测量两条边的距离。

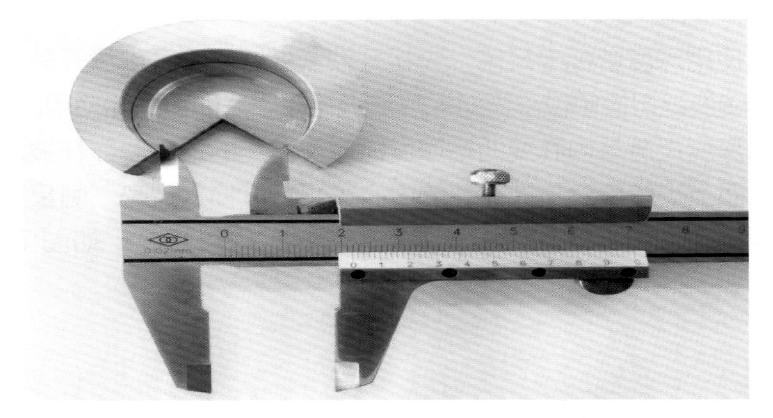

图 2-7　利用游标卡尺测量两条边的距离

3. 千分尺

千分尺是外径千分尺的简称，是一种精密的测量量具，测量精度要高于游标卡尺，主要用来测量工件的外径。其主要结构如图 2-8 所示。

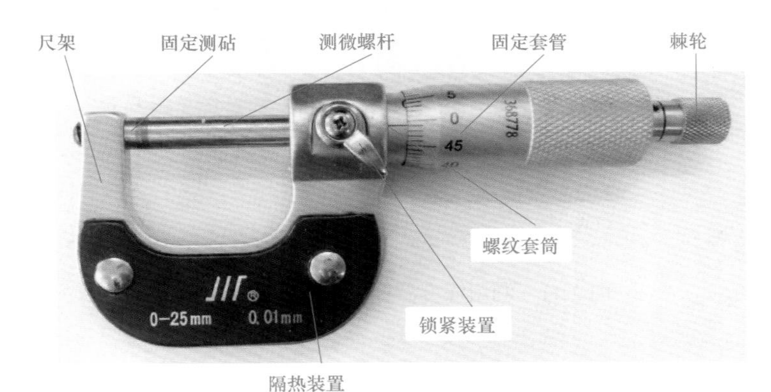

图 2-8　千分尺的结构

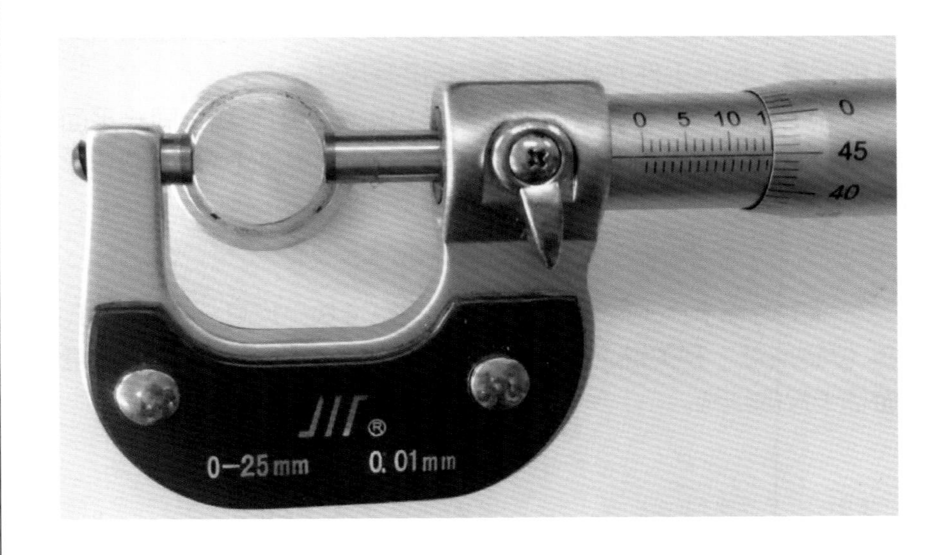

图 2-9　千分尺测量工件外径

利用千分尺测量工件外径的操作方法如图 2-9 所示，通过固定测砧与测微螺杆之间夹紧被测工件，然后扳动锁紧装置，即可读出被测工件的外径。

2.1.3 游标深度卡尺与中心距卡尺

深度游标卡尺又称为深度卡尺、深度尺，常用于测量凹槽或孔的深度、梯形工件的梯层高度、长度等尺寸。

中心距卡尺又称为偏置中心线卡尺，主要用于测量同一平面和偏置平面上的两孔中心距，也可用于测量边缘到中心的距离。

1. 深度游标卡尺

深度游标卡尺主要由测量杆、测量基准块、尺身、锁紧螺钉、单 位转换键、开关键、清零键等结构组成。图 2-10 所示为深度游标卡尺的结构。

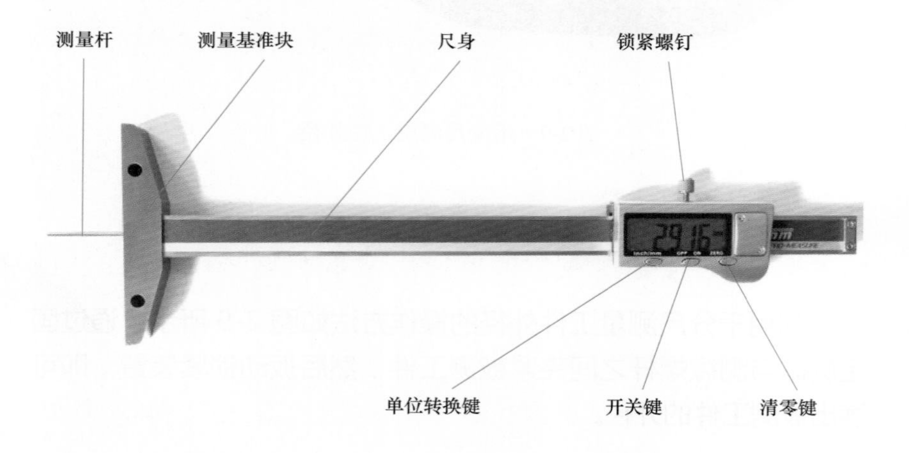

图 2-10 深度卡尺的结构

2. 深度游标卡尺的使用方法

使用深度游标卡尺前，先松开锁紧螺钉，打开电源开关，按单位转换键切换单位，再对深度尺进行校零后即可开始使用。

深度尺测量内孔或凹槽深度时应把基座的端面紧靠在被测孔的端面上，使尺身与被测孔的中心线平行，伸入尺身，则尺身端面至基座端面之间的距离就是被测零件的深度尺寸，如图 2-11 和图 2-12 所示。

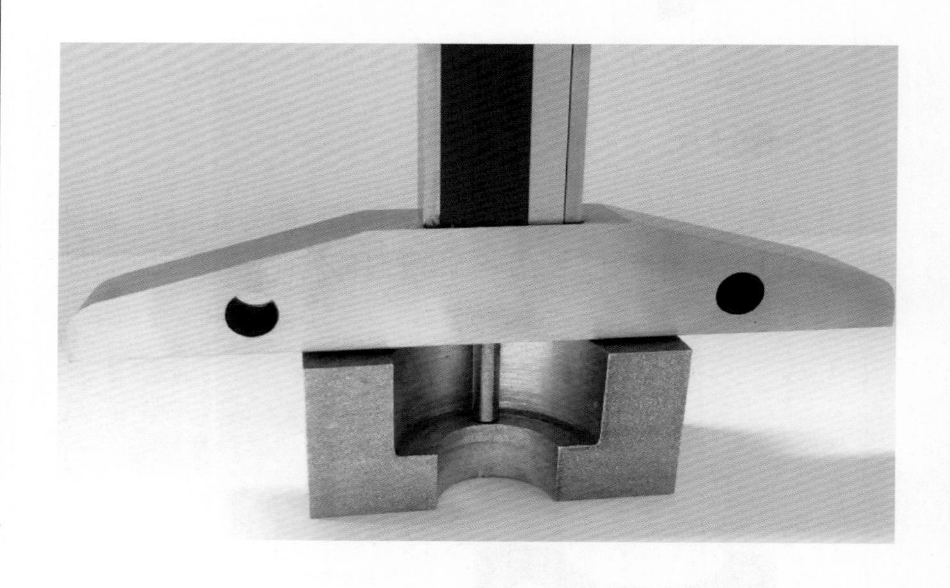

图 2-11 利用深度游标卡尺测量内孔、凹槽

图 2-12 利用深度游标卡尺测量梯形工件高度

3. 中心距卡尺

中心距卡尺主要可分为数显中心距卡尺和普通游标中心距卡尺两种。图 2-13 所示为数显中心距卡尺。

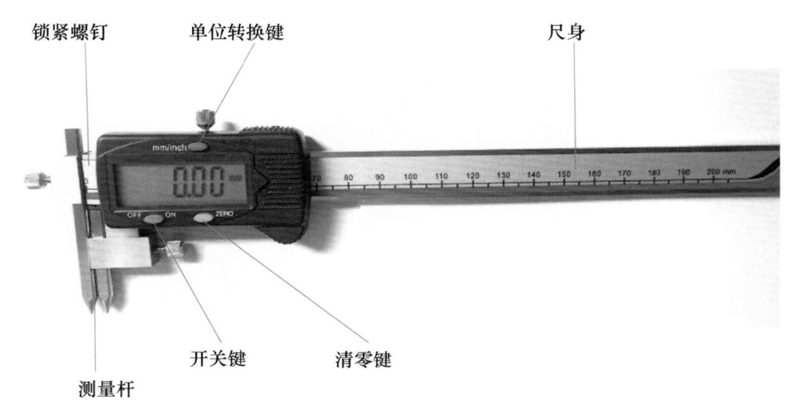

图 2-13 数显中心距卡尺

用中心距卡尺测量两孔中心距时，若两孔孔口高度相同，使用方法如图 2-14 所示，保持尺身长度方向与孔距方向平行，读出显示器上的数值即可。

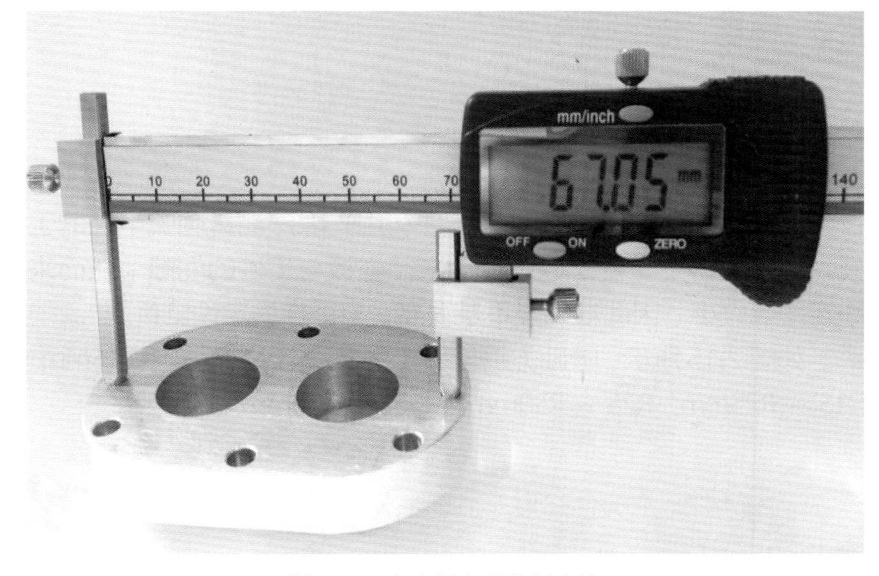

图 2-14 中心距卡尺使用方法

如若两孔的孔口高度不在同一个平面，可松开锁紧螺钉，调整两个测量杆的高度，依旧保证尺身长度方向与孔距方向保持平行，即可实现不同高度孔距的测量。

2.2 圆弧测绘工具

在工件的测量中，除了常见的长、宽、高等基本尺寸的测量外，还有一些圆弧尺寸的测量，下面介绍两种常见的圆弧尺寸测量工具。

2.2.1 圆弧规

1. 圆弧规简介

圆弧规又称半径样板，是一种利用光隙法测量圆弧半径的工具。在测量时，主要是通过目测半径样板与工件的间隙，从而来断定圆弧大小，因此准确度不是很高，只能作为定性测量。

如图 2-15 所示，圆弧规主要有 R1 ~ R6.5mm、R7 ~ R14.5mm、R15 ~ R25mm、R25 ~ R50mm、R52 ~ R100mm 五种规格。

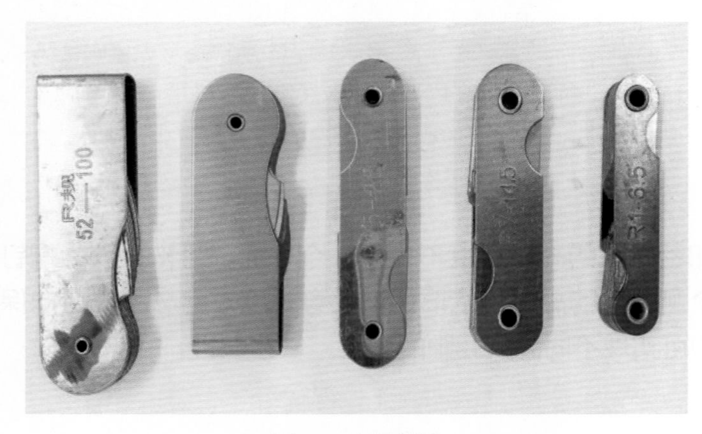

图 2-15　圆弧规

2. 圆弧规的使用方法

圆弧规既可以测量内圆弧半径，也可以测量外圆弧半径，如图 2-16 所示。当需要测量内圆弧半径时，选择使用左端样板；当需要测量外圆弧半径时，选择使用右端样板。

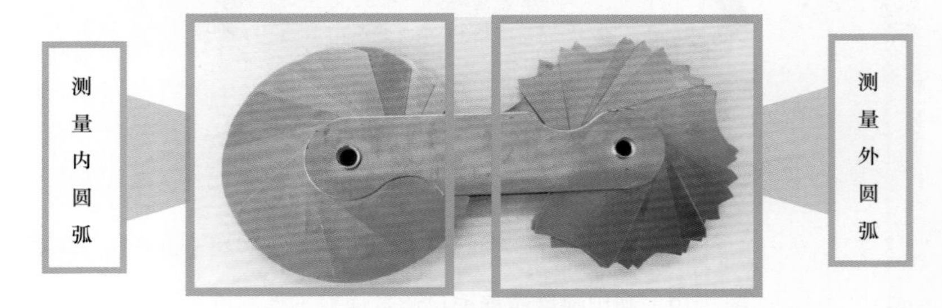

图 2-16　圆弧规的使用说明

测量时必须使圆弧规的测量面与工件的圆弧面完全紧密的接触，当测量面与工件的圆弧中间没有间隙时，工件的圆弧半径即为此时半径样板上所对应的数字。如图 2-17 所示工件的圆角为 R10mm。

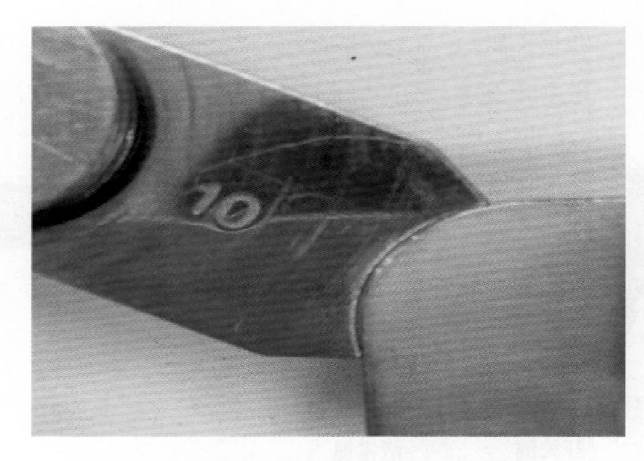

图 2-17　利用圆弧规测量工件圆弧面

2.2.2 数显半径规

普通的圆弧规在测量圆弧尺寸时存在操作繁琐、误差较大等缺点，正是由于这些缺点，于是诞生了数显半径规。数显半径规使用简单、操作方便，是一种高精度的测量工具。

1. 数显半径规简介

数显半径规由液晶显示屏、操作面板、测量杆、球面测头、测座、锁紧螺钉六部分组成。其主要结构如图 2-18 所示。

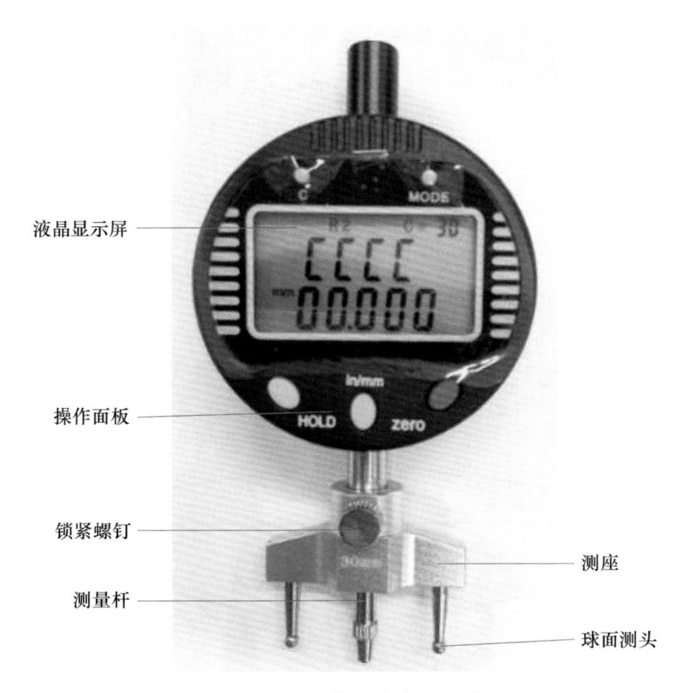

图 2-18　数显半径规结构

2. 数显半径规的使用方法

数显半径规采用五套测爪设计，针对不同的圆弧形面和测量精度选用不同跨度的量爪进行测量。图 2-19 所示为数显半径规的五套测爪，表 2-1 为数显半径规五套测爪对应的最佳测量范围。

图 2-19　数显半径规五套测爪

表 2-1　数显半径规的测量范围

量爪跨距/mm	外径测量最佳范围/mm	内径测量最佳范围/mm
10	5 ~ 13	6.5 ~ 15
20	11 ~ 30	14 ~ 30
30	22 ~ 100	27 ~ 100
60	94 ~ 260	94 ~ 260
100	255 ~ 700	255 ~ 700

利用数显半径规既可测量外圆弧半径，也可测量内圆弧半径，具体测量方法如图 2-20 和图 2-21 所示。

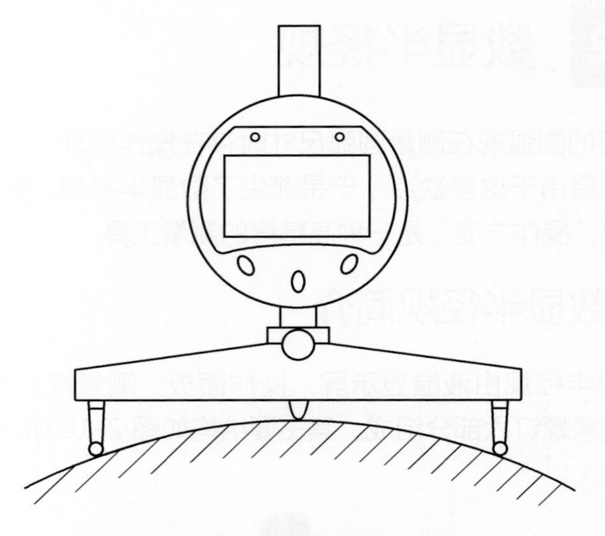

图 2-20　利用数显半径规测量外圆弧半径

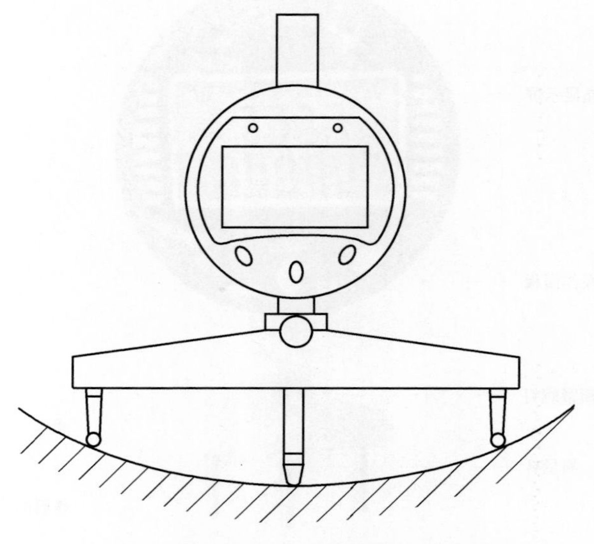

图 2-21　利用数显半径规测量内圆弧半径

2.3 螺纹及角度测绘工具

在工件的测量中，还经常会遇到有螺纹或特殊角度的工件，本节主要介绍螺纹规、游标万能角度尺两种测绘工具的特点及使用方法。

2.3.1 螺纹规

1. 螺纹规简介

螺纹规又称螺纹样板，是一种带有确定的螺距及牙型的测量工具，它能够满足一定的准确度要求，主要用作螺纹标准对类同的螺纹进行测量的标准件。其主要有两种规格，图 2-22 所示为 60°螺纹规。图 2-23 为 55°螺纹规。

图 2-22 60° 螺纹规

图 2-23 55° 螺纹规

2. 螺纹规的使用方法

螺纹规既可以用来测量螺距，也可以用来测量牙型角。

测量螺纹螺距时，将螺纹样板组中齿形钢片作为样板，卡在被测螺纹工件上，如果不密合，就另换一片，直到密合为止，这时该螺纹样板上标记的尺寸即为被测螺纹工件的螺距。

测量牙型角时，把螺距与被测螺纹工件相同的螺纹样板放在被测螺纹上面，然后检查它们的接触情况。如果没有间隙透光，被测螺纹的牙型角是正确的。如果有不均匀间隙的透光现象，那就说明被测螺纹的牙型不准确。

具体的测量方法如图 2-24 所示。

图 2-24 螺纹规的测量方法

2.3.2 游标万能角度尺

游标万能角度尺又称为角度规，其是利用游标读数原理直接测量工件角度或进行划线的一种角度量具，适用于机械加工中工件的内、外角度测量，可测 0° ~ 320°外角及 40° ~ 130°内角。

1. 游标万能角度尺

游标万能角度尺主要由直尺、基尺、主尺、卡块、扇形尺、制动头、螺母、游标尺、直角尺九部分组成，其结构如图 2-25 所示。

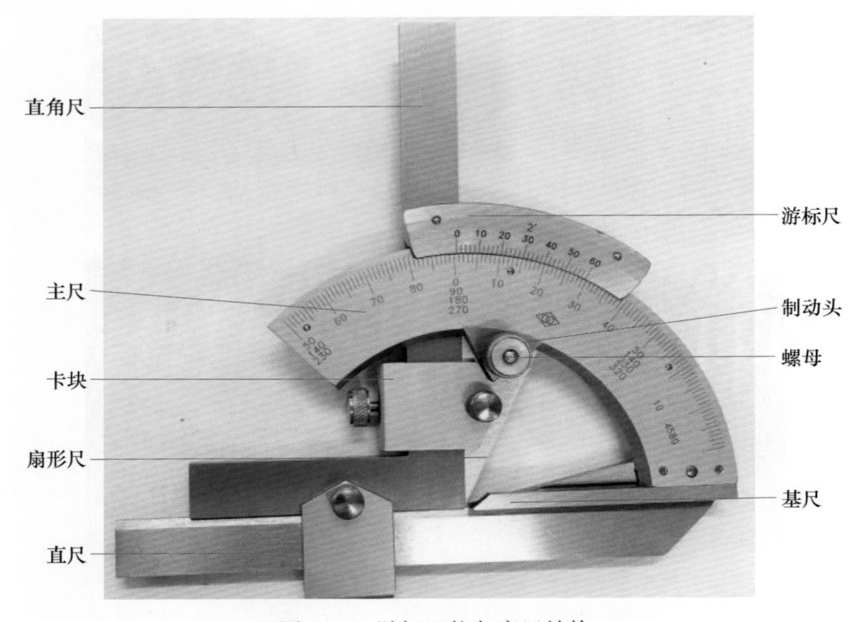

图 2-25　游标万能角度尺结构

2. 游标万能角度尺的使用方法

当测量 0° ~50°的角度时，将游标万能角度尺按照图 2-26 所示组合。

当测量 50° ~140°的角度时，将游标万能角度尺按照图 2-27 所示组合。

当测量 140° ~230°的角度时，将游标万能角度尺按照图 2-28 所示组合。

当测量 230° ~320°的角度时，将游标万能角度尺按照图 2-29 所示组合。

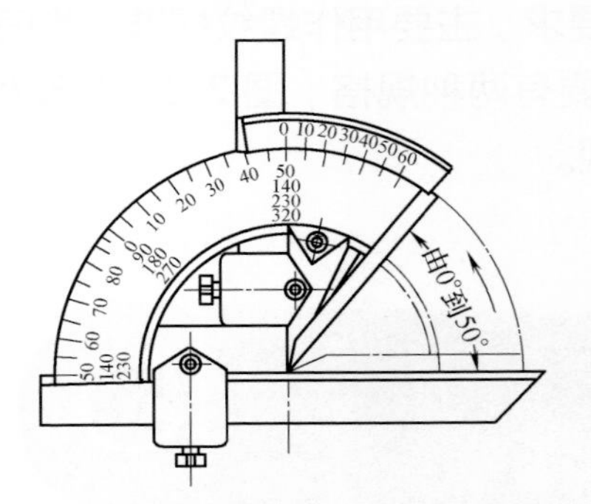

图 2-26　游标万能角度尺组合（一）

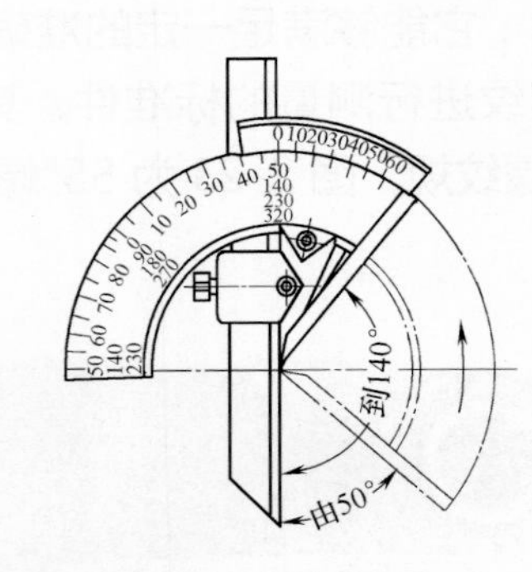

图 2-27　游标万能角度尺组合（二）

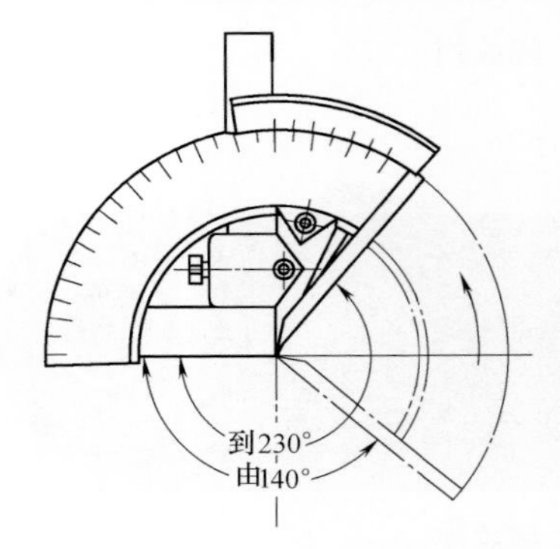

图 2-28　游标万能角度尺组合（三）

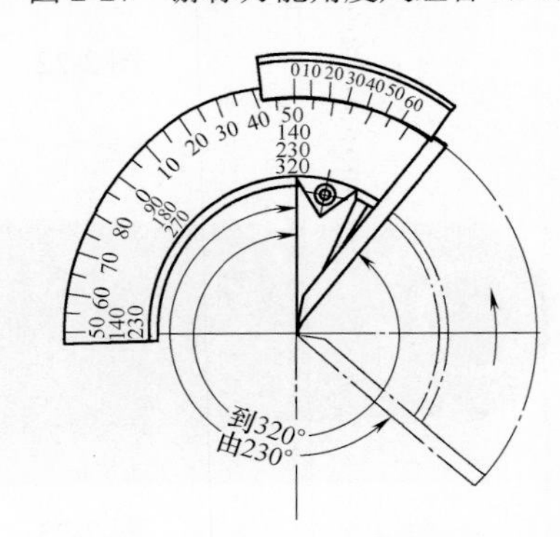

图 2-29　游标万能角度尺组合（四）

2.4 常用拆装工具

在工件的测绘中，为了尽可能的减少误差，除了选用正确的测量工具外，还应注意选择合理的拆装工具。根据零件结构及装配关系的不同，选择不同的拆装工具，不仅可以避免损坏工件，还降低了拆装对零件装配精度的影响，以保证测绘的精度。

2.4.1 扳手类

扳手类零件种类较多，常用有活扳手、呆扳手、内六角扳手等。

1. 活扳手

图 2-30 所示为活扳手，使用时通过转动螺杆来调节活口大小，夹紧螺母、螺栓等零件后，转动手柄即可旋紧或旋松。

图 2-30　活扳手

2. 呆扳手

图 2-31 所示为呆扳手，用于紧固或拆卸固定规格的四角、六角或具有平行面的螺杆、螺母等。

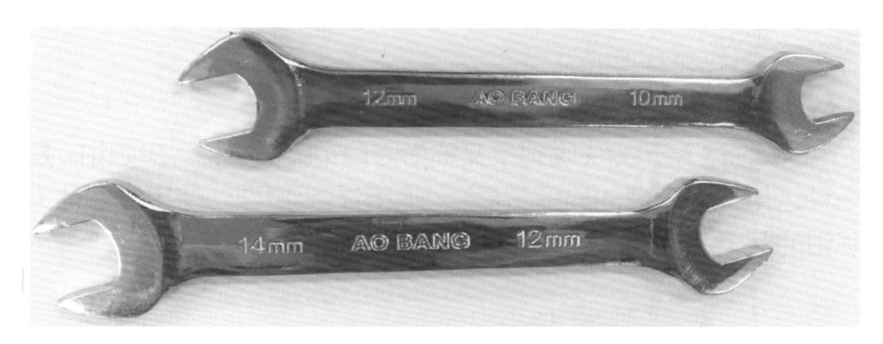

图 2-31　呆扳手

3. 内六角扳手

图 2-32 所示为内六角扳手，也称为艾伦艾扳手，其通过转矩对螺钉施加作用力，大大降低了使用者的用力强度，是制造业中不可或缺的得力工具。

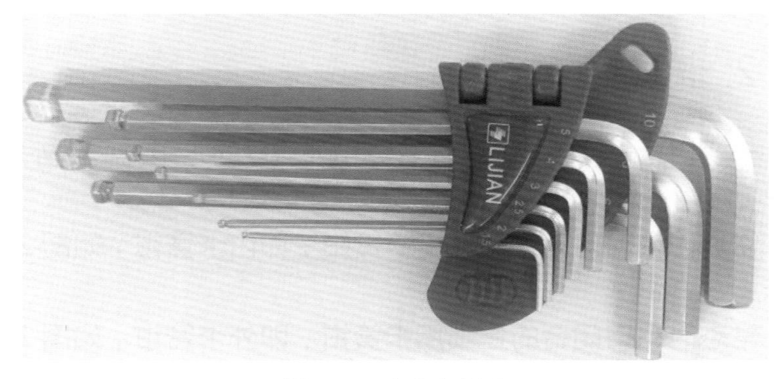

图 2-32　内六角扳手

2.4.2 手钳类

手钳类是专用的夹持类工具，是零件拆装中必不可少的拆装工具。

1. 尖嘴钳

图 2-33 所示为尖嘴钳，又称为修口钳、尖头钳、尖咀钳，是一种运用杠杆原理的典型工具，一般用右手操作，使用时握住尖嘴钳的两个手柄，开始夹持或剪切工作。

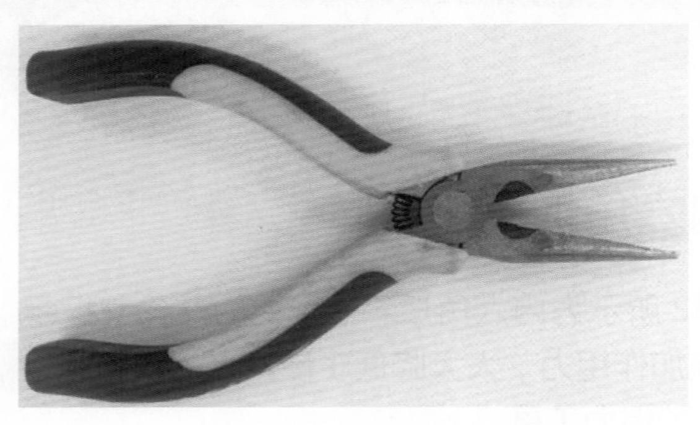

图 2-33　尖嘴钳

2. 卡簧钳

卡簧钳是一种用来安装内簧环和外簧环的专用工具，外形上属于尖嘴钳一类。

常态时钳口打开的是孔用卡簧钳，即内卡簧钳，如图 2-34 所示。

常态时钳口闭合的是轴用卡簧钳，即外卡簧钳，如图 2-35 所示。

图 2-34　内卡簧钳

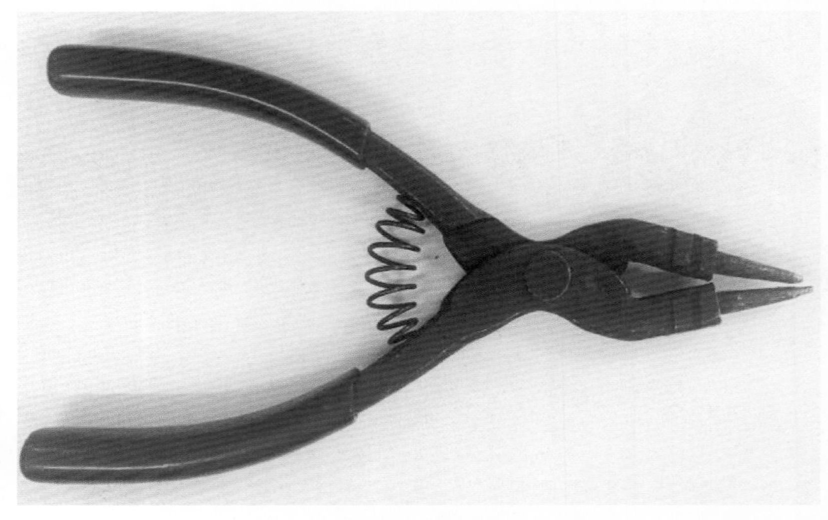

图 2-35　外卡簧钳

2.4.3 螺钉旋具类

螺钉旋具类又称为螺丝刀，是一种用来拧转螺钉以迫使其就位的工具，主要有一字（负号）和十字（正号）两种。

1. 一字螺钉旋具

图 2-36 所示为一字螺钉旋具，专用于紧固或拆卸各种标准的一字螺钉。

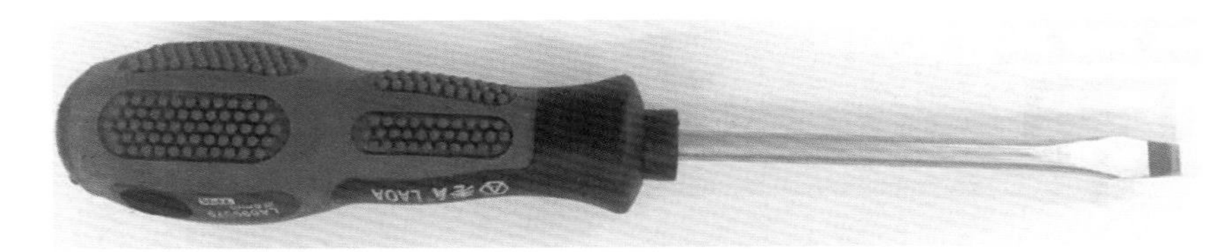

图 2-36　一字螺钉旋具

2. 十字螺钉旋具

图 2-37 所示为十字螺钉旋具，专用于紧固或拆卸各种标准的十字螺钉。

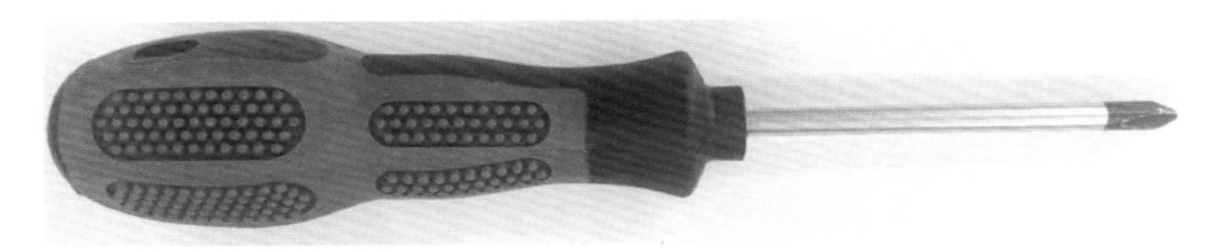

图 2-37　十字螺钉旋具

2.4.4 钳工锤类

钳工锤主要用于拆卸工件时锤击工件所用，根据工件的精度及具体要求不同，锤击时使用的钳工锤类型也不同，主要有多用途锤和铁锤等。

1. 多用途锤

图 2-38 所示为多用途锤，锤的两端分别为铜和塑胶材质，适用于多种场合的锤击。

图 2-38　多用途锤

2. 铁锤

图 2-39 所示为铁锤，锤头主要为铁质材料，常用于需要较大锤击力和精度要求不高的场合。

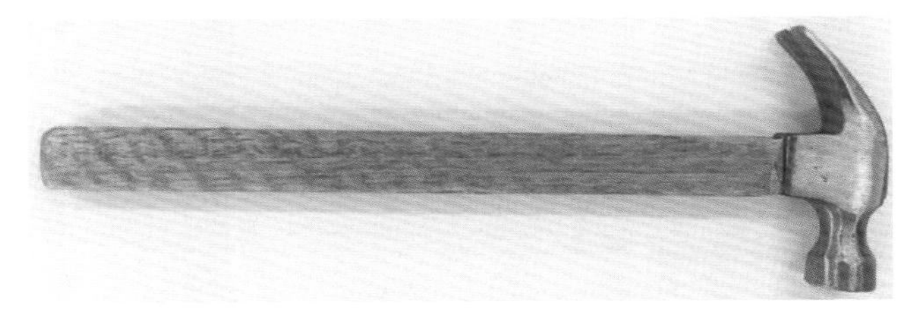

图 2-39　铁锤

第 3 章

典型零件的三维建模

3.1 拨叉杆模型的建立

拨叉杆是汽车变速器上的部件，与变速手柄相连，位于手柄下端，拨动中间变速轮，使输入 / 输出转速比改变。拨叉杆主要用于离合器换档。本章选择全国职业院校技能大赛中职组“零部件测绘与 CAD 成图技术“赛项指定软件——中望 3D 2018 教育版进行建模举例。

3.1.1 拨叉杆尺寸的测量

拨叉杆的尺寸包括定形尺寸与定位尺寸。图 3-1 为拨叉杆尺寸图。

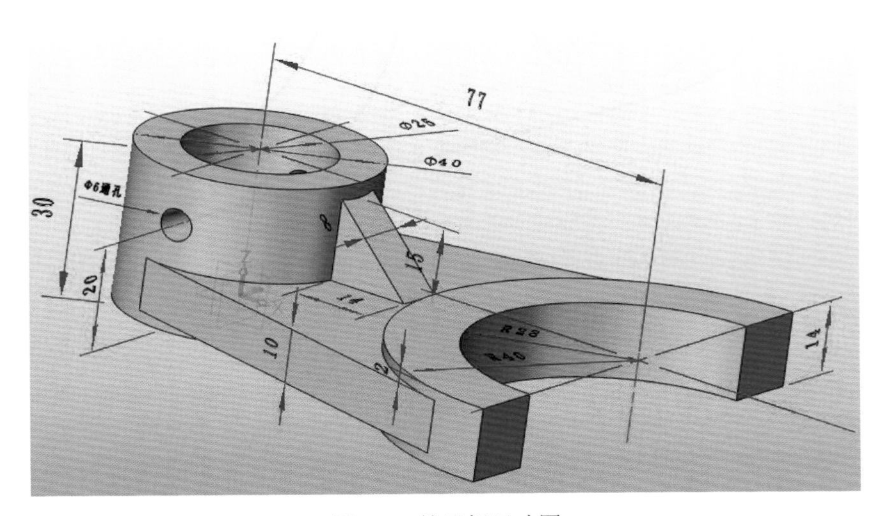

图 3-1　拨叉杆尺寸图

3.1.2 拨叉杆的三维建模

1. 新建文件，命名为“拨叉杆”

单击菜单上的“新建”按钮，打开“新建文件”对话框，类型为“零件 / 装配”，模板为“默认”，填写唯一名称“拨叉杆”，然后单击“确定”进入建模界面，如图 3-2 所示。

图 3-2　新建零件

2. 绘制ϕ25mm、ϕ40mm 圆

单击“造型”→“草图”，选择 XY 平面作为草绘平面。单击“草图”→“圆”，然后绘制 ϕ25mm、ϕ40mm 两个同心圆，如图 3-3 所示。完成绘制后退出草图环境。

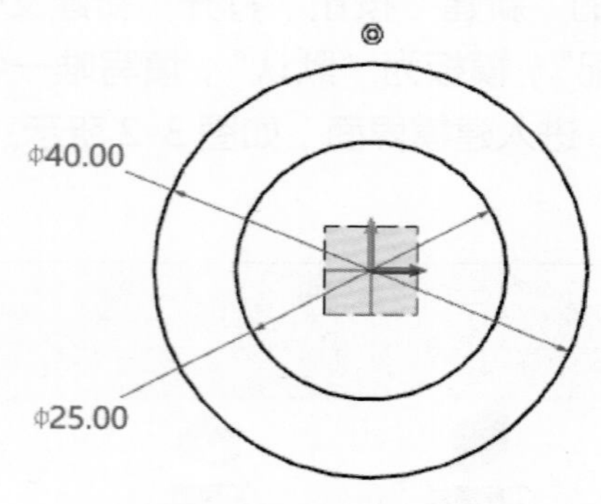

图 3-3　绘制两个同心圆

3. 拉伸

单击“造型”→“拉伸”，轮廓 P 选择上一步创建的同心圆草图，其他参数设置如图 3-4 所示，完成拉伸操作。

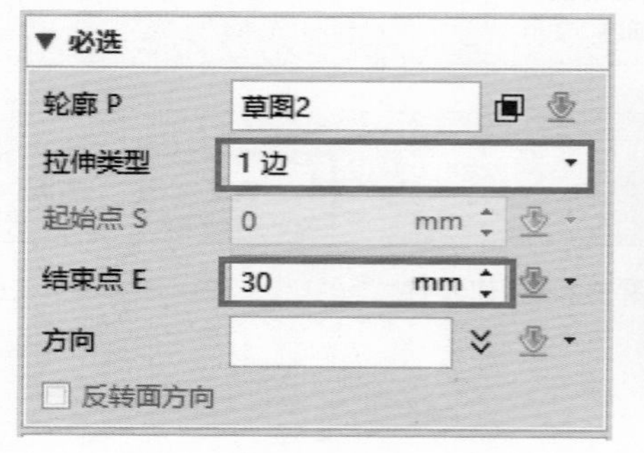

图 3-4　拉伸同心圆

4. 绘制底板草图

单击“造型”→“草图”，选择 XY 平面作为草绘平面。单击“草图”→“圆”→“直线”→“划线修剪”→“单击修剪”等命令，绘制图 3-5 所示的底板草图，完成绘制后退出草图环境。

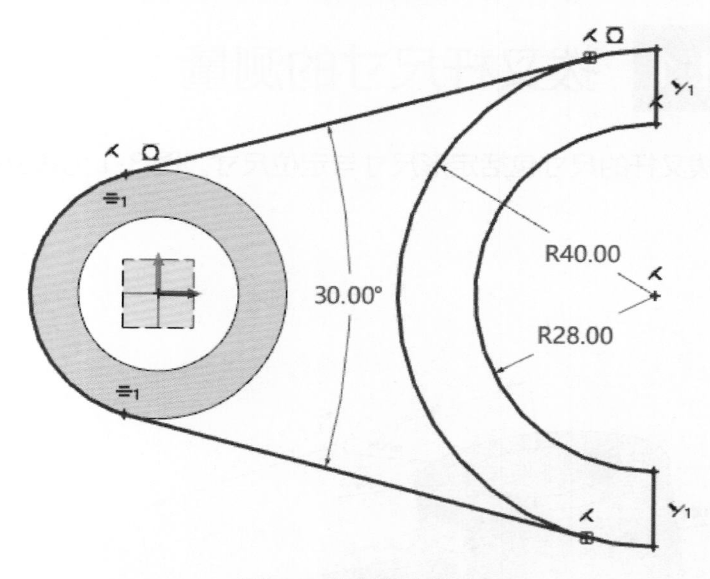

图 3-5　绘制底板草图

5. 拉伸底板

单击“造型”→“拉伸”，轮廓 P 选择上一步创建的底板草图，其他参数设置如图 3-6 所示，完成拉伸操作。

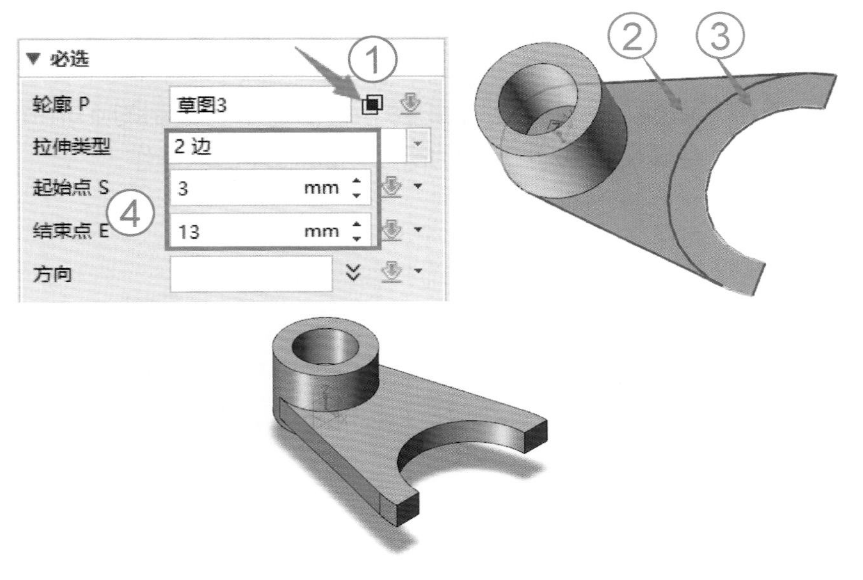

图 3-6　拉伸底板

6. 拉伸拨叉环

显示底板草图，单击“造型”→“拉伸”，轮廓 P 选择上一步显示的底板草图，其他参数设置如图 3-7 所示，完成拉伸操作。

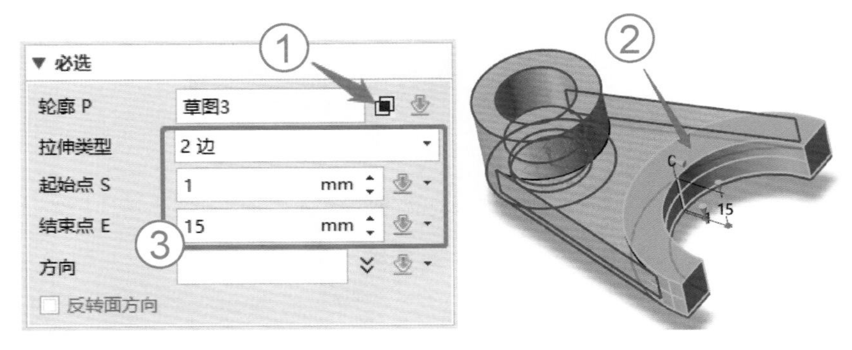

图 3-7　拉伸拨叉环

7. 切除同心圆

单击“造型”→“拉伸”，轮廓 P 选择图 3-8 所示的同心圆底部曲线，其他参数设置如图 3-8 所示，完成拉伸切除操作。

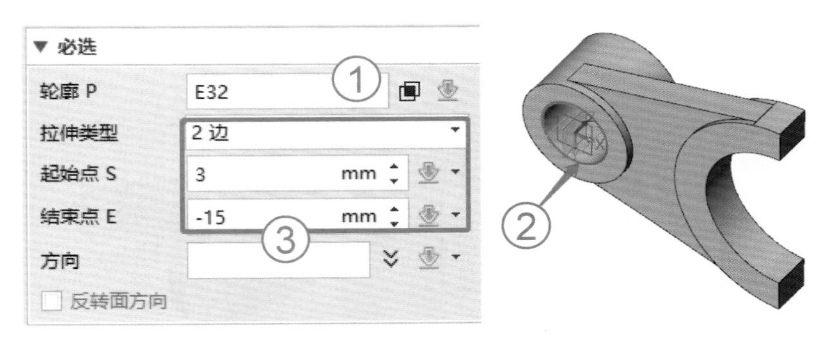

图 3-8　切除同心圆

8. 绘制筋板草图

单击“造型”→“草图”，选择 XZ 平面作为草绘平面。单击“草图”→“直线”，然后绘制图 3-9 所示的直线，再单击“约束”→“快速标注”，按图 3-9 所示进行标注。完成绘制后退出草图环境。

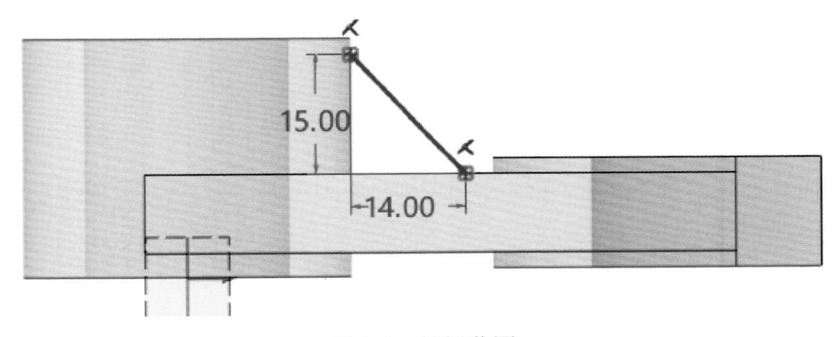

图 3-9　筋板草图

9. 创建筋板

单击“造型”→“筋”，轮廓 P 选择上一步创建的筋板草图，可单击筋板上的箭头，使筋板的箭头朝内。其他参数设置如图 3-10 所示，完成拉伸操作。

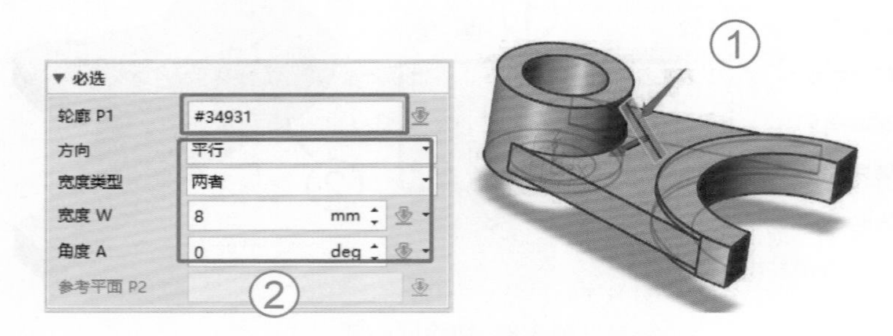

图 3-10　创建筋板

10. 绘制 ϕ6mm 圆

单击“造型”→“草图”，选择 XZ 平面作为草绘平面。单击“草图”→“圆”，然后绘制图 3-11 所示的ϕ6mm 圆，再单击“约束”→“快速标注”，按图 3-11 所示进行标注。完成绘制后退出草图环境。

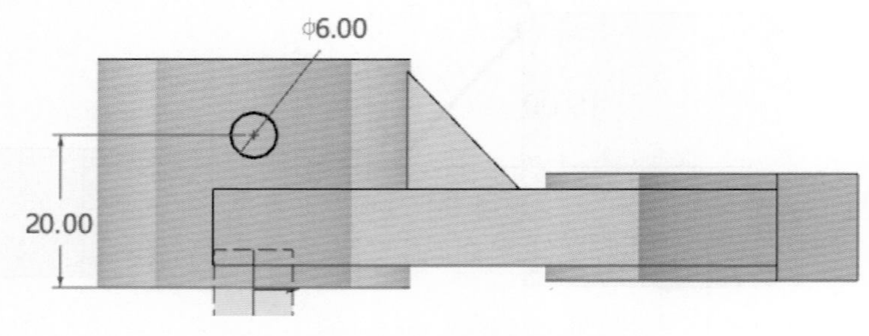

图 3-11　绘制 ϕ6mm 圆

11. 切除 ϕ6mm 圆

单击“造型”→“拉伸”，轮廓 P 选择上一步绘制的ϕ6mm 草图，其他参数设置如图 3-12 所示，完成拉伸切除操作。

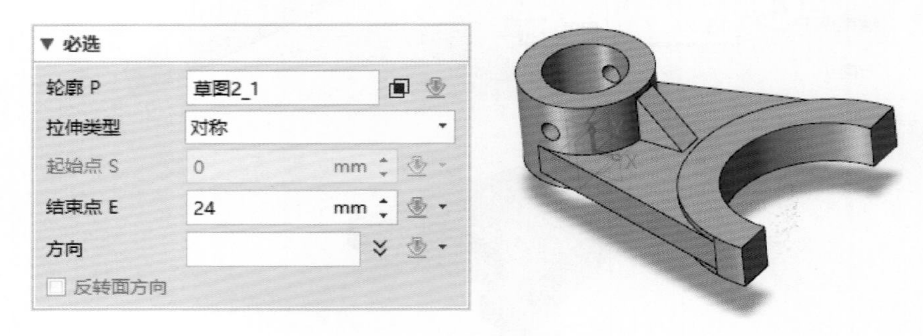

图 3-12　切除ϕ6mm 圆

12. 完成绘制

至此，已经完成拨叉杆的绘制，如图 3-13 所示。

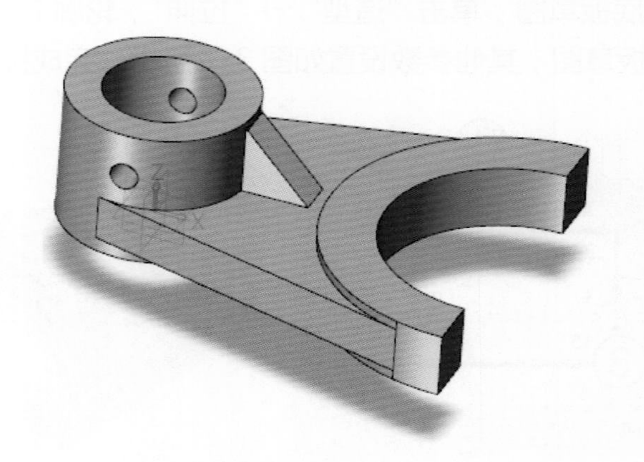

图 3-13　完成绘制

3.2 齿轮轴模型的建立

齿轮轴指支承转动零件并与之一起回转以传递运动、扭矩或弯矩的机械零件，一般为金属圆杆状，各段可以有不同的直径，机器中做回转运动的零件就装在齿轮轴上。

3.2.1 齿轮轴尺寸的测量

对应于齿轮精度标准，可将现代齿轮测量技术归纳为如下五种类型：①齿轮单项几何误差测量技术；②齿轮综合误差测量技术；③齿轮整体误差测量技术；④齿轮在机测量技术；⑤齿轮激光测量技术。图 3-14 所示为齿轮轴尺寸图。

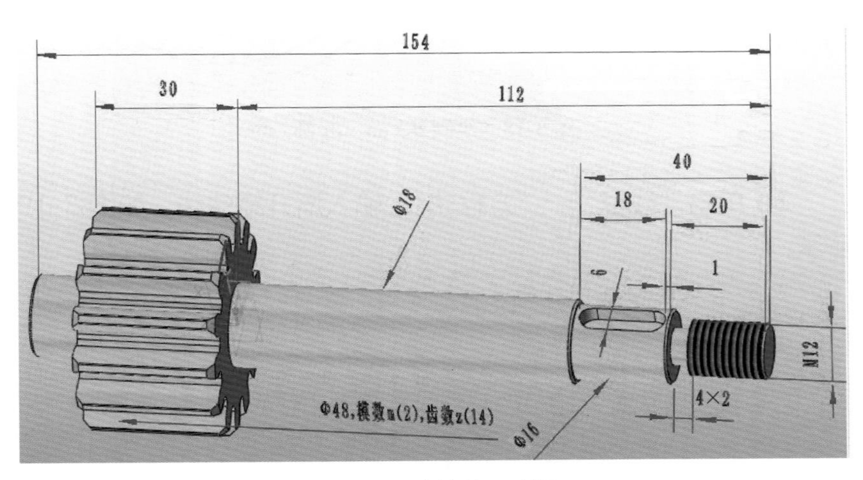

图 3-14　齿轮轴尺寸图

3.2.2 齿轮的三维建模

1. 创建齿轮的方程式

1）单击菜单栏“新建”，打开“新建文件”对话框，选择“默认”，填写唯一名称”齿轮轴”，然后进入“零件装配”模块。

2）单击菜单栏“插入”→“方程式管理器”，输入变量名称为“m”，表达式为“3”，单击“提交方程式输入”按钮 ✔ 完成输入，如图 3-15 所示。

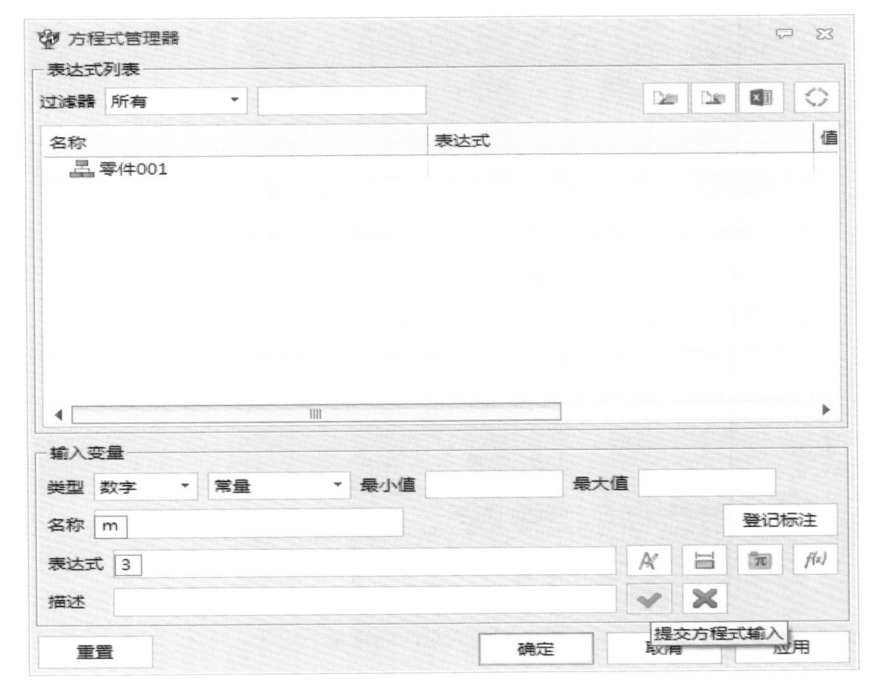

图 3-15　方程式管理器

3）如图 3-16 所示，添加表达式完成后，单击“应用”后，再单击“确定”按钮，完成方程式输入。

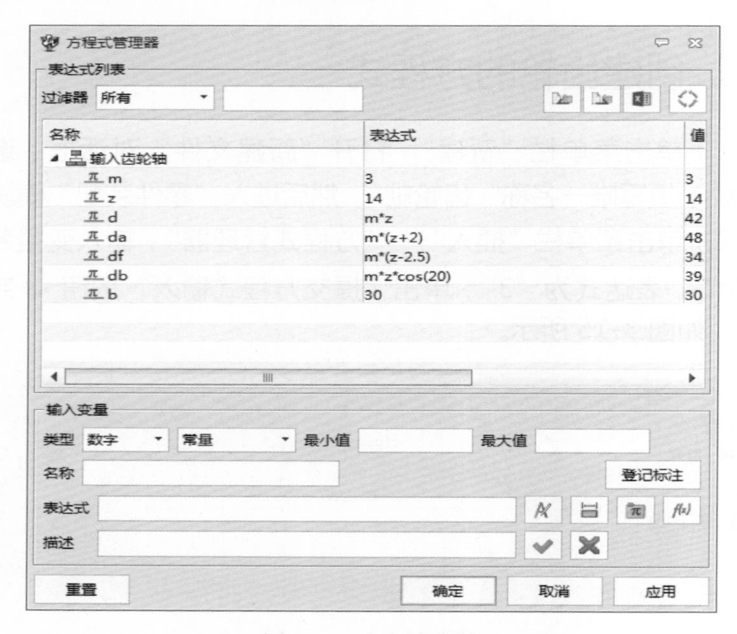

图 3-16 方程式参数

注意：如果出现图 3-17 所示的“不匹配的类型”提示框，可将类型改为“常量”。

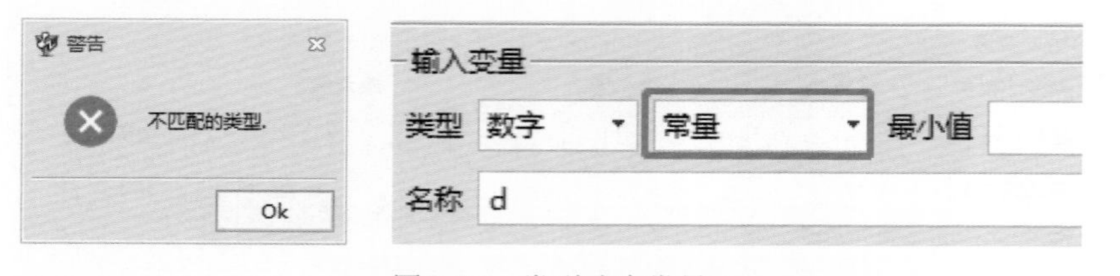

图 3-17 类型改为常量

2. 绘制齿轮廓曲线

1）单击“线框”→“圆”，在圆心点绘制三个圆，分别在“直径”输入尺寸为“d”“da”“df”，如图 3-18 所示。

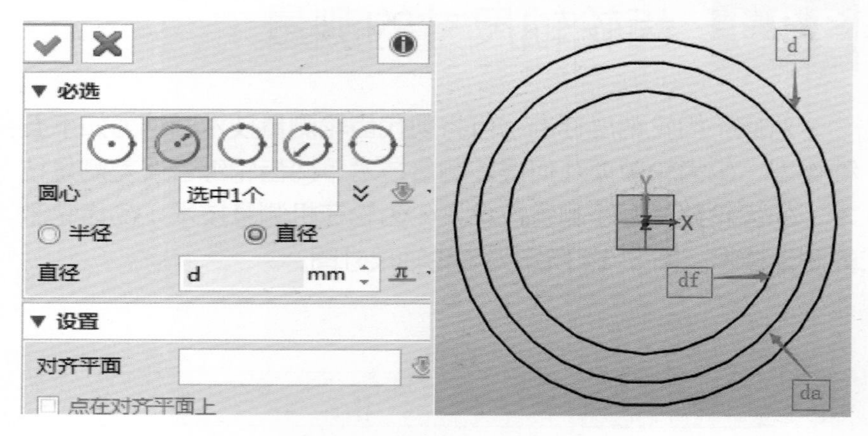

图 3-18 绘制 d、da、df 圆

2）单击“线框”→“方程式”，输入渐开线曲线，如图 3-19 所示。

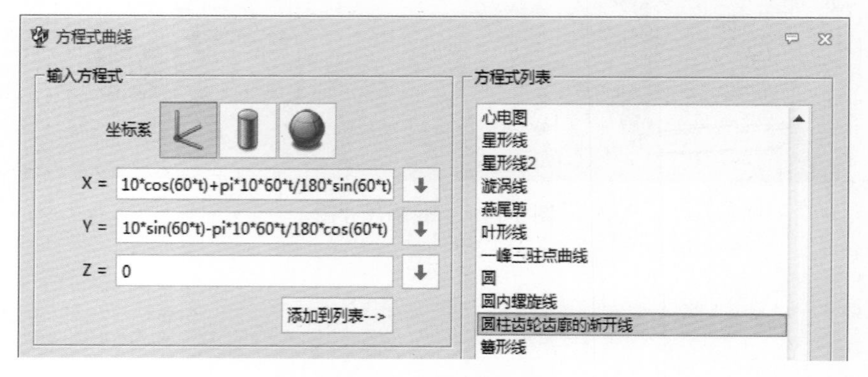

图 3-19 方程式曲线

3）单击修改“方程式 | 坐标系 ”，如图 3-20 所示，修改完成后再单击“确定”按钮，渐开线曲线会在平面上显示。

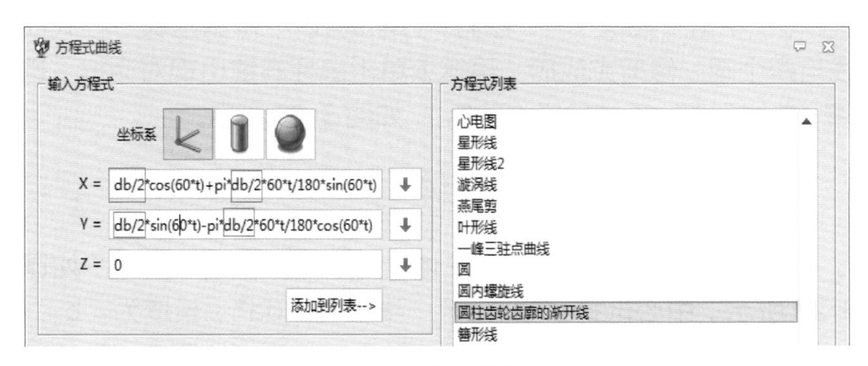

图 3-20　渐开线公式

4）单击“线框”→“修剪 / 延伸”，延长渐开线，如图 3-21 所示，输入长度“abs（df-db）”，单击“确定”按钮完成延伸方程式曲线。

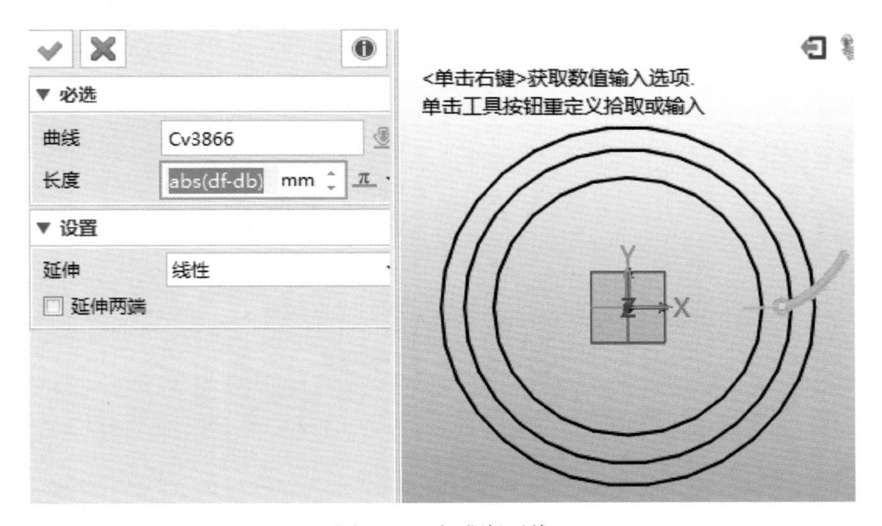

图 3-21　完成渐开线

5）单击“线框”→“直线”，在圆心点绘制点 1，点 2 绘制在方程式曲线与 da 圆的相交点上，可在空白的地方单击鼠标右键，选择“相交”，再依次选择渐开线和分度圆，如图 3-22 所示。

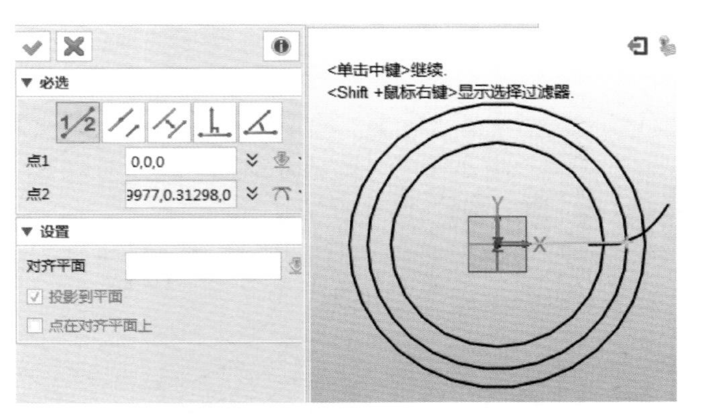

图 3-22　绘制直线

6）单击“线框”→“复制”，选择“实体”为直线，必选“绕方向选择”，单击鼠标右键选择“Z 轴”为方向，输入角度“–360/4/z”，完成后如图 3-23 所示。

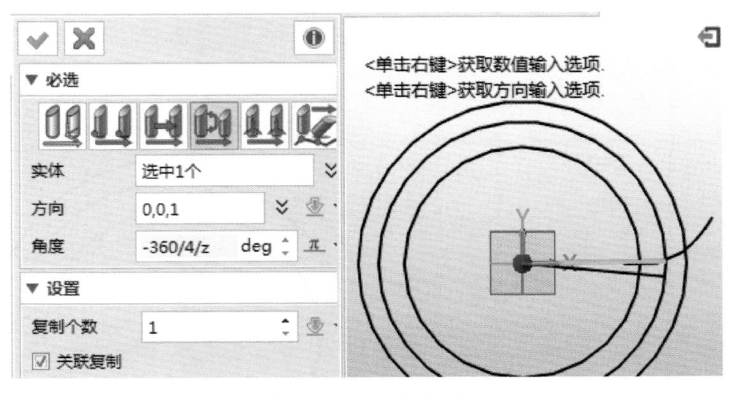

图 3-23　参数设置

7）单击“线框”→“基准面”，新建平面，几何体选择复制的曲线，页面方向选择“YZ”坐标平面，如图 3-24 所示，再单击“确定”按钮完成创建平面。

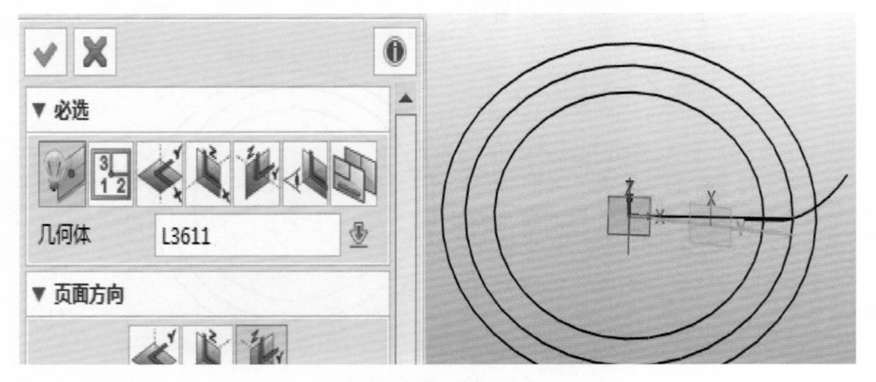

图 3-24　创建平面

8）单击“线框”→“镜像几何体”，镜像方程式曲线，实体选择“方程式曲线”，平面选择“平面 1”，单击“确定”按钮完成镜像几何体，如图 3-25 所示。

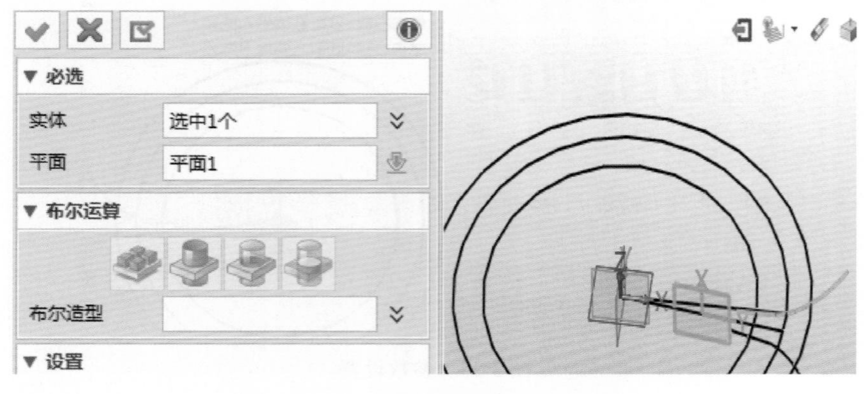

图 3-25　镜像几何体

9）单击“线框”→“修剪 / 打断曲线”，修剪延长方程式曲线与两个圆，修剪完成后，再继续单击鼠标右键出现对话框，选择“曲线列表”添加曲线（蓝色），如图 3-26 所示。

3. 拉伸齿轮三维实体

1）单击“造型”→“圆柱体”，拉伸圆柱三维实体，如图 3-27 所示，中心选择“中心点”，半径为“da”，长度为“b ”，布尔运算默认选择“基体 ”，最后单击”确定“按钮完成拉伸圆柱三维实体。

2）单击“造型”→“倒角”，将圆柱两边的锐边倒角，边 E 选择圆柱上下两锐边，倒角距离为“m*0.5”，最后单击“确定”按钮完成倒角。

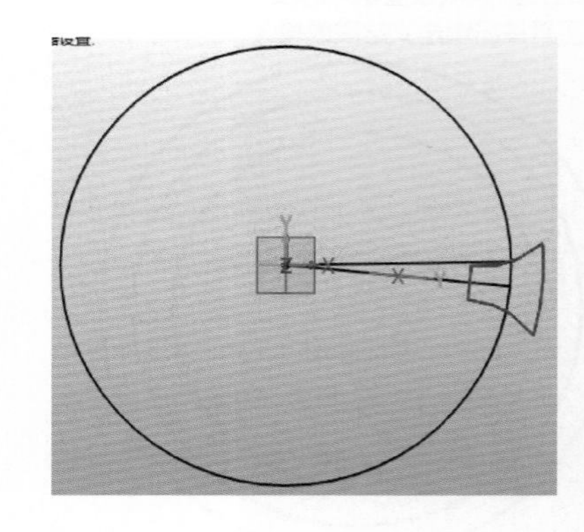

图 3-26　修剪方程式曲线

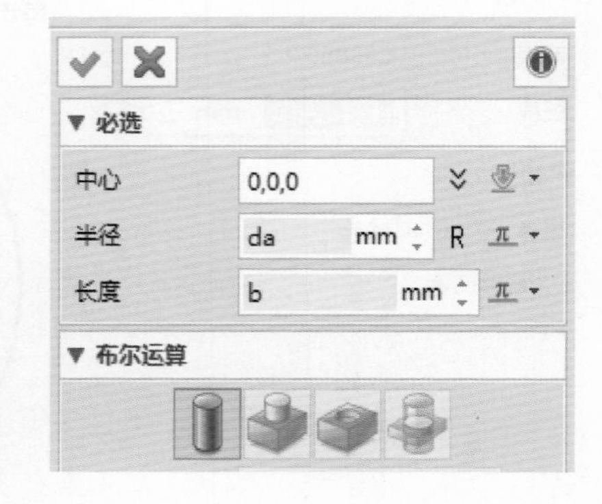

图 3-27　圆柱体参数设置

3）继续单击“造型”→“拉伸”，如图 3-28 所示，轮廓 P 选择“曲线列表 1”（蓝色线），拉伸类型为“1 边”，结束点 E 选择“b”，布尔运算选择“减运算”，最后单击“确定”按钮完成齿形拉伸。

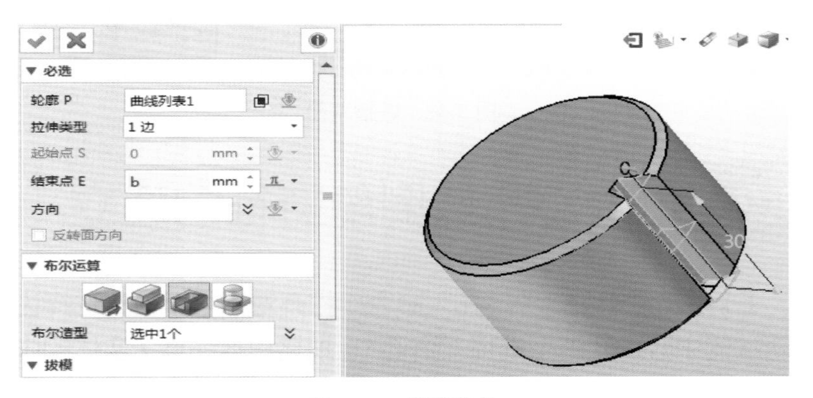

图 3-28　齿形拉伸

4）单击“造型”→“倒角”，如图 3-29 所示，边 E 选择齿根圆的两边锐角，半径 R 选择“m*0.38”，单击“确定”后，继

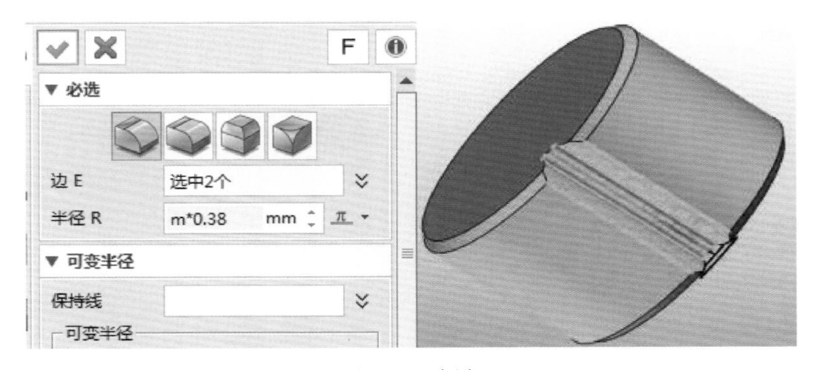

图 3-29　倒角

续单击鼠标中键重复倒角命令，边 E 选择齿顶圆的两边锐角，半径 R 选择“m*0.1”，确定后完成倒角。

5）单击“线框”→“阵列特征”，打开对话框，选择“圆形”，基体选择齿形和两个倒角，数目为“z”，角度为“360/z”，最后单击“确定”按钮完成齿轮三维实体，如图 3-30 所示。

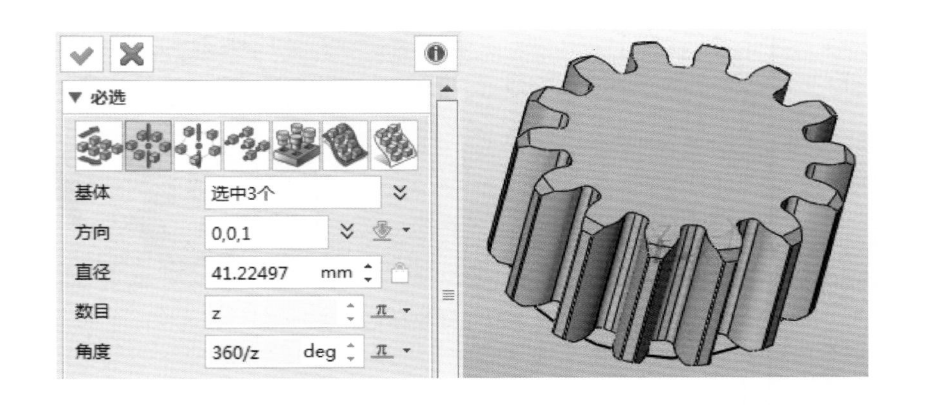

图 3-30　齿形阵列

3.2.3 圆柱轴段的建模

1）单击“造型”→“圆柱”，打开对话框，中心为“0,0,30”，半径为“8.25”，长度为“12”，布尔运算选择“加运算”，最后单击“确定”按钮完成拉伸 ϕ17mm 的圆柱。

2）继续单击鼠标中键重复上一次“圆柱”命令，打开对话框，分别拉伸 ϕ18mm，ϕ16mm，ϕ8mm，ϕ12mm 圆柱，中心选择曲率中心（单击鼠标右键选择），分别输入半径和长度尺寸，最后单击“确定”按钮完成拉伸三维实体。

3）单击“造型”→“标记外部螺纹”，打开对话框，面选择ϕ12mm 圆柱，螺纹规格类型为“M”，直径为“12”，螺距为“1.5”，长度默认选择，完成后如图 3-31 所示。

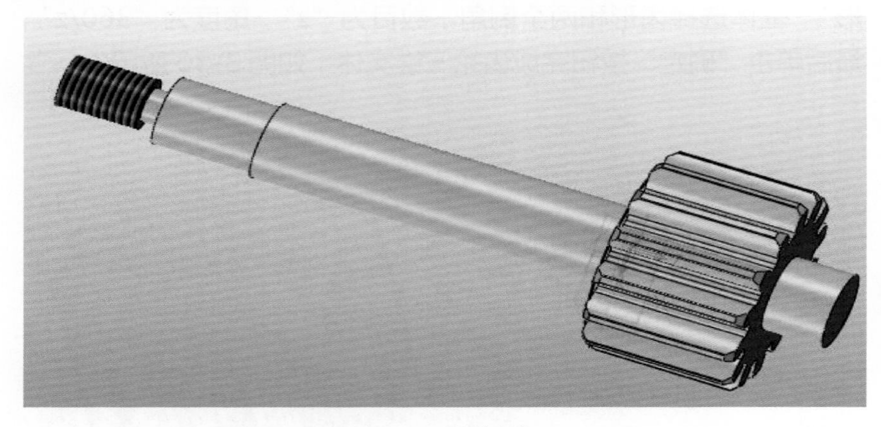

图 3-31　螺纹标记

3.2.4 轴上键槽的建立

1）单击“造型”→“草图”，打开对话框，平面选择“XY”，进入草图环境；单击“草图”→“槽”，打开对话框，在草图平面任意绘制键槽形状，再单击“约束”→“快速标注”，约束尺寸以及定位键槽，如图 3-32 所示。

2）单击“造型”→“拉伸”，打开对话框，轮廓 P 选择键槽的草图，拉伸类型选择“2 边”，起始点选择“4”，结束点 E 选择“10”，布尔运算选择“减运算”，单击“确定”按钮后完成。

图 3-32　键槽草绘

3.2.5 中心孔与倒角特征的建立

1）单击“造型”→“孔”命令，打开对话框，位置选择齿轮轴两端的中心，孔造型选择“沉孔”，规格根据图样 / 实体的中心孔类型填写，如图 3-33 所示。

2）单击“造型”→“倒角”，打开对话框，边 E 选择每个锐角边，倒角距离 S 选择“0.5”，单击“确定”按钮完成各个锐角边的倒角。

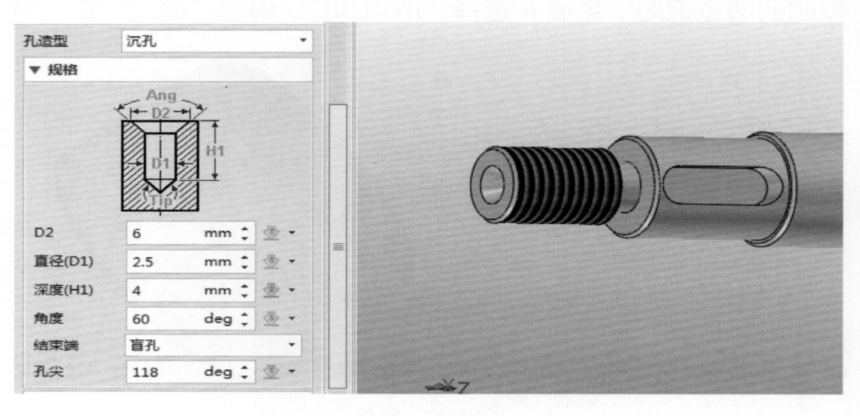

图 3-33　中心孔

3.3 减速器箱座模型的建立

减速器是一种由封闭在刚性壳体内的齿轮传动、蜗杆传动、齿轮—蜗杆传动组成的独立部件，常用作原动机与工作机之间的减速传动装置，在原动机和工作机或执行机构之间起匹配转速和传递转矩的作用，在现代机械中应用极为广泛。

3.3.1 箱座尺寸的测量

图 3-34 和图 3-35 所示为箱座尺寸。

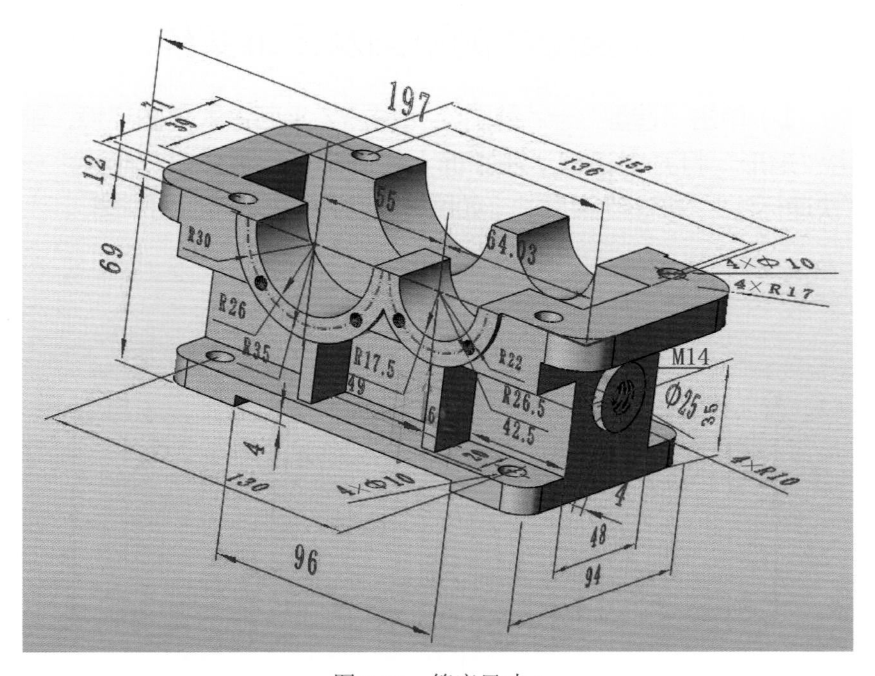

图 3-34 箱座尺寸 1

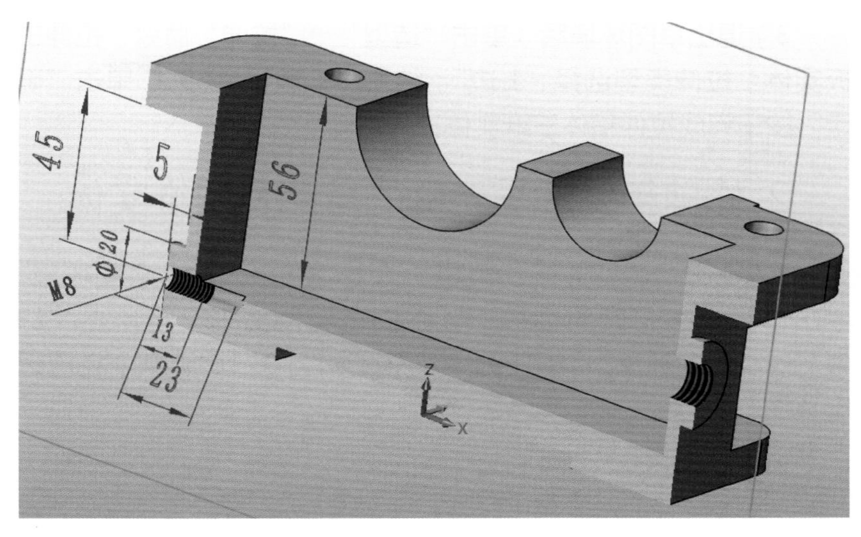

图 3-35 箱座尺寸 2

3.3.2 箱座主体特征的建立

1. 绘制箱座 197mm×94mm×69mm 箱体草图及三维实体

1）绘制 197mm×94mm×69mm 箱体草图。打开中望 3D 2018 教育版软件，单击菜单“新建”打开对话框，名称为“减速器箱座”，进入草图环境，单击“造型”→“草图”，创建草图。

2）单击“草图”→“矩形”，打开对话框，“必选”选择第一个“中心”，点 1 选择“0,0,0”，标注宽度为“197”，高度为“94”，单击“确定”按钮完成。

3）退出草图环境后，单击“造型”→“拉伸”命令，拉伸主板实体，拉伸类型选择“1 边”，结束点 E 选择“69”，单击“确定”按钮完成拉伸箱体三维实体。

2. 修剪箱体油嘴两侧的草图及三维实体

1）单击“造型”→“草图”，单击 XZ 平面进入草图环境，单击“矩形”打开对话框，在平面上绘制矩形，再单击“约束”→“快速标注”，标注约束尺寸，如图 3-36 所示，完成退出草图”。

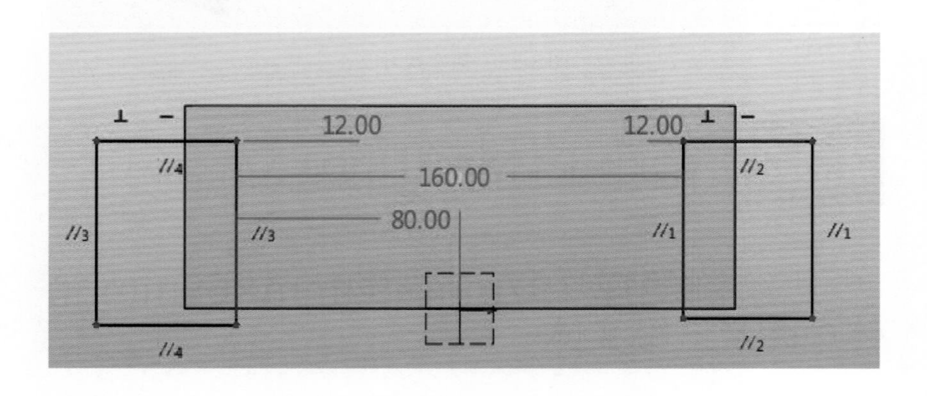

图 3-36 箱座主体草图

2）单击“造型”→“拉伸”，打开对话框，轮廓 P 选择草图 2，拉伸类型选择“对称”，结束点 E 选择“47”，布尔运算选择“减运算”，单击“确定”按钮完成拉伸，如图 3-37 所示。

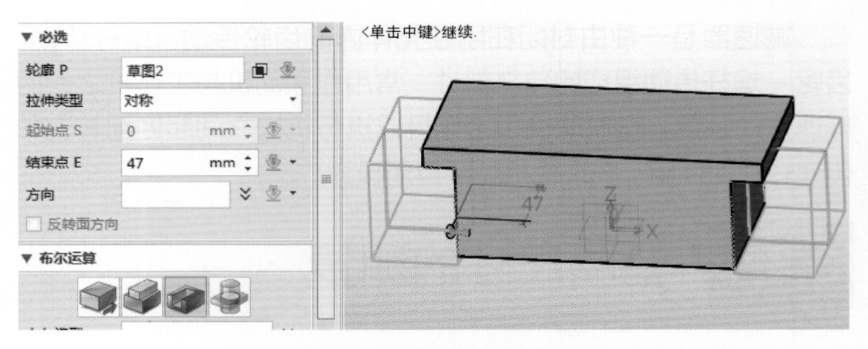

图 3-37 箱座主体建模

3. 修剪加强筋两侧草图及三维实体

1）单击“造型”→“草图”，单击 YZ 平面进入草图环境。单击“矩形”打开对话框，在平面上绘制矩形，再单击“约束”→“快速标注”，标注约束尺寸，如图 3-38 所示，然后退出草图。

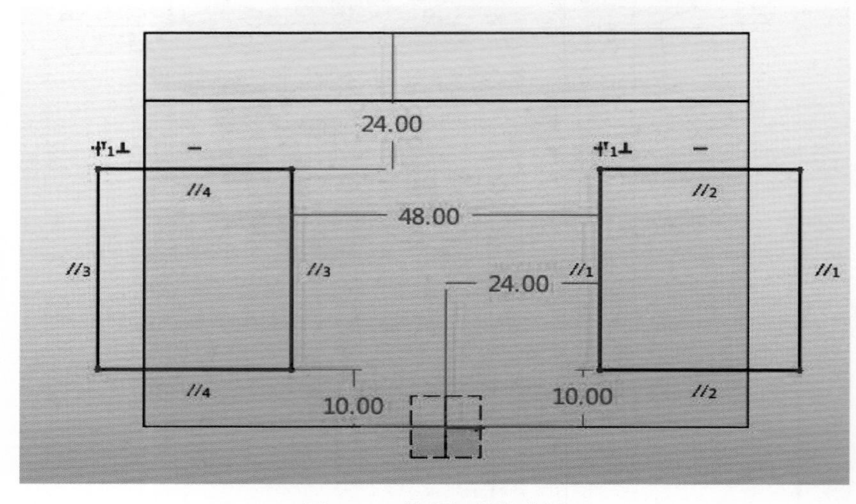

图 3-38 箱座加强筋草图

2）单击“造型”→“拉伸”，打开对话框，轮廓 P 选择草图 3，拉伸类型选择“对称”，结束点 E 选择“197/2”，布尔运算选择“减运算”，单击“确定”按钮完成拉伸，如图 3-39 所示。

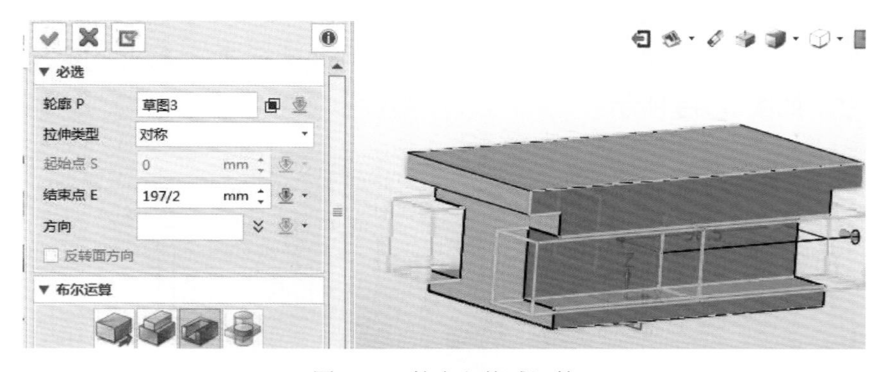

图 3-39　箱座主体减运算

4. 绘制安装齿轮轴的半圆槽草图及三维实体

1）单击“造型”→“草图”，单击 XZ 平面进入草图环境。单击“圆”打开对话框，在草图平面上分别绘制 R26.5mm 与 R35mm 的圆，再单击“约束”→“快速标注”，标注约束尺寸，并修剪曲线，然后退出草图。

2）单击“造型”→“拉伸”，打开对话框，轮廓 P 选择草图 4，拉伸类型选择“对称”，结束点 E 选择“49”，布尔运算选择“加运算”，单击“确定”按钮完成拉伸，如图 3-40 所示。

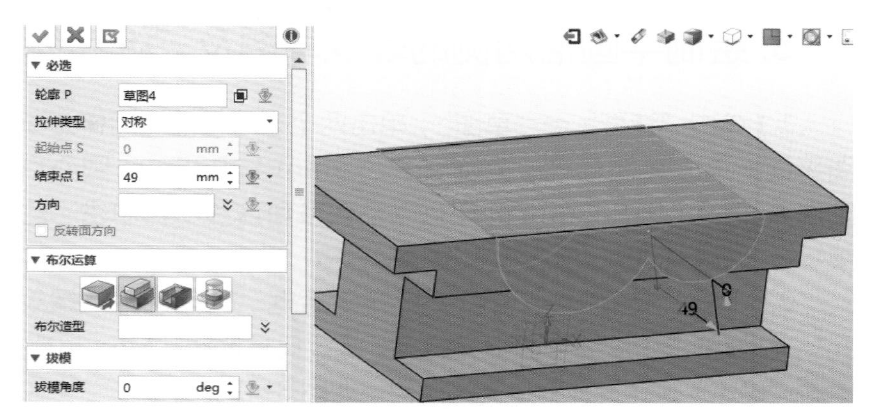

图 3-40　绘制半圆槽曲线

3）继续单击“造型”→“草图”，选择两个半圆实体的一侧作为草图平面，进入草图环境。以 R35mm 与 R26.5mm 圆弧的曲率中心作为 R26mm 与 R17.5mm 的圆心，最后单击“造型”→“拉伸”，进行布尔减运算拉伸三维实体，如图 3-41 所示。

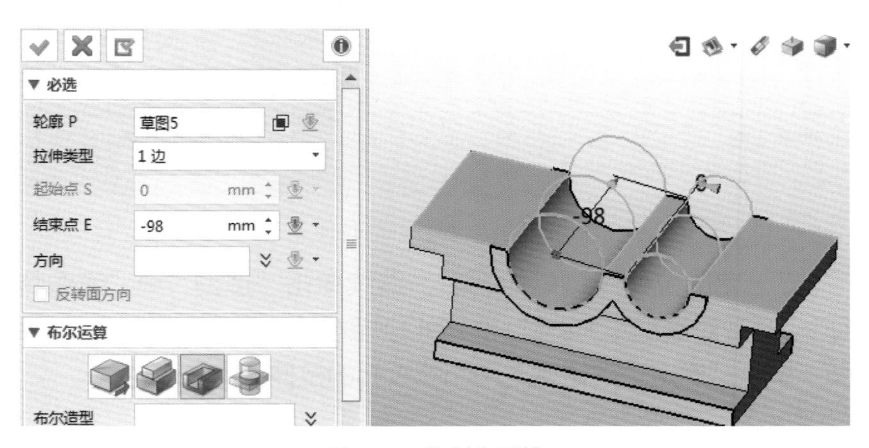

图 3-41　绘制半圆槽

5. 绘制半圆槽两侧的螺纹草图及三维实体

1）单击“造型”→“草图”，单击两个半圆槽的端面作为草图平面，进入草图环境，分别在 R26.5mm 与 R35mm 圆心点绘制 R30mm 与 R22mm 的圆弧以及两条角度线，再单击“约束”→“快速标注”，标注约束尺寸。

2）单击“造型”→“孔”，打开对话框，类型选择“螺纹孔”，位置单击角度线与圆相交的点，螺纹尺寸选择“M6×1.0”，单击“确定”按钮完成螺纹孔的拉伸，如图 3-42 所示。

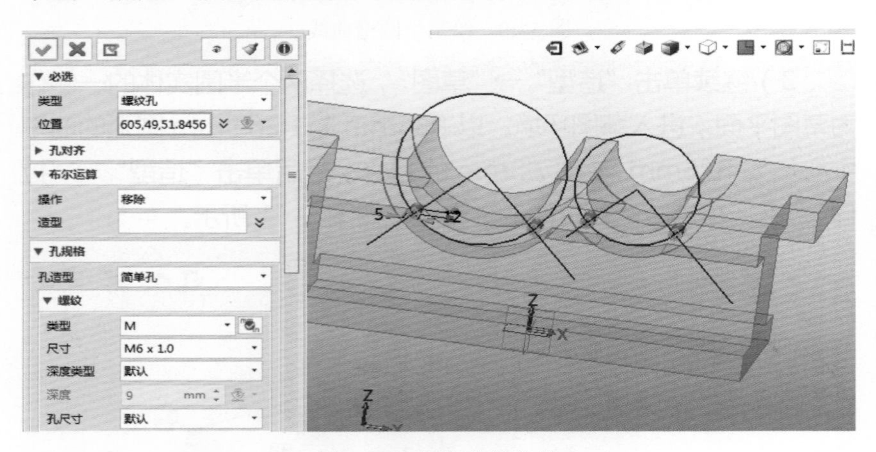

图 3-42　螺纹孔的拉伸

3）完成拉伸一侧螺纹孔后，继续单击“造型”→“镜像特征”，打开对话框，“实体”选择 4 个螺纹孔，“平面”选择 XZ 平面，单击“确定”按钮完成两侧螺纹孔的拉伸。

6. 绘制两侧加强筋草图及三维实体

1）单击“造型”→“草图”，选择箱体的长表面作为草图平面，如图 3-43 所示，进入草图环境，单击“矩形”，在草图上任意绘制两个长方形，再单击“约束”→“快速标注”，标注约束尺寸，如图 3-44 所示。

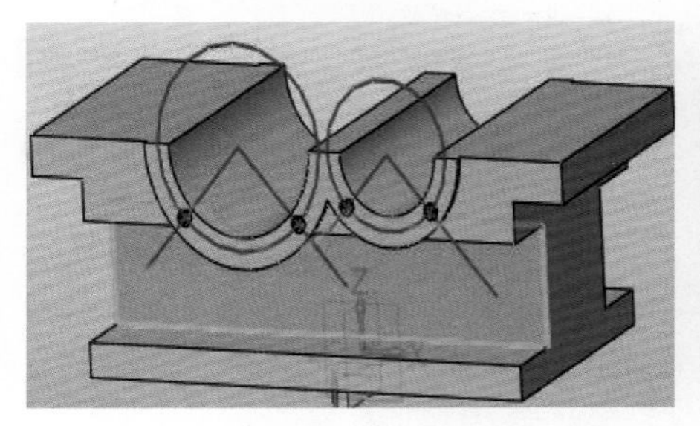

图 3-43　箱体长表面作为草图平面

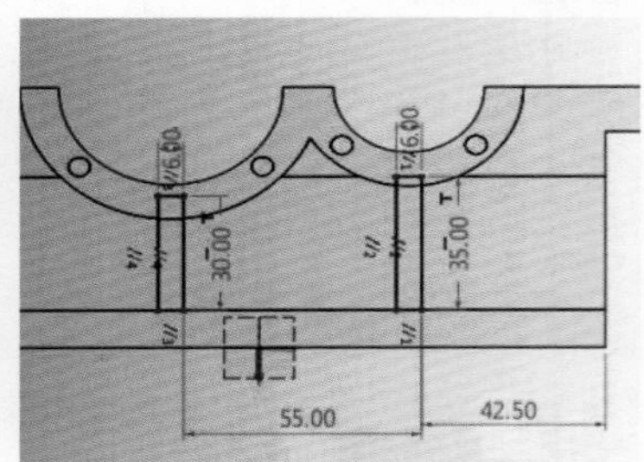

图 3-44　约束尺寸

2）单击“造型”→“拉伸”，打开对话框，轮廓 P 选择草图 7，拉伸类型选择“2 边”，起始点 S 选择“-68”，结束点 E 选择“20”，布尔运算选择“加运算”，最后单击“确定”按钮完成两侧加强筋的拉伸，如图 3-45 所示。

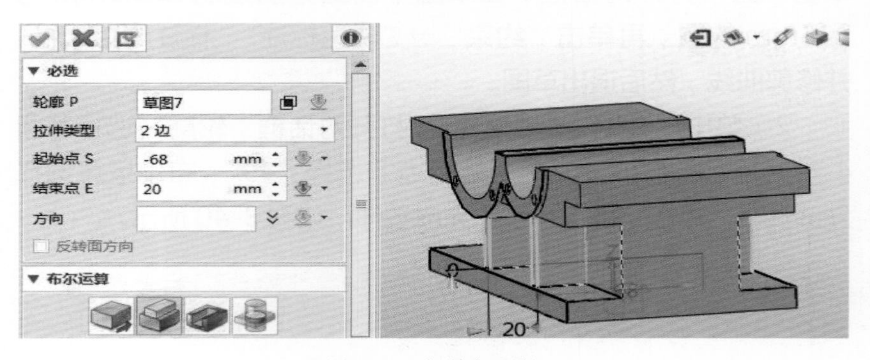

图 3-45　拉伸加强筋

7.拉伸矩形内腔（152mm×39mm×56mm）

1）单击“造型”→“草图”，单击箱座顶面的端面作为草图平面，进入草图环境。单击“矩形”打开对话框，在必选选项框中点1输入“0,0”，标注宽度为“152”，标注高度为“39”，如图3-46所示。

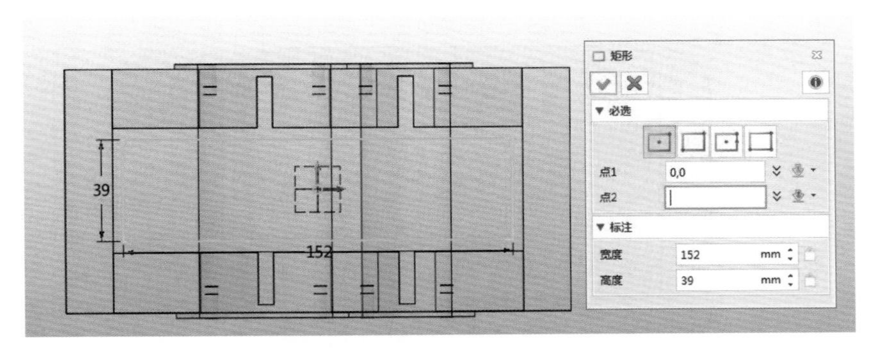

图3-46　草图绘制矩形

2）单击“造型”→“拉伸”，打开对话框，轮廓P选择草图8，拉伸类型选择“1边”，结束点E选择“–56”，布尔运算选择“减运算”，如图3-47所示。

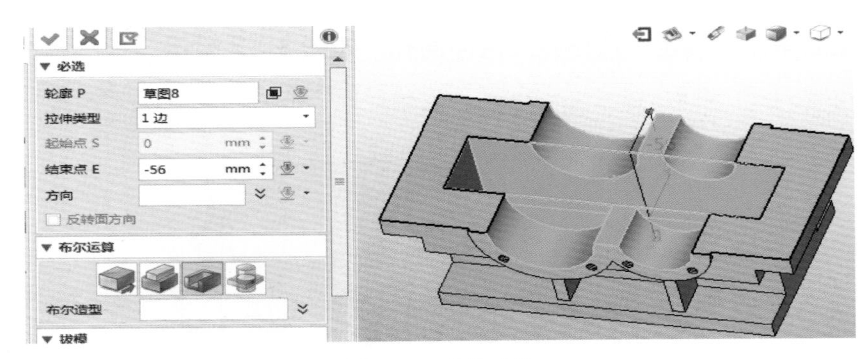

图3-47　拉伸内腔

8. 拉伸箱座主板的通孔

1）单击“造型”→“草图”，选择箱座主板作为草图平面，进入草图环境，单击“矩形”，在草图上绘制长方形，单击“约束”→“快速标注”，标注约束尺寸，以矩形的直角为圆的中心绘制圆，如图3-48所示。

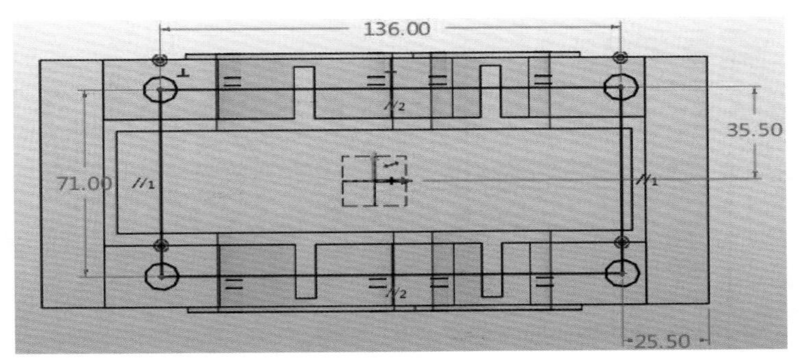

图3-48　草图绘制圆

2）最后删除矩形的轮廓曲线，退出草图，再单击“造型”→“拉伸”，打开对话框，轮廓P选择加4个圆的草图，拉伸类型选择“1边”，结束点E选择“–24”，布尔运算选择“减运算”，最后单击“确定”按钮完成拉伸通孔。

9. 倒角

1）单击“造型”→“倒角”，打开对话框，必选框默认第一个选项，边 E 选择箱座主板的 4 个直角，半径 R 选择“17”，如图 3-49 所示。

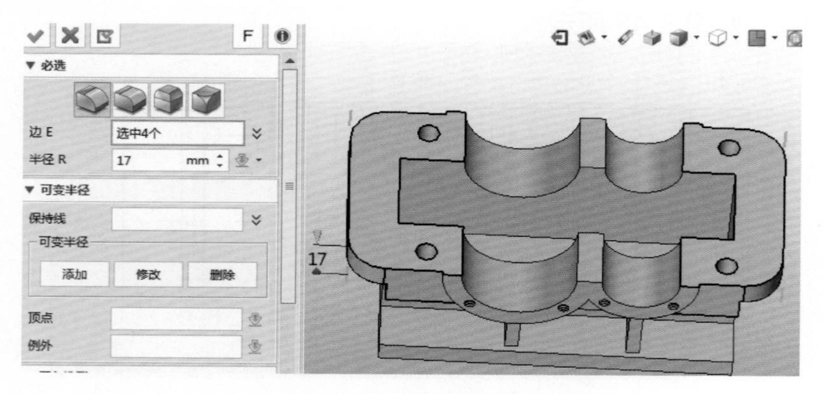

图 3-49　倒角 R17mm

2）再单击“造型”→“倒角”，打开对话框，必选框默认第一个选项，边 E 选择箱座底板的 4 个直角，半径 R 选择“10”，如图 3-50 所示。

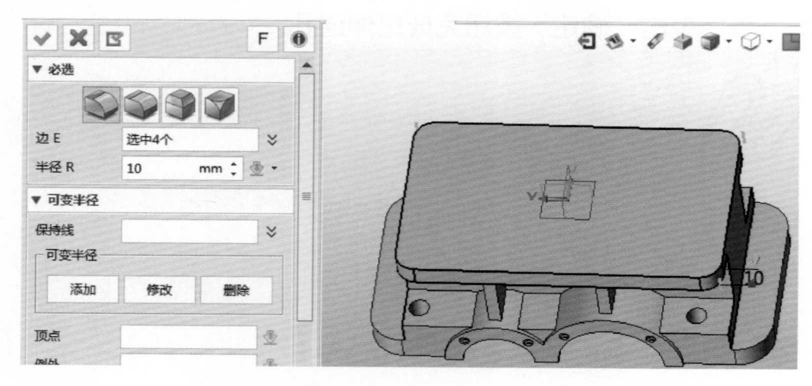

图 3-50　倒角 R10mm

10. 拉伸箱座底板的通孔

1）单击“造型”→“草图”，选择箱座底板作为草图平面，进入草图环境，单击“矩形”，在草图上绘制长方形，单击“约束”→“快速标注”，标注约束尺寸，以矩形的直角为圆的中心绘制圆，如图 3-51 所示。

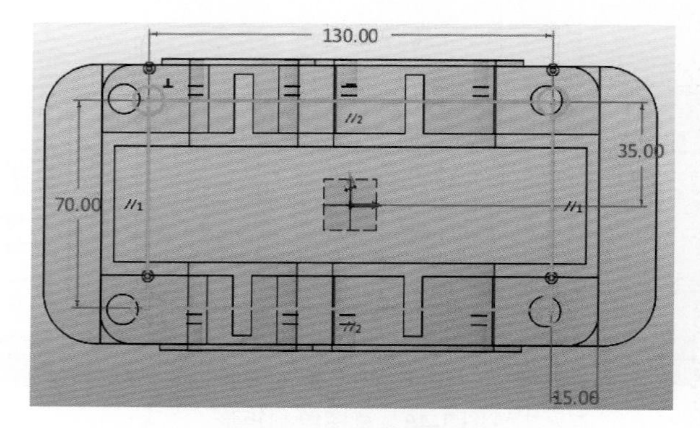

图 3-51　草图绘制底圆

2）删除矩形的轮廓曲线，退出草图，再单击“造型”→“拉伸”，打开对话框，轮廓 P 选择的草图 10，拉伸类型选择“1 边”，结束点 E 选择“–10”，布尔运算选择“减运算”，最后单击“确定”按钮完成拉伸通孔，如图 3-52 所示。

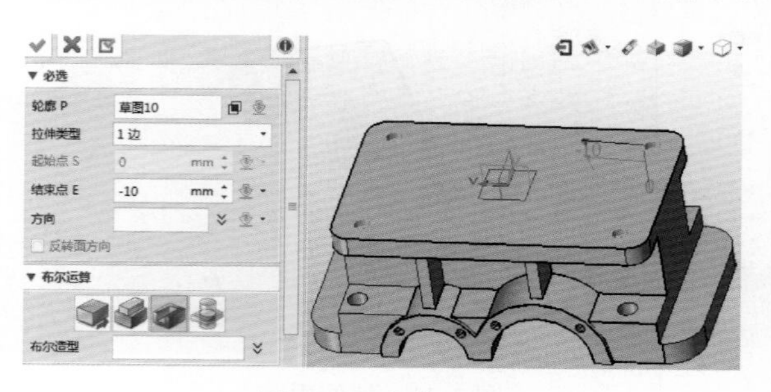

图 3-52　拉伸通孔

11. 绘制箱座底板凹槽的草图与三维实体

1）单击“造型”→“草图”，打开对话框，选择底板表面作为草图平面，进入草图环境，单击“矩形”对话框，必选框第一个选项选择“中心”，点 1 选择“0,0”圆心点，标注宽度设置为“96”，高度设置为“94”，确定后退出草图。

2）再单击“造型”→“拉伸”，打开对话框，轮廓 P 选择草图 11，拉伸类型选择“1 边”，结束点 E 选择“–4”，布尔运算选择“减运算”，完成拉伸实体，如图 3-53 所示。

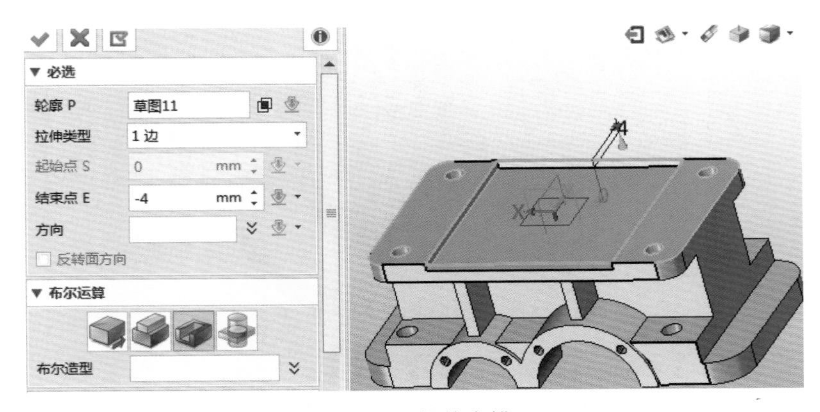

图 3-53　拉伸底槽

12. 拉伸箱座的进油嘴草图与三维实体

1）单击“造型”→“草图”，选择箱座箱体的右侧平面作为草图平面，进入草图环境，单击“圆”，在草图上绘制 ϕ25mm 的圆；单击“约束”→“快速标注”，标注约束尺寸，如图 3-54 所示，然后退出草图。

2）再单击“造型”→“拉伸”，打开对话框，轮廓 P 选择 ϕ25mm 圆的草图，拉伸类型选择“1 边”，结束点 E 选择“4”，布尔运算选择“加运算”，单击“确定”按钮完成拉伸。

3）继续拉伸 M14 螺纹通孔，单击“造型”→“孔”，打开对话框，类型选择螺纹孔，位置选择进油嘴的凸台圆心点，螺纹尺寸选择“M14×2”，单击“确定”按钮完成拉伸螺纹通孔，如图 3-55 所示。

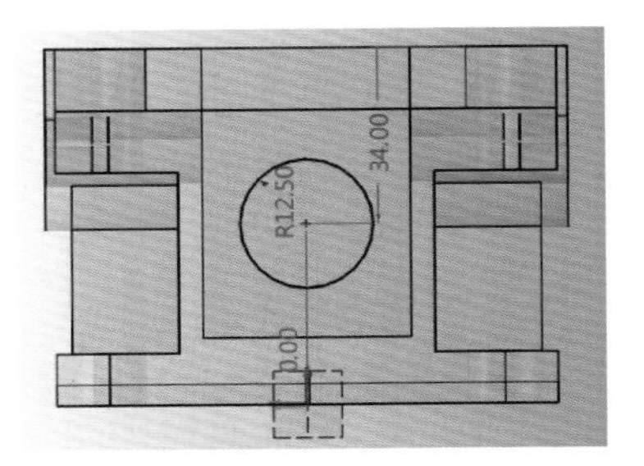

图 3-54　在草图绘制圆

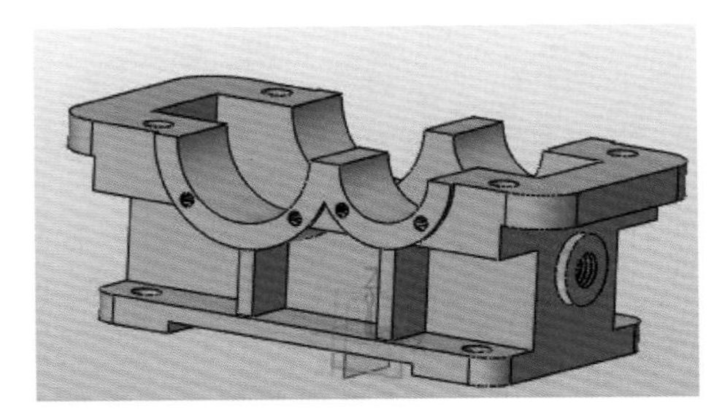

图 3-55　拉伸 M14 螺纹通孔

13. 拉伸箱座的出油嘴草图与三维实体

1）单击“造型”→“草图”，选择箱座左侧平面作为草图平面，进入草图环境，单击“圆”，在草图上绘制 ϕ20mm 的圆，单击“约束”→“快速标注”，标注约束尺寸，如图 3-56 所示，然后退出草图。

2）再单击“造型”→“拉伸”，打开对话框，轮廓 P 为 ϕ20mm 圆的草图，拉伸类型选择“1 边”，结束点 E 选择“5”，布尔运算选择“加运算”，单击“确定”完成拉伸。

3）继续拉伸 M8 螺纹孔，单击“造型”→“孔”，打开对话框，类型选择螺纹孔，位置选择出油嘴的凸台圆心点，螺纹尺寸选择“M8×1.25”，深度类型选择“自定义”，深度为“13”，规格深度 H1 为“23”，单击“确定”按钮完成拉伸螺纹孔，如图 3-57 所示。

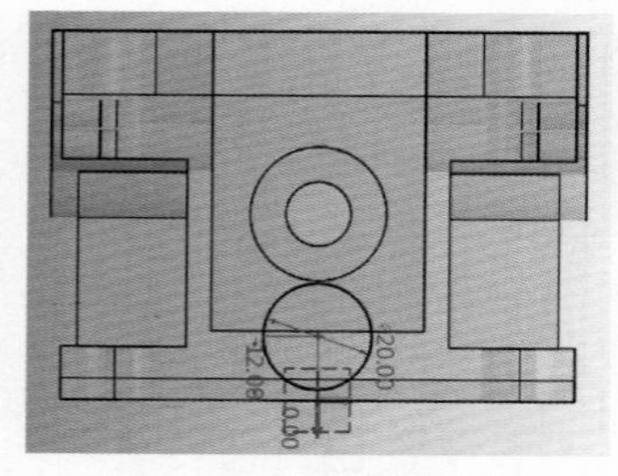

图 3-56　在草图绘制圆

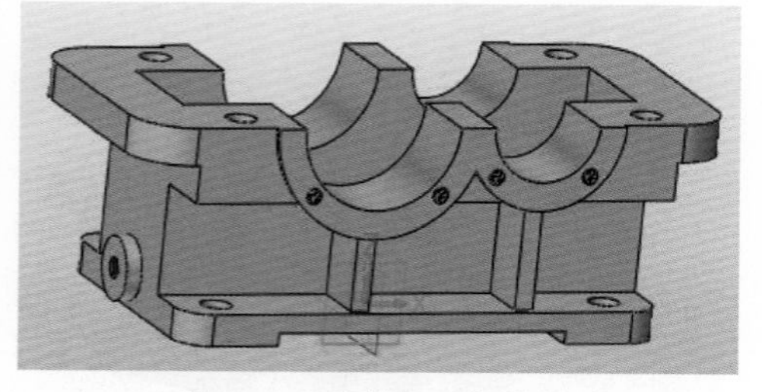

图 3-57　拉伸 M8 螺纹孔

3.4 端盖与轴套零件模型的建立

端盖是安装在电动机等机壳后面的一个后盖，俗称“端盖”。

轴套是套在转轴上的筒状机械零件，是滑动轴承的一个组成部分。一般来说，轴套与轴承座采用过盈配合，而与轴采用间隙配合。

3.4.1 端盖尺寸的测量

图 3-58 所示为端盖尺寸。

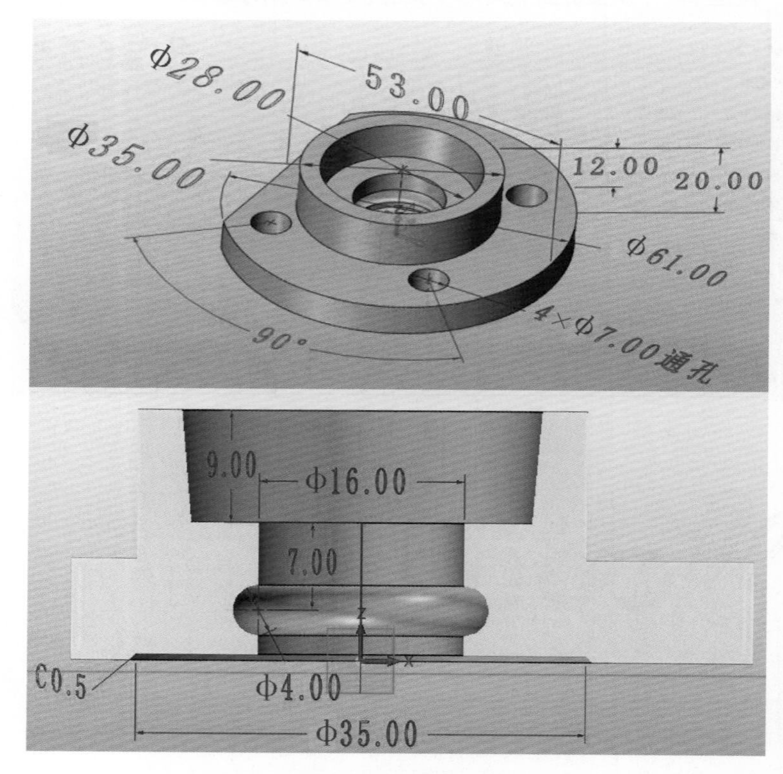

图 3-58　端盖尺寸

3.4.2 端盖的三维建模

1. 创建端盖的固定板草图与三维实体

1）启动中望 3D 2018 教育版，新建“端盖”零件文件，单击“造型”→“草图”，选择 XY 平面作为草图平面，进入草图环境，单击“圆”命令在草图原点分别绘制 ϕ61mm 与 ϕ45mm 的圆。

2）继续单击“圆”命令，在ϕ45mm 圆弧上任意绘制 4 个ϕ7mm 的圆，如图 3-59 所示。单击“直线”命令，在草图上任意绘制一条垂直线，单击“约束”→“快速标注”，标注约束尺寸，并修剪尺寸线，如图 3-60 所示。

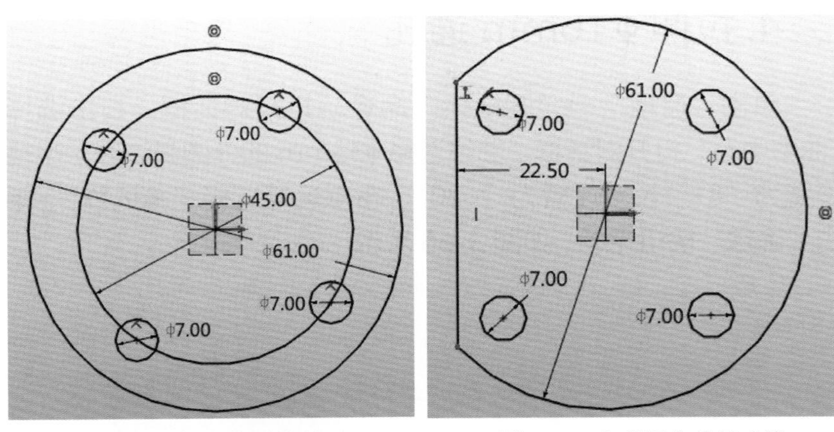

图 3-59 在草图绘制圆　　图 3-60 在草图修剪尺寸线

3）退出草图环境后，单击“造型”→“拉伸”命令，打开对话框，轮廓 P 选择草图 1，拉伸类型选择“1 边”，结束点 E 选择“8”，如图 3-61 所示，单击“确定”按钮完成固定板三维实体的拉伸。

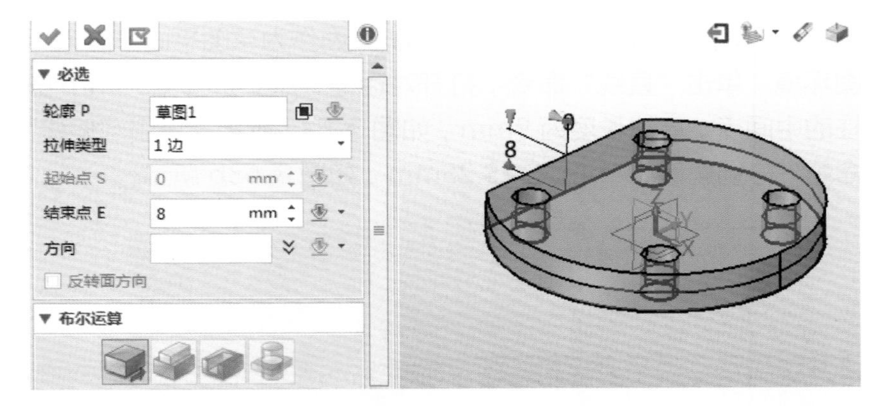

图 3-61 拉伸固定板

2. 拉伸 ϕ35mm 圆柱三维实体

单击“造型”→“圆柱体”命令，打开对话框，右击选择“曲率中心”打开对话框，曲线选择固定板的外圆弧边界，如图 3-62 所示，半径设置为“17.5”，长度设置为“12”，布尔运算选择“加运算”，单击“确定”按钮完成。

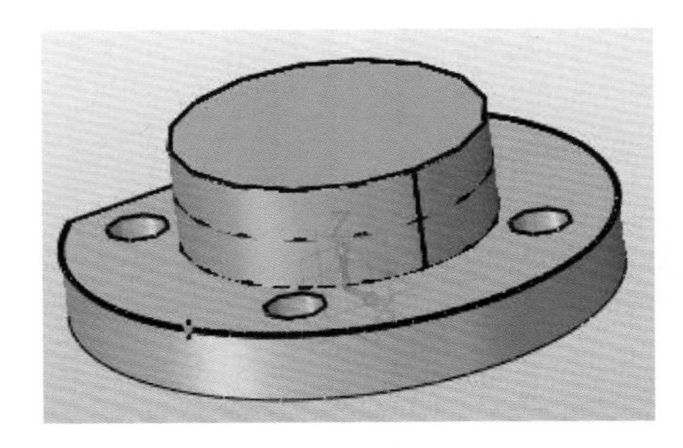

图 3-62 圆柱体加运算

3. 拉伸 ϕ28mm 与 ϕ26.5mm 的拔模圆孔

1）单击“草图”命令，选择 XY 平面作为草图平面，进入草图环境，单击“直线”命令，打开对话框，点 1 选择 ϕ35mm 圆柱的中间点，直线长度为 9mm，如图 3-63a 所示；单击“偏移”命令，分别偏移 14mm 与 13.25mm，如图 3-63b 所示。

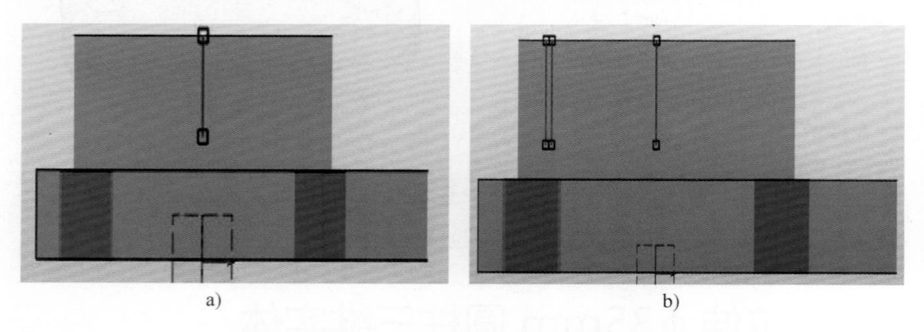

a)　　　　b)

图 3-63　草图绘制直线及偏移

2）单击“直线”命令，打开对话框，点 1 选择 14mm 偏移线的端点，点 2 选择 13.25mm 偏移线的末点，如图 3-64a 所示，然后删除两条偏移线，继续用直线连接剩下的两条曲线，形成封闭轮廓曲线，如图 3-64b 所示。

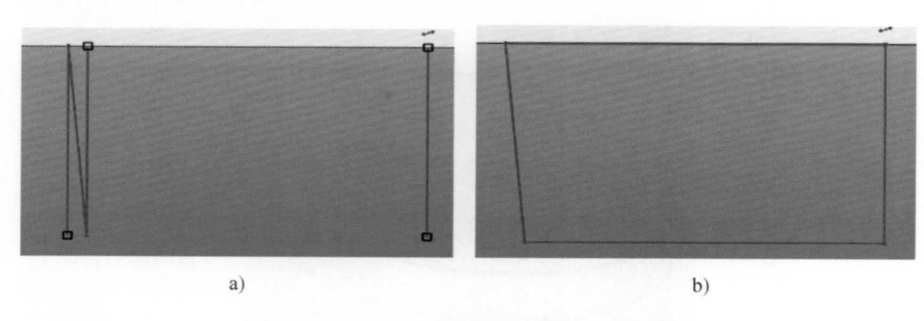

a)　　　　b)

图 3-64　草图绘制封闭轮廓曲线

3）单击“造型”→“旋转”命令，打开对话框，轮廓 P 选择草图 5，轴 A 选择“Z 轴”，旋转类型选择“1 边”，结束角度 E 选择“360”，布尔运算选择“减运算”，如图 3-65 所示，单击“确定”按钮完成拔模圆孔。

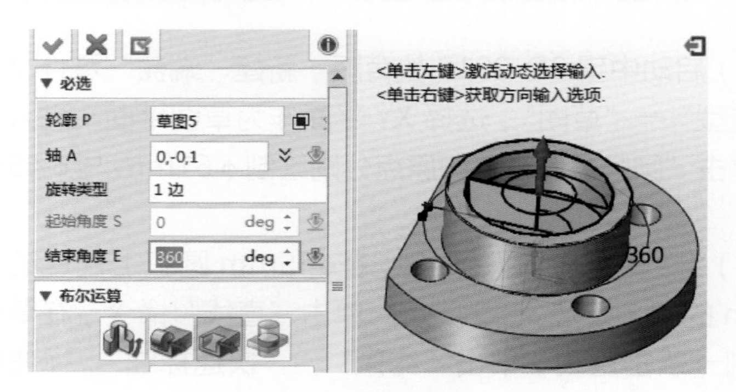

图 3-65　旋转拔模孔

4. 拉伸 ϕ16mm 通孔

单击“造型”→“圆柱体”命令，打开对话框，右击选择“曲率中心”打开对话框，曲线选择 ϕ35mm 的外圆弧边界，半径设置为“8”，长度设置为“-20”，布尔运算选择“减运算”，单击“确定”按钮完成，如图 3-66 所示。

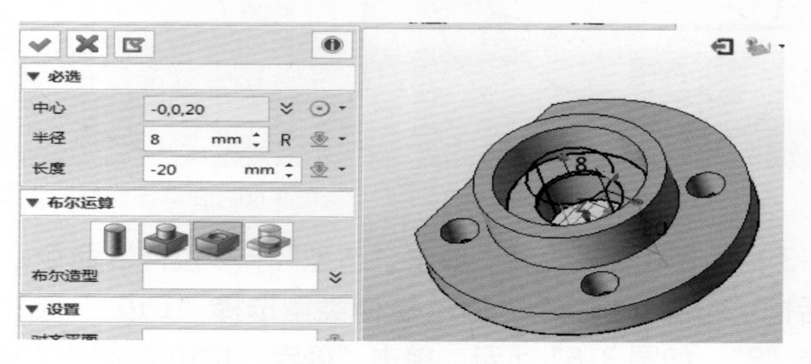

图 3-66　拉伸通孔

5. 旋转拉伸密封圈槽

1）单击“造型”→“草图”命令，打开对话框，选择 XY 平面作为草图平面，进入草图环境，单击“直线”命令，点 1 选择原点，点 2 重合于固定板，直线长度为 8mm，单击“偏移”命令，偏移 4mm，在偏移直线的端点绘制 R2mm 的圆，如图 3-67 所示。

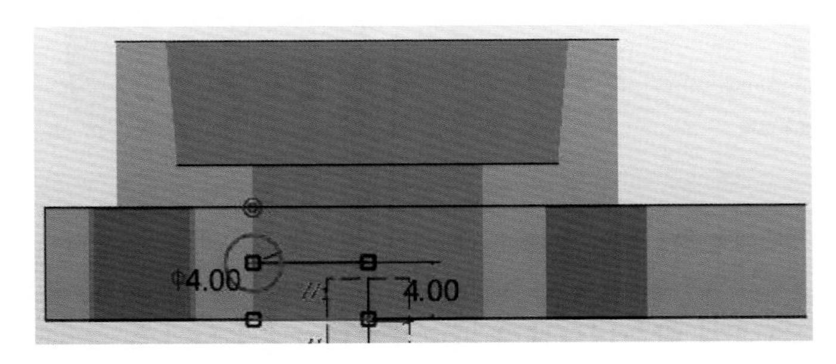

图 3-67　草图绘制圆

2）删除两条直线后，退出草图环境，单击“造型”→“旋转”命令，轮廓 P 选择草图，轴 A 选择 Z 轴，旋转类型选择“1 边”，结束角度 E 选择“360”，布尔运算选择“减运算”，单击“确定”按钮完成旋转密封圈槽，如图 3-68 所示。

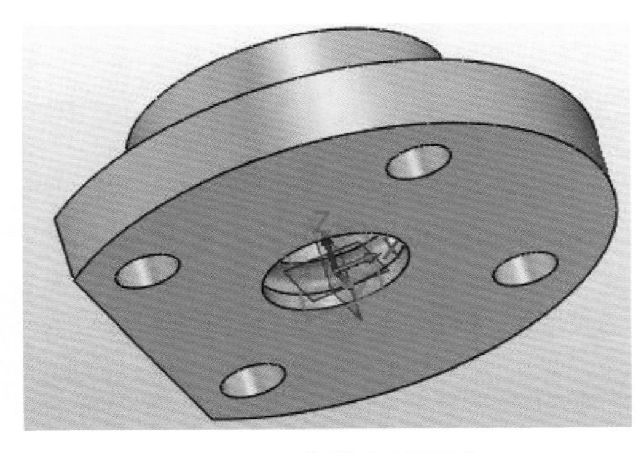

图 3-68　旋转密封圈槽

6. 拉伸固定板圆凹槽与倒角

单击“造型”→“圆柱体”命令，打开对话框，右击选择“曲率中心”打开对话框，曲线选择固定板的底面外圆弧边界，半径为“17.5”，长度为“0.5”，布尔运算选择“减运算”，单击“确定”按钮完成；最后单击“倒角”，边 E 选择圆凹槽的顶面圆弧边界，倒角距离 S 设置为“0.5”，单击“确定”按钮完成，如图 3-69 所示。

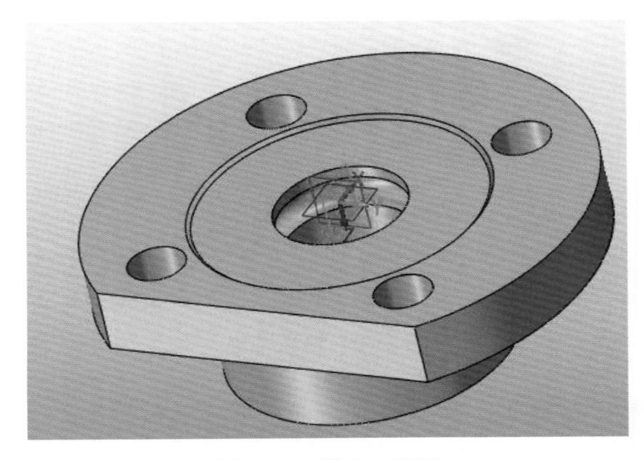

图 3-69　端盖三维图

3.4.3 轴套尺寸的测量

轴套尺寸如图 3-70 所示。

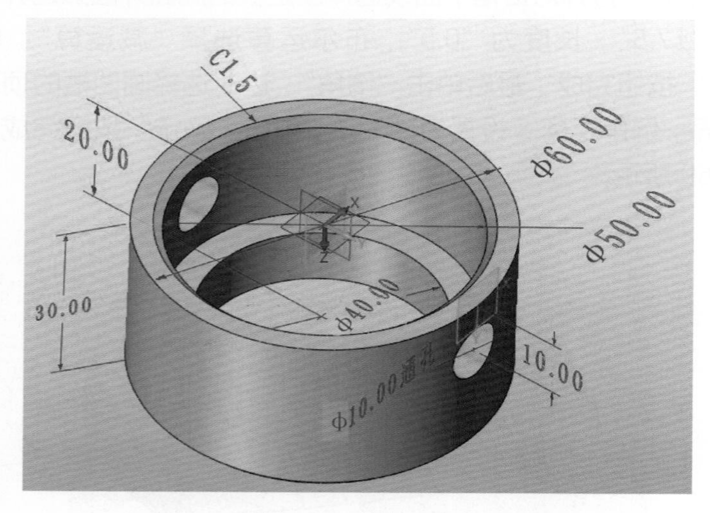

图 3-70　轴套尺寸

3.4.4 轴套的三维建模

1. 拉伸外形圆柱与通孔草图及三维实体

1）打开中望 3D 2018 教育版软件，新建“轴套”零件。

2）单击“造型”→“草图”命令打开对话框，选择 XY 平面作为草图平面，进入草图环境；单击“圆”命令，圆心选择原点（0,0），分别绘制 ϕ60mm、ϕ40mm 的圆。

3）然后退出草图环境，单击“拉伸”命令拉伸实体，轮廓 P 选择草图 1，拉伸类型选择“1 边”，结束点 E 选择“30”，单击“确定”按钮完成拉伸轴套三维实体，如图 3-71 所示。

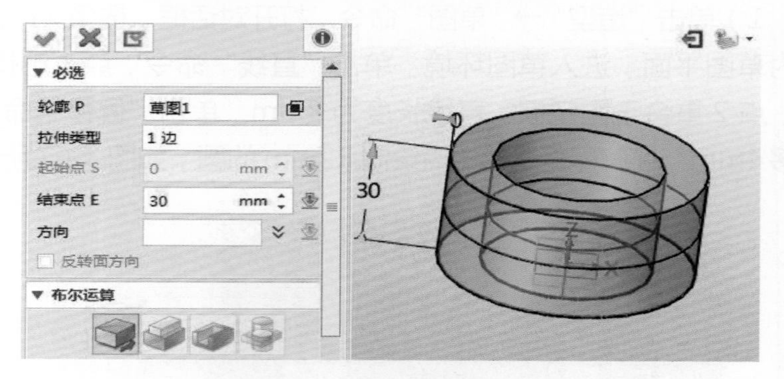

图 3-71　拉伸轴套

2. 拉伸 ϕ50mm 圆柱孔三维实体

单击“造型”→“圆柱体”命令打开对话框，中心输入“0,0,0”，半径输入“25”，长度输入“20”，布尔运算选择“减运算”，如图 3-72 所示，单击“确定”按钮完成拉伸 ϕ50mm 的圆柱孔。

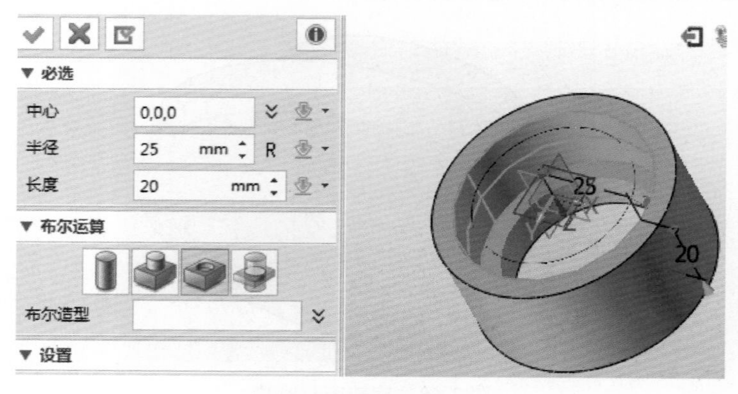

图 3-72　拉伸圆柱孔

3. 拉伸 φ10mm 通孔草图及三维实体

1）单击“造型”→“草图”命令打开对话框，选择 XZ 平面作为草图平面，进入草图环境，单击“圆”命令，圆心选择原点（0,10），直径输入“10”，单击“确定”按钮完成 φ10mm 圆的绘制，如图 3-73 所示，退出草图环境。

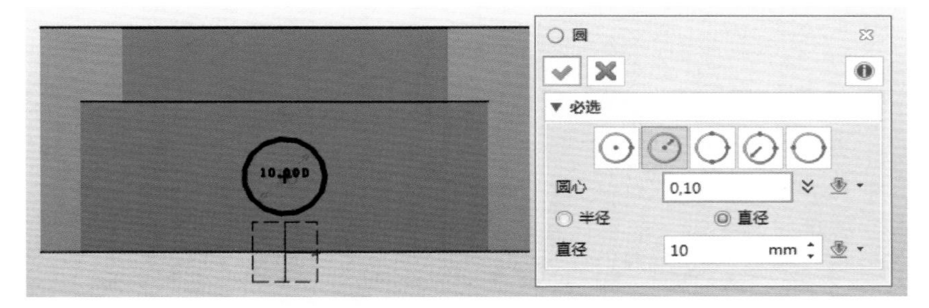

图 3-73　草图绘制圆

2）单击“造型”→“拉伸”命令打开对话框，轮廓 P 选择草图 2，拉伸类型选择“对称”，结束点 E 输入“30”，布尔运算选择“减运算”，如图 3-74 所示，最后单击“确定”按钮完成拉伸通孔。

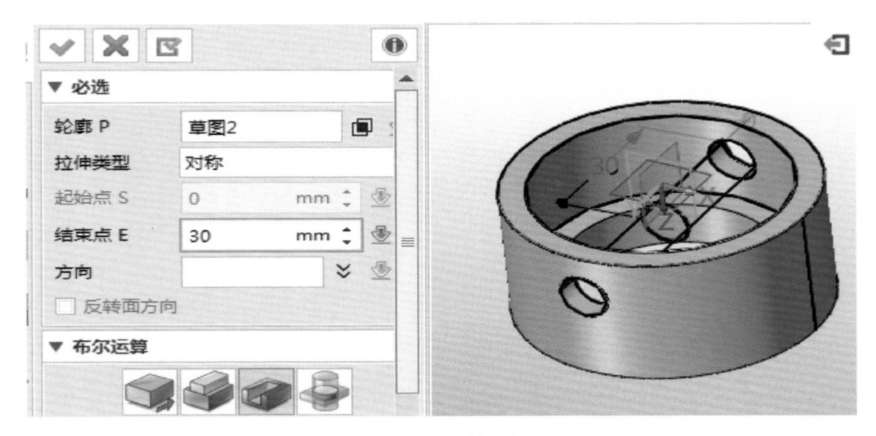

图 3-74　拉伸通孔

4. 倒角

单击“造型”→“倒角”命令打开对话框，边 E 分别选择 φ60mm 圆柱外形顶面边界与 φ50mm 圆柱孔的边界，倒角距离 S 设置为“1.5”，如图 3-75 所示，单击“确定”按钮完成倒角操作。

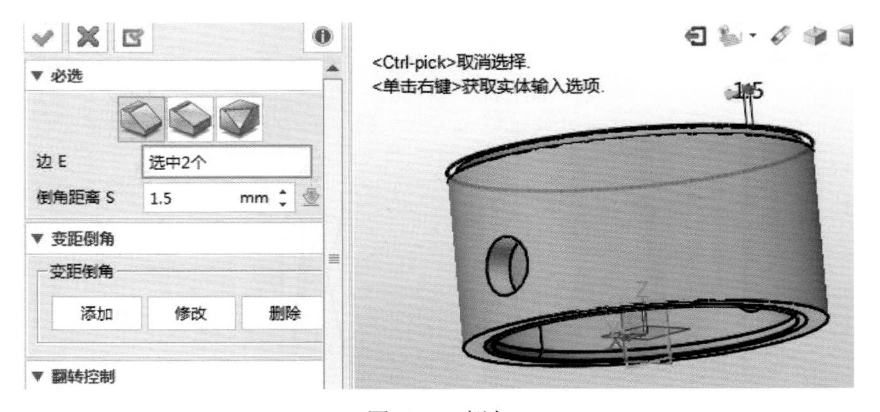

图 3-75　倒角

3.5 弹簧的三维建模

1. 弹簧的设计尺寸

弹簧长度为 38.4mm，最大直径为 ϕ12mm，线径直径为 ϕ1.8mm，匝数为 8 圈，每圈的距离是 4.8mm，如图 3-76 所示。

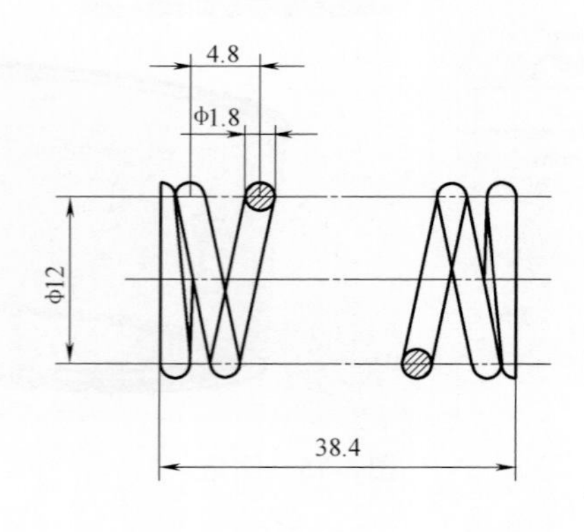

图 3-76　弹簧参数

2. 创建弹簧的草图及三维实体

1）打开中望 3D 2018 教育版软件，新建“弹簧”零件。

2）单击“造型”→“草图”命令打开对话框，平面选择 YZ 平面，进入草图环境；单击“圆”命令，中心输入“6”，半径输入“0.9”，单击“确定”按钮，退出草图环境。

3）单击“造型”→“螺旋扫掠”命令打开对话框，轮廓 P 选择草图，轴 A 单击鼠标右键选 择 Z 轴，匝数输入“8”，距离输入“4.8”，单击“确定”按钮完成拉伸弹簧三维实体，如图 3-77 所示。

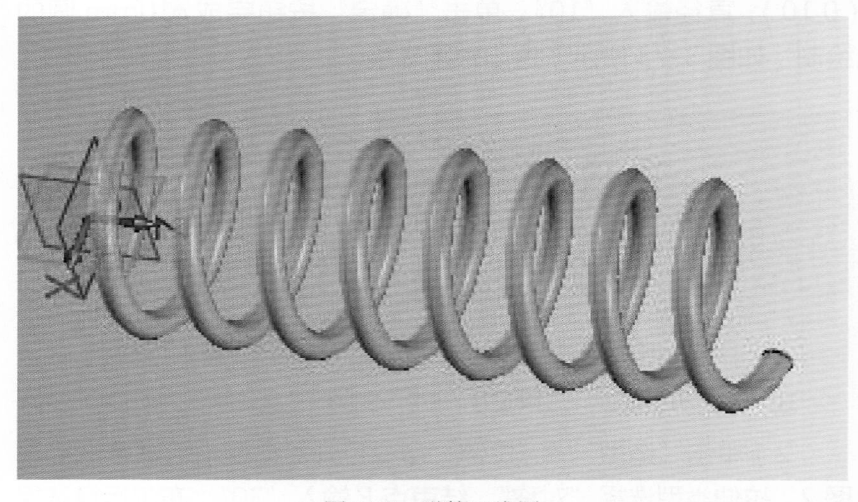

图 3-77　弹簧三维图

第 4 章
典型零件图的绘制

4.1 二维图样的基本要求

4.1.1 图框、图层及其属性的设置

本书选择全国职业院校技能大赛中职组“零部件测绘与 CAD 成图技术”赛项指定软件“中望机械 CAD 2018 教育版”为载体，学习机械制图的步骤。

1. 图框的设置（图 4-1）

1）根据零件大小调入合适大小的图纸。

2）选择图幅大小。

3）设置图幅布置方式。

4）根据零件和图纸大小，选择绘图比例。

5）选择标题栏样式。

图 4-1　图幅设置窗口

2. 图层及其属性的设置

1）键盘输入 TF, 然后按空格键，选择“取消”，激活所有图层。

2）打开图层特性管理器，如图 4-2 所示。

3）先将所有图层线宽改为 0.25mm，再将轮廓实线层线宽改为 0.5mm。

图 4-2　图层特性管理器窗口

4.1.2 技术要求与标题栏的书写

1. 技术要求的书写

1）键盘输入 TJ，然后按空格键。

2）用鼠标左键框选出文字范围。

3）在文本框中输入技术要求（图 4-3）或直接从技术库里调出所需技术要求（图 4-4）。

图 4-3 技术要求窗口

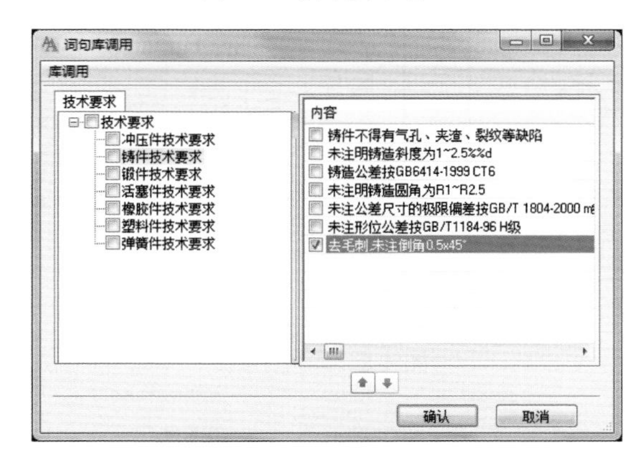

图 4-4 技术要求调用窗口

4）单击“确认”，完成技术要求的书写。

2. 标题栏的书写

1）双击图框上的标题栏，弹出“属性高级编辑”对话框，如图 4-5 所示。

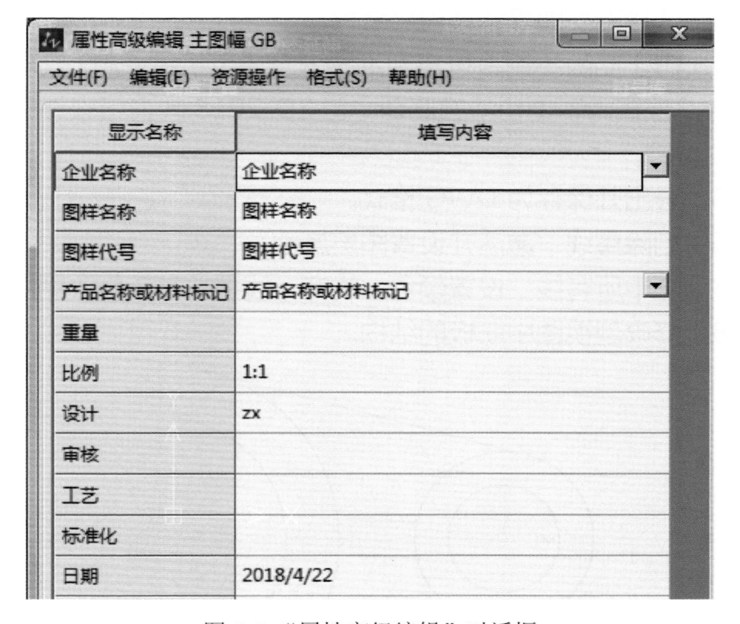

图 4-5 “属性高级编辑”对话框

2）双击选择需要填写的窗口，直接输入内容。

3）一般来说，标题栏填写图样名称、图样代号、材料、设计、日期、共几页、第几页等内容。

4）填写完毕后，单击“确认”按钮，然后退出。

4.2 拨叉杆二维图的绘制

4.2.1 拨叉杆的视图表达

1）根据拨叉杆 3D 模型创建 2D 工程图。

2）选择能够最清晰表达其外部结构的视图为主视图。

3）选择剖视图表达其内部结构。

4）由于筋板不剖，可将图形导入至中望机械 CAD 教育版内再修改此位置为不剖切，因此在中望 3D 2018 教育版软件中可不理会此位置。

5）导出并保存为 DWG 格式。

6）删除重线，激活并设置图层属性。

7）选中所有线，设置颜色、线宽、线型，然后修改图层。

8）修改剖视图中筋板的结构。

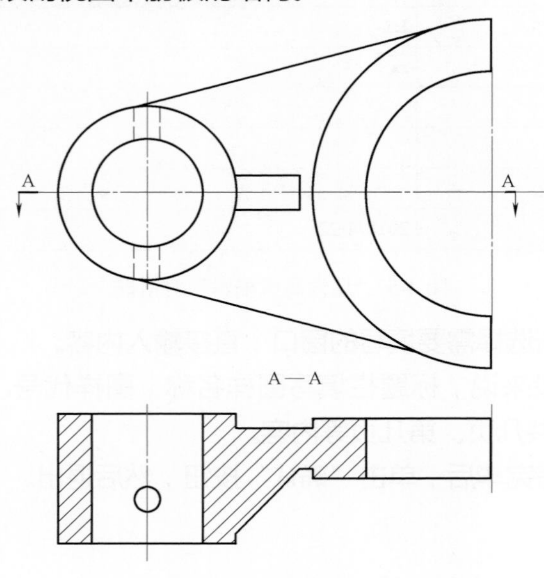

图 4-6　拨叉杆的视图表达

拨叉杆的视图表达：

① 选择最能表达拨叉杆外部结构的视图为主视图，全剖表达其内部结构，导出到 2D 工程图，再进行修改，如图 4-6 所示。

② 找到二维草图与注释模式下的扩展工具栏，通过编辑工具删除重线（<Ctrl+A> 为选中所有线），如图 4-7 所示。

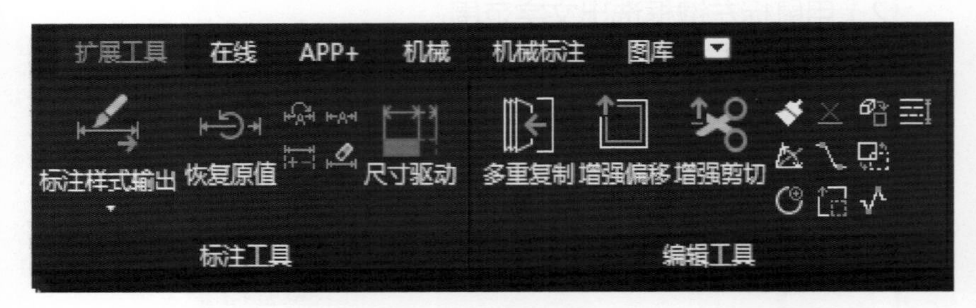

图 4-7　删除重线

③ 修改图层，然后修改筋板结构，如图 4-8 所示。

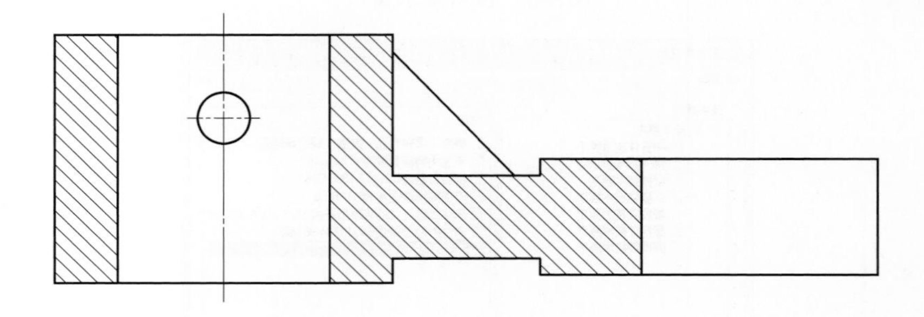

图 4-8　筋板不剖

4.2.2 拨叉杆的尺寸标注

1）拨叉杆定位尺寸标注（图 4-9）。

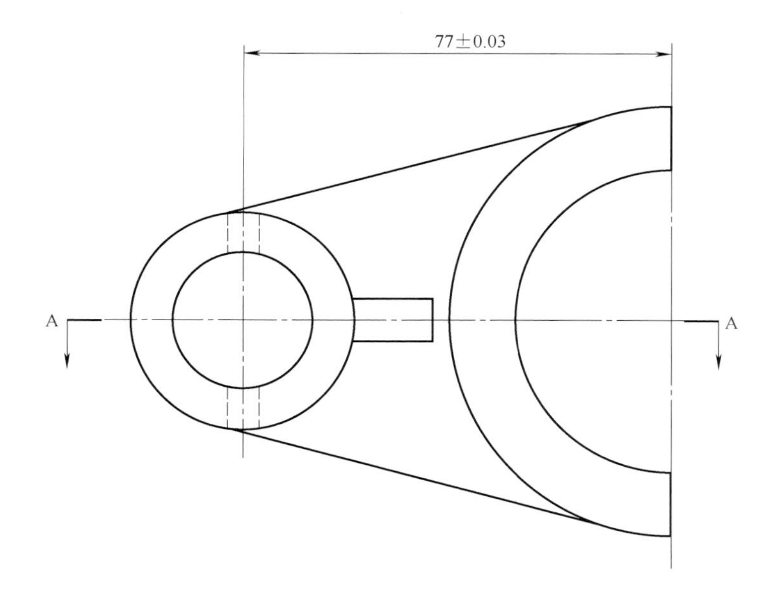

A—A

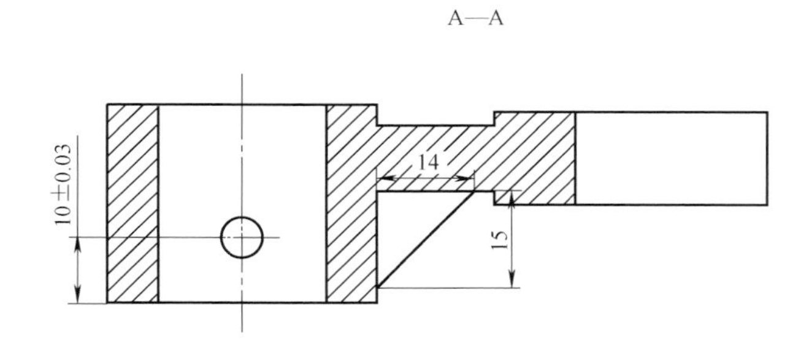

图 4-9　定位尺寸标注

2）拨叉杆定形尺寸标注（图 4-10）。

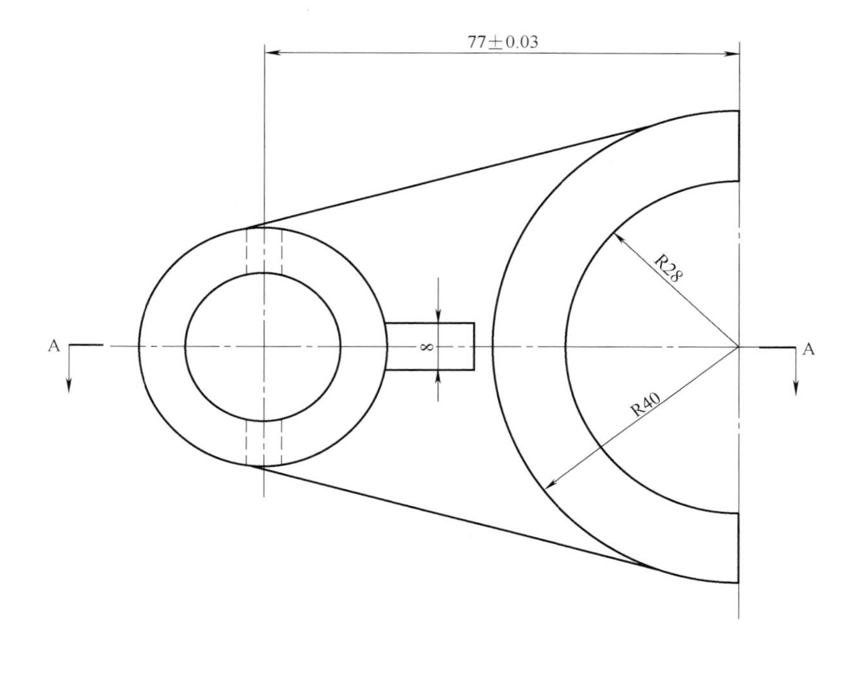

A—A

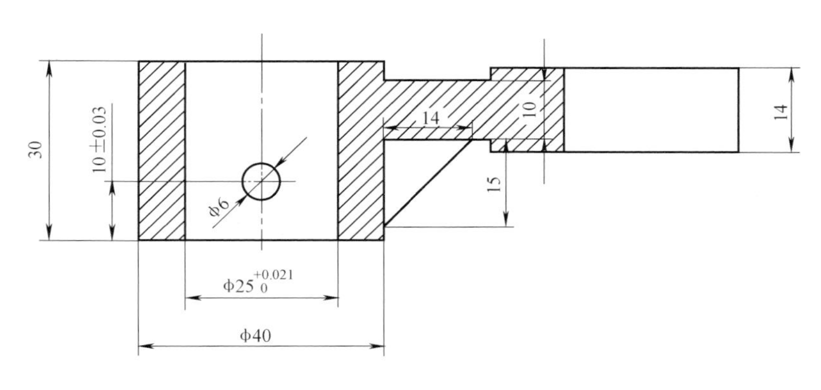

图 4-10　定形尺寸标注

3）拨叉杆几何公差、表面粗糙度标注（图 4-11）。

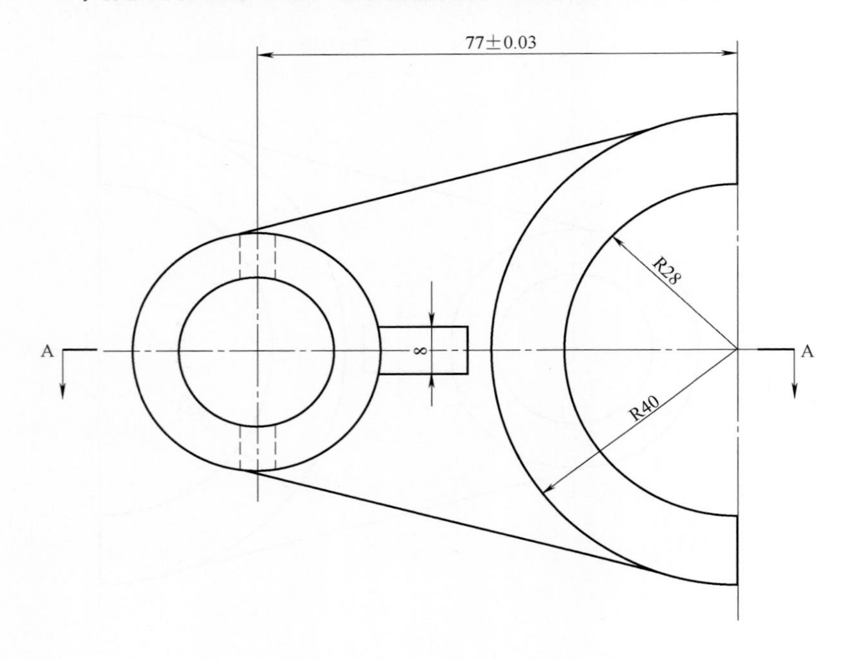

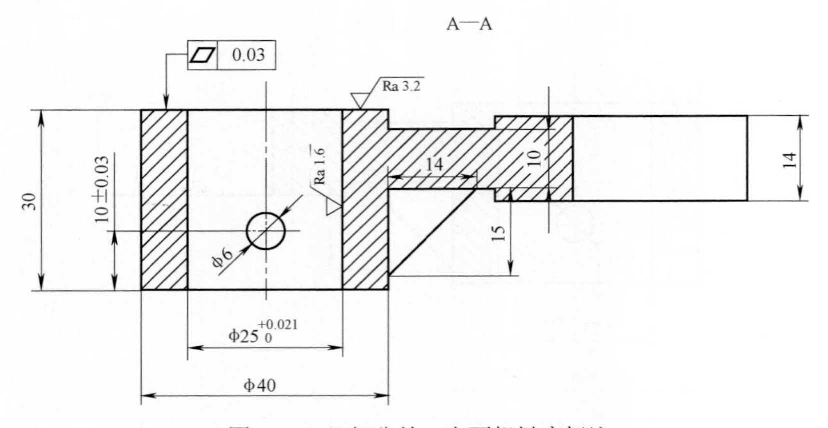

图 4-11 几何公差、表面粗糙度标注

4）调入图框、填写标题栏和技术要求（图 4-12）。

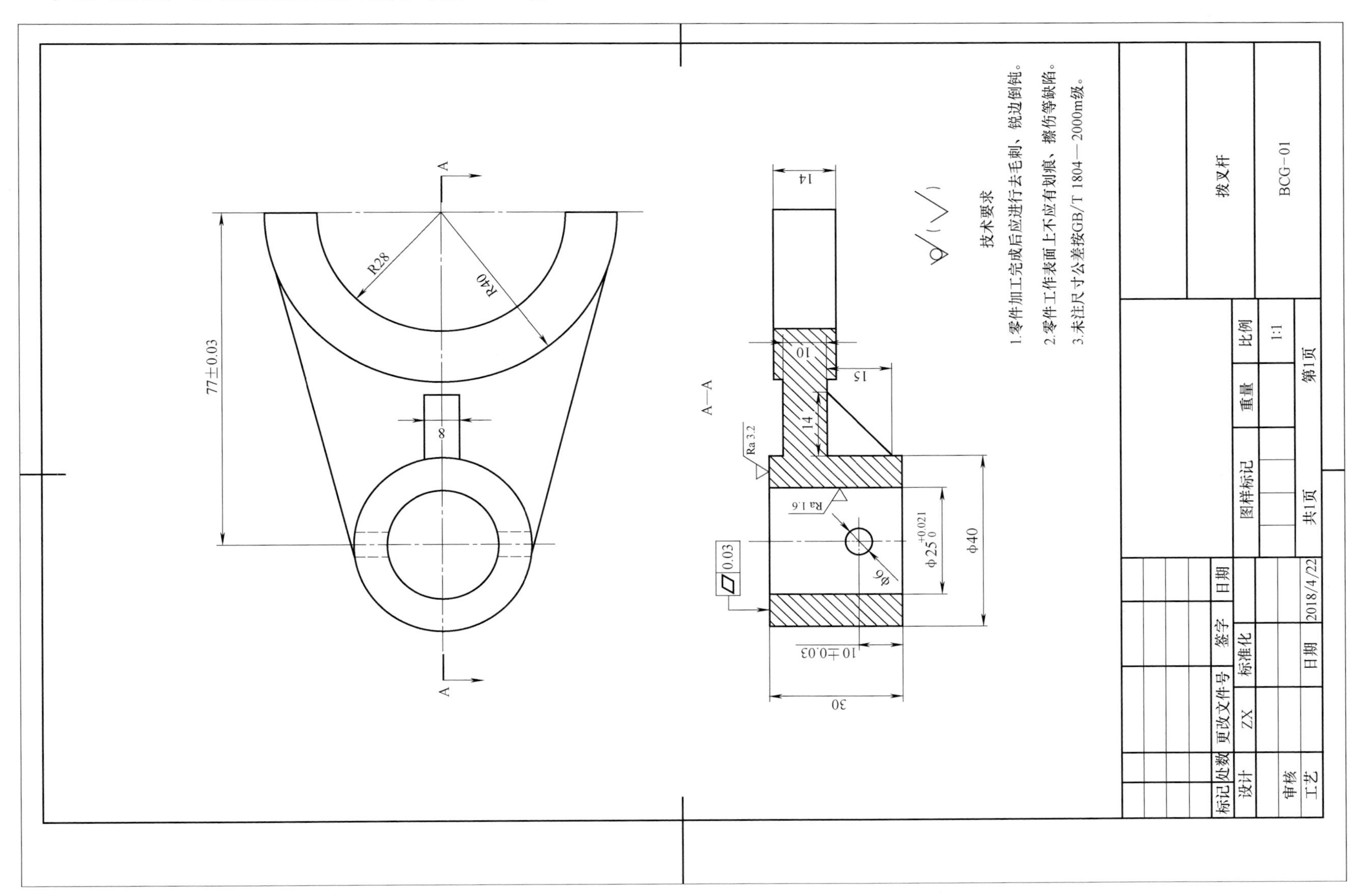

图 4-12　技术要求、标题栏的填写

5）导出 PDF 图（图 4-13 ~图 4-15）。

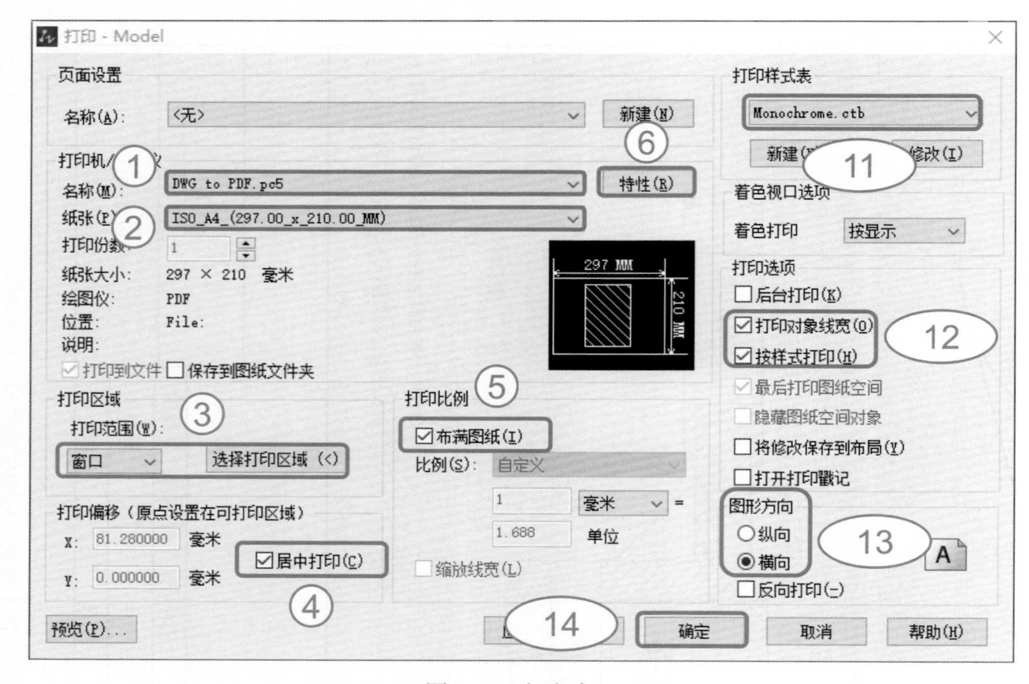

图 4-13　打印窗口

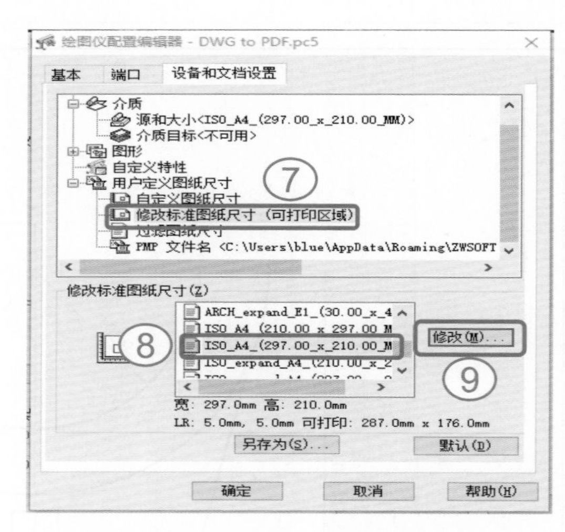

图 4-14　绘图仪配置编辑器

① 选择 PDF 打印机

② 选择纸张大小

③ 选择窗选的打印区域

④ 居中打印

⑤ 选择打印比例

⑥ 打开图纸特性

⑦ 选择可打印区域

⑧ 选择与步骤 2 一致的纸张大小

⑨ 单击“修改”按钮

⑩ 将四个方向的页边距改为 0

⑪ 选择 Monochrome.ctb 单色打印样式

⑫ 勾选“打印对象线宽”和“按样式打印”项

⑬ 选择图形方向为横向或者纵向

⑭ 单击“确定”按钮，选择 PDF 存放位置

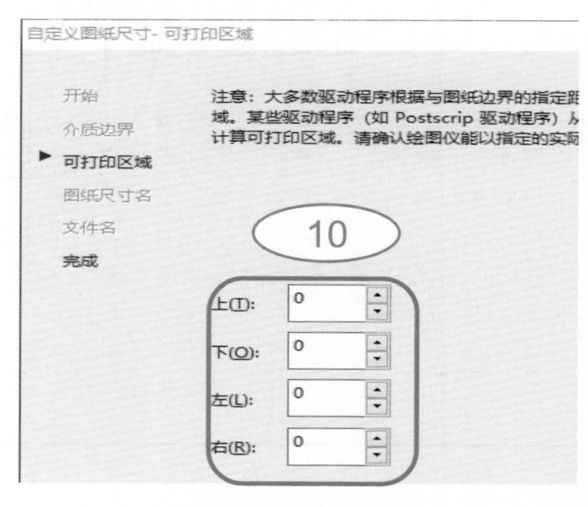

图 4-15　自定义图纸尺寸

4.3 齿轮轴二维图的绘制

4.3.1 齿轮轴的视图表达

齿轮轴属于回转体类零件，因此直接在 2D 工程图中表达较简单。步骤如下：

① 绘图环境设置，激活所有图层，修改图层属性。

② 选择机械→机械设计→轴设计命令，输入每段轴特征值绘制轴的外轮廓，如图 4-16 所示。

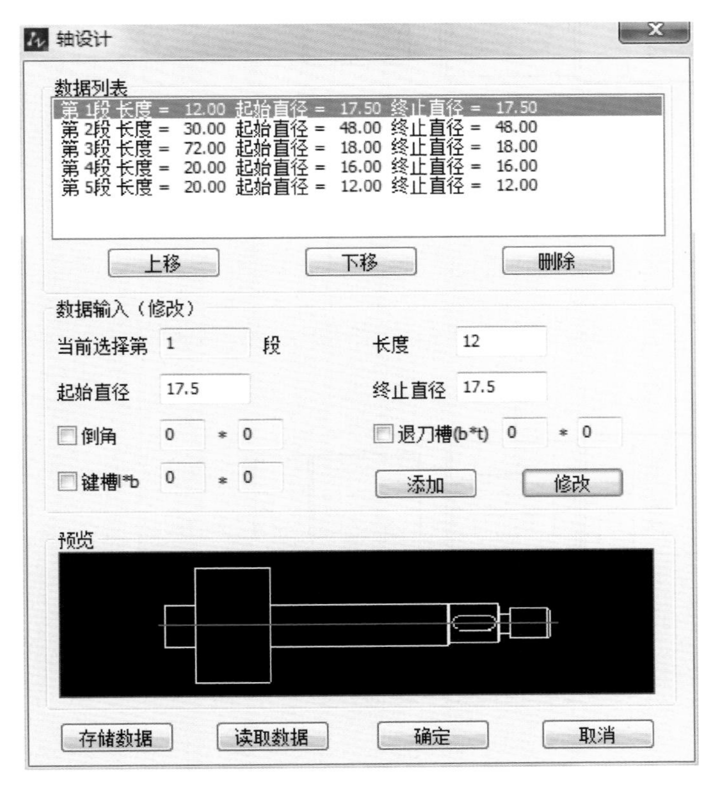

图 4-16 “轴设计”窗口

③ 绘制齿轮，补齐倒角，如图 4-17 所示。

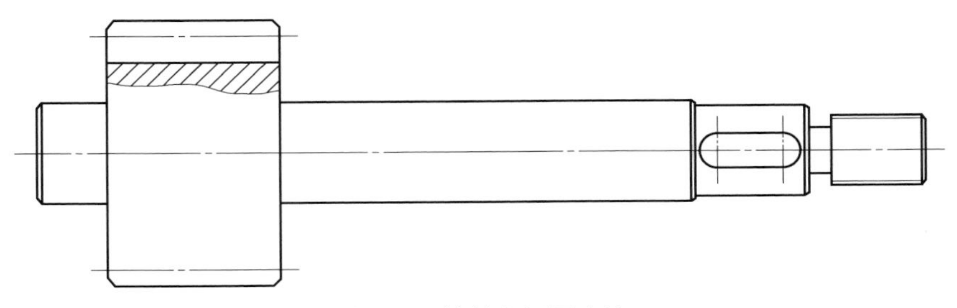

图 4-17 轴的主视图表达

④ 绘制轴的移出断面图，如图 4-18 所示。

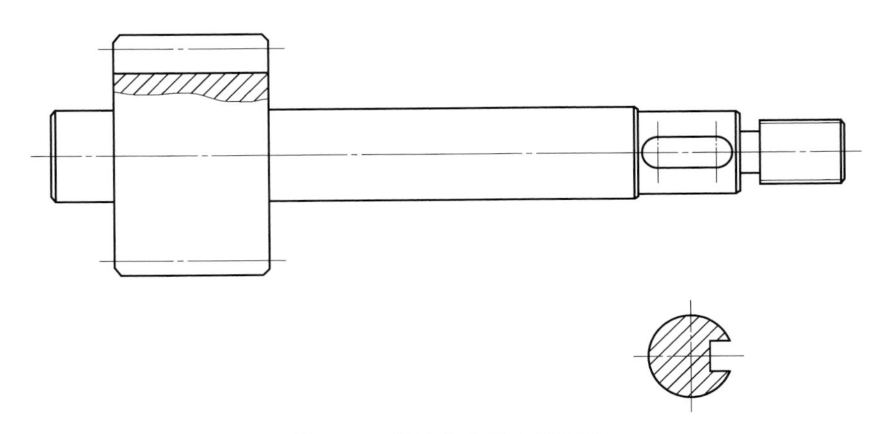

图 4-18 轴的移出断面图表达

4.3.2 齿轮轴的尺寸标注

与其他类型零件尺寸标注不同，轴类零件在尺寸标注时按照同一方向统一标注的原则来进行，主要分为以下几步：

① 齿轮轴径向尺寸标注，如图 4-19 所示。

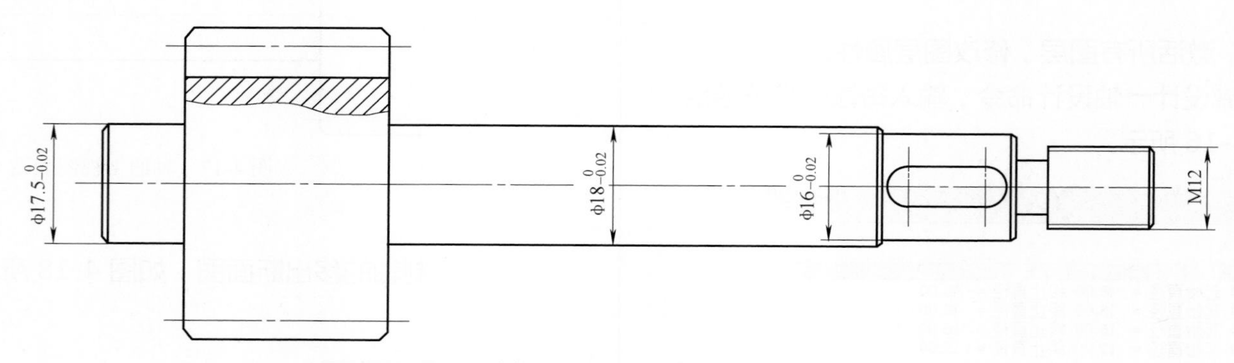

图 4-19　径向尺寸标注

② 齿轮轴轴向尺寸标注，如图 4-20 所示。

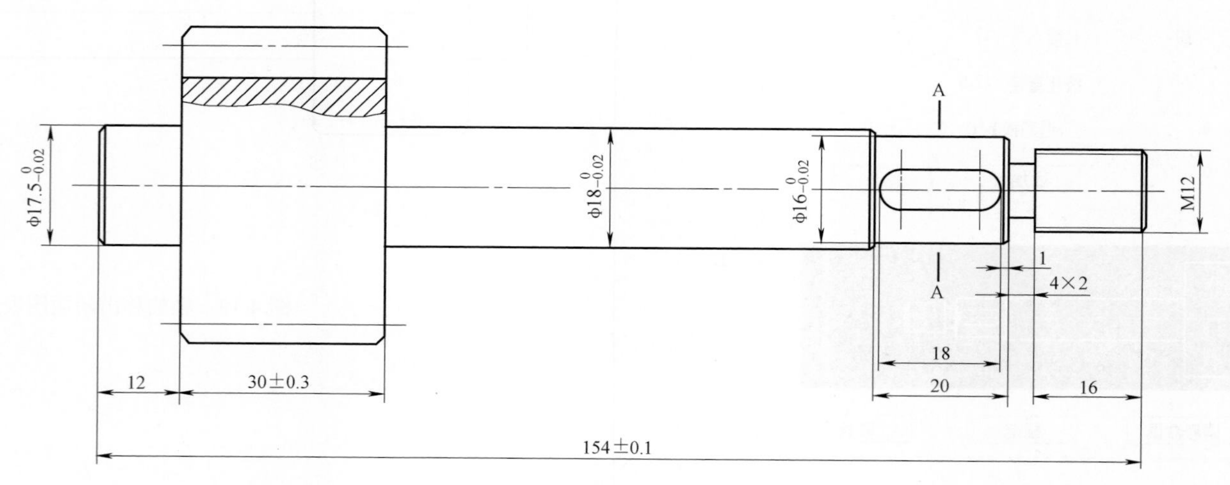

图 4-20　轴向尺寸标注

③ 齿轮轴几何公差、表面粗糙度标注，如图 4-21 所示。

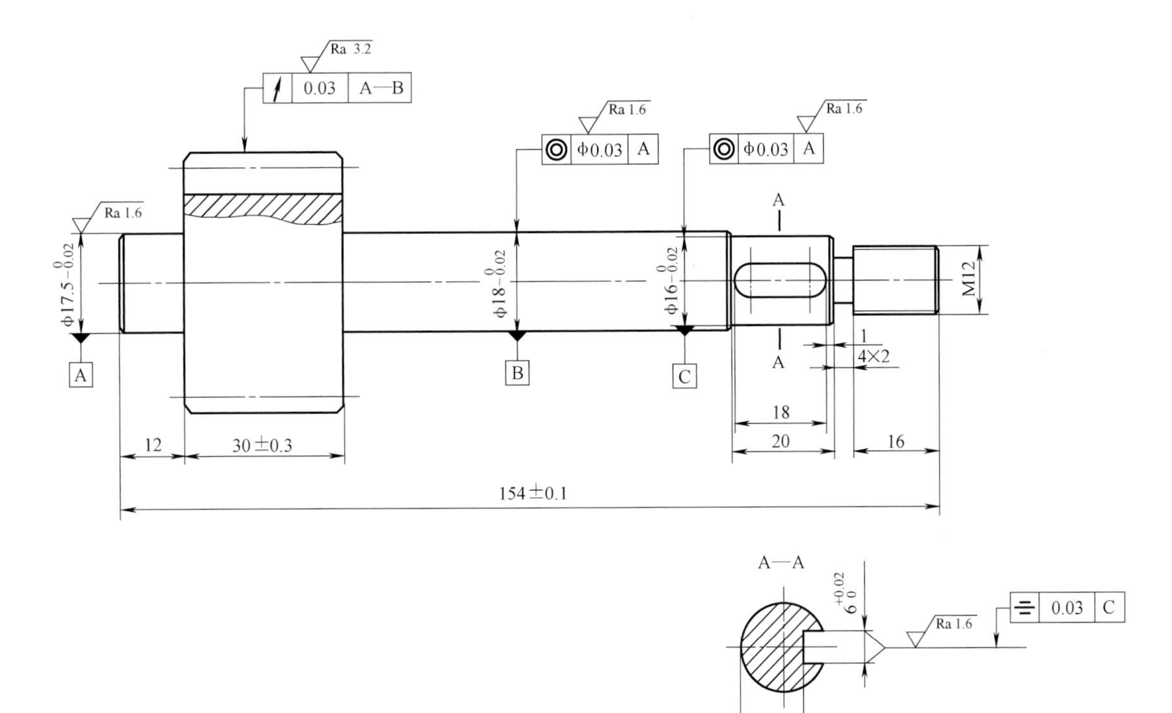

图 4-21 几何公差、表面粗糙度的标注

齿轮轴的尺寸标注：

④ 技术要求及图框和标题栏的调入、填写。

在绘制含有齿轮结构的零件图时，必须要将齿轮参数在图样上表达出来，如模数、齿数、压力角，参数栏也需要画出。

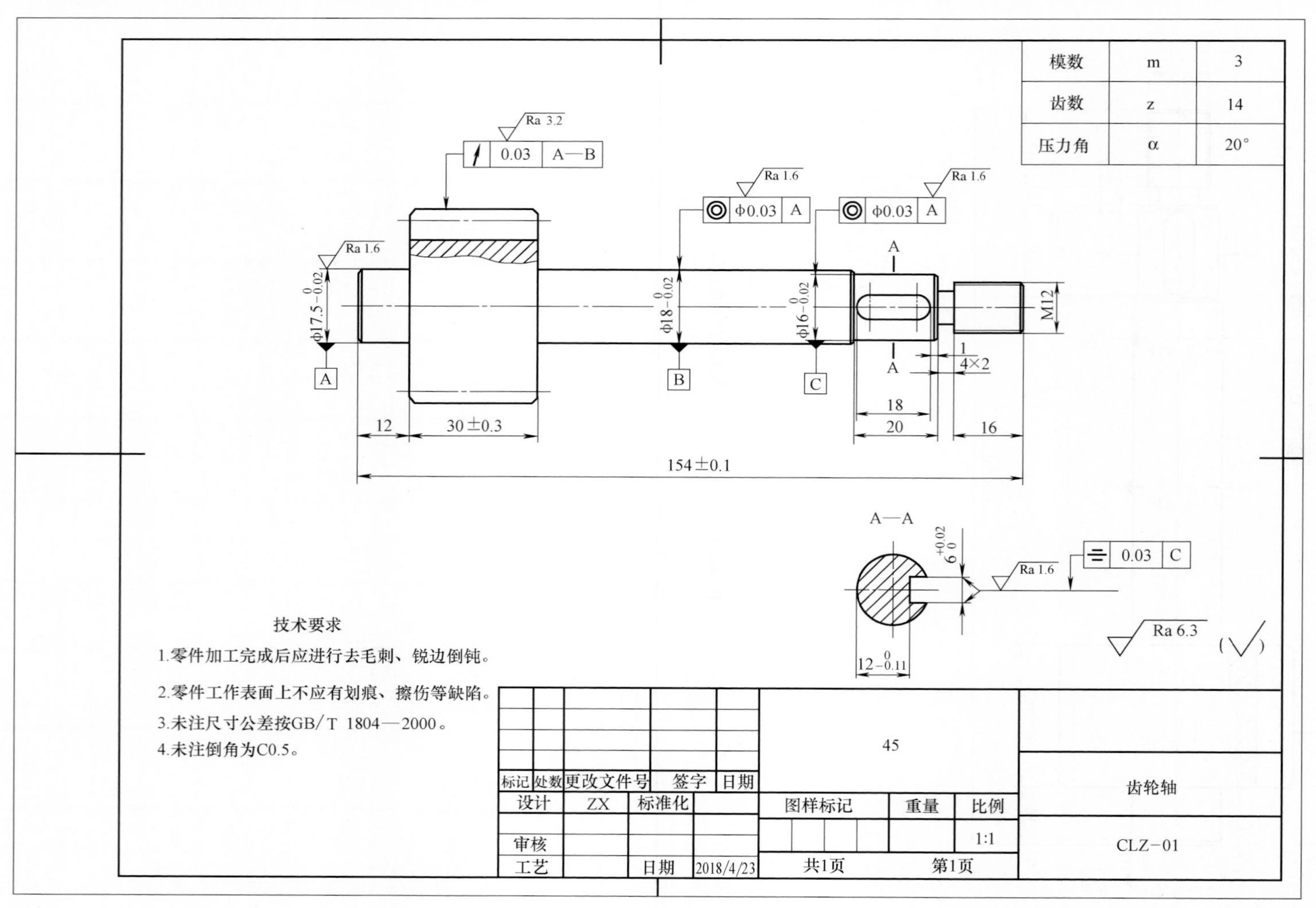

图 4-22 技术要求、标题栏的填写

4.4 减速器箱座二维图的绘制

4.4.1 减速器箱座的视图表达

选择主视图时，主要根据零件工作位置和形状特征来考虑表达方案，为了表达箱体的内、外部结构，可采用视图、剖视（或局部剖视图）。

如果外部结构形状简单，内部结构形状复杂，且具有对称面时，可采用半剖视；如果外部结构形状复杂，内部结构形状简单，可采用局部剖视或用虚线表示；如果内、外部结构形状都较复杂，且投影不重叠，也可采用局部剖视；重叠时，外部结构形状和内部结构形状应分别表达；局部的内、外部结构形状可采用局部视图、局部剖视和断面图来表达。

根据减速器箱座 3D 模型建立 2D 工程图，如图 4-23 所示。注意以下几点：

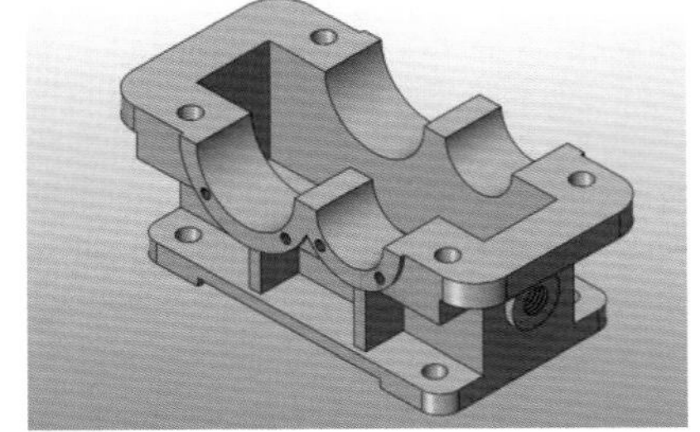

图 4-23　箱座 3D 模型

1）选择能够最清晰表达其外部结构且最好为工作位置的视图作为主视图。

2）补充其它几个方向视图表达清楚其结构。

3）在 3D 转 2D 中，将每个视图的消隐线、切线隐藏。

4）对于内部结构复杂的视图采用剖视图，其中对称结构用半剖，局部结构采用局部剖。

5）输出为 DWG 格式，将所有线的颜色、线宽、线型设置为随层。

6）删除重线，激活图层，设置图层属性，修改线型。

7）调整视图布局，补齐向视图。

① 选择减速器主视图，如图 4-24 所示。

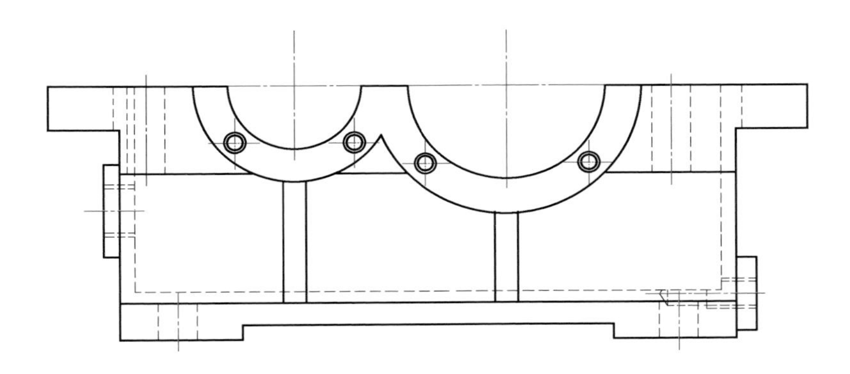

图 4-24　箱座主视图

② 根据表达需要，补齐其他几个视图，如图 4-25 所示。

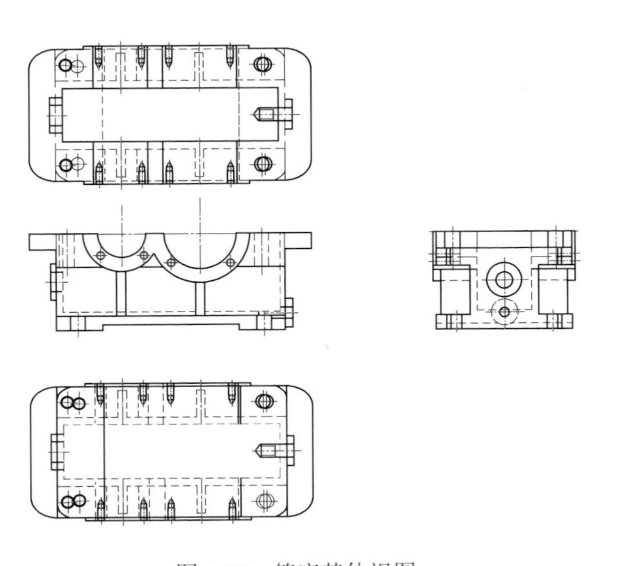

图 4-25　箱座其他视图

减速器的视图表达：

③ 隐藏消隐线和虚线，如图 4-26 所示。

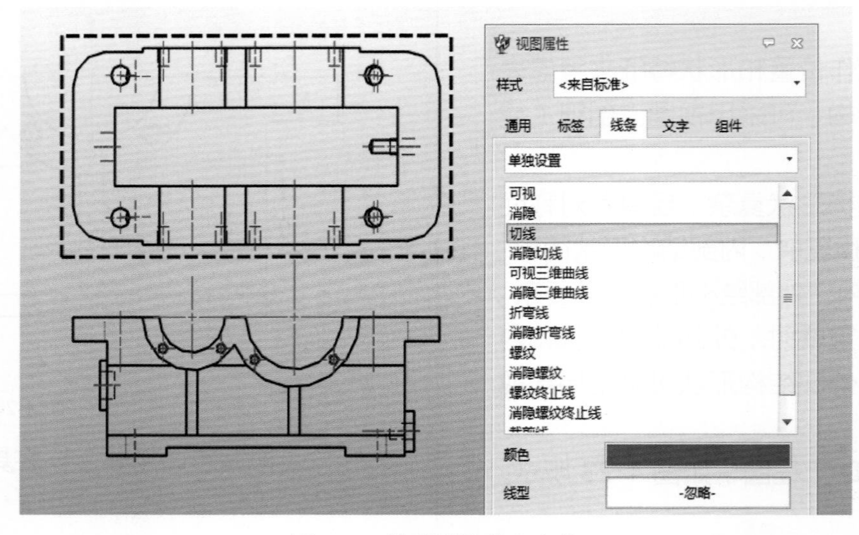

图 4-26　隐藏消隐线和虚线

④ 绘制剖视图，如图 4-27 所示。

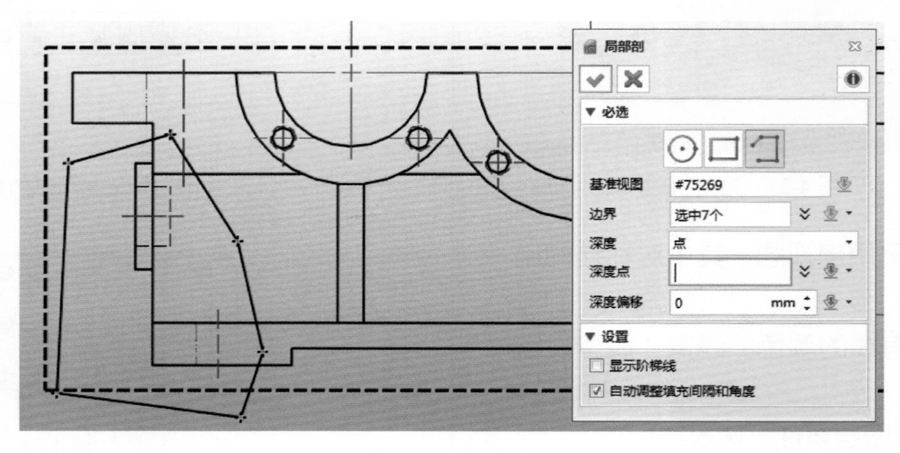

图 4-27　局部剖

减速器的视图表达：

⑤ 输出为 DWG 格式文件，并调整布局，如图 4-28 所示。

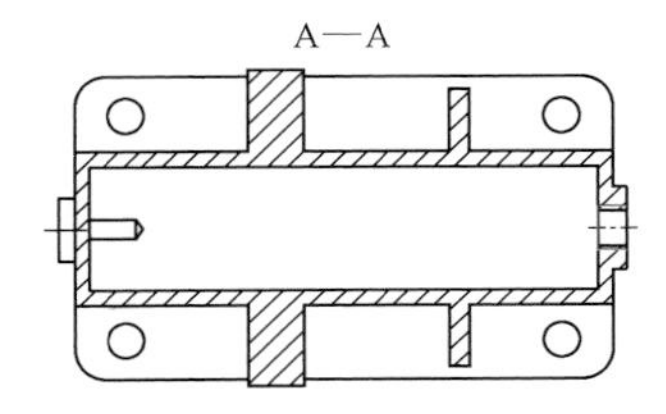

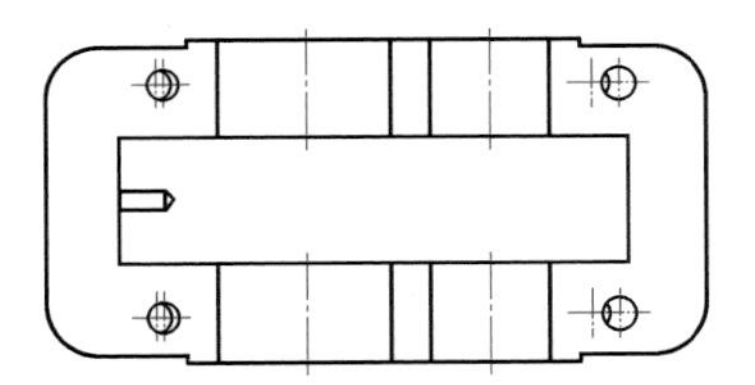

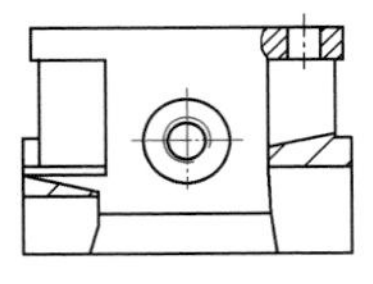

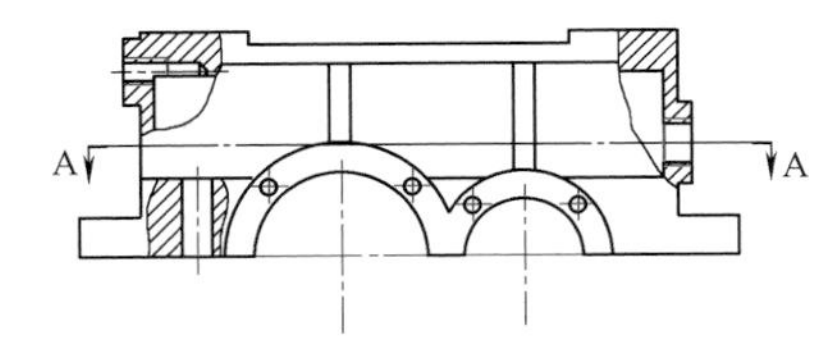

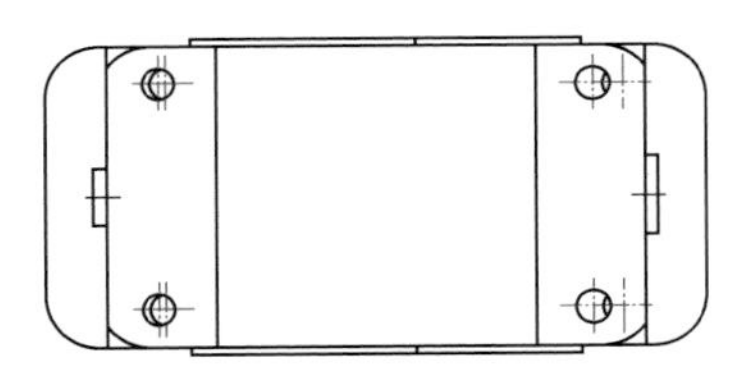

图 4-28 输出文件

⑥ 调整线型、补齐视图，如图 4-29 所示。

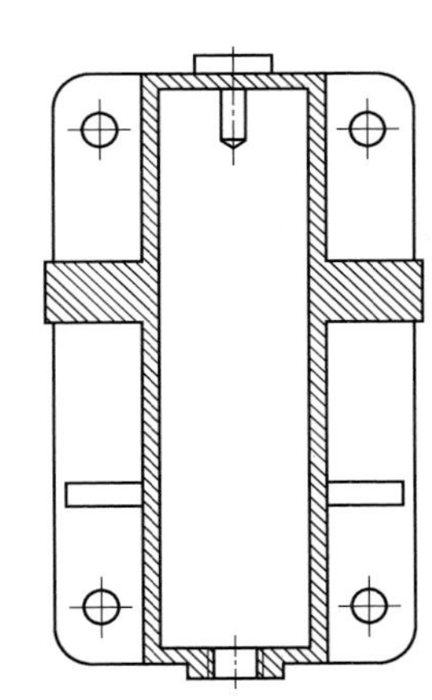

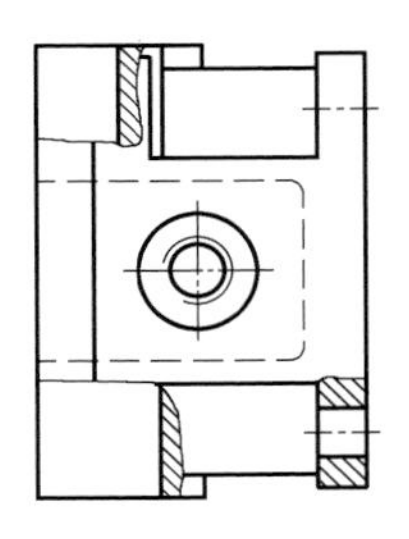

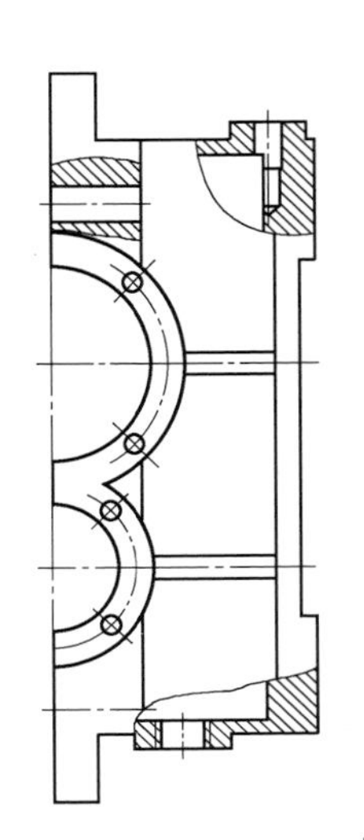

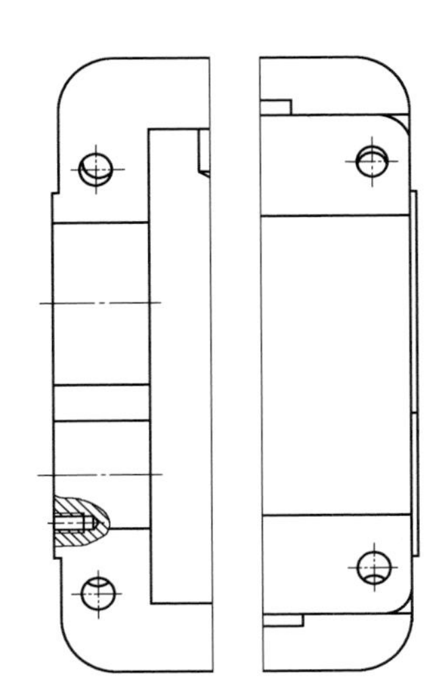

图 4-29 调线型、补视图

4.4.2 减速器箱座的尺寸标注

箱体类零件形状各异，基准各不相同。一般以安装底面作为高度方向的主要基准；长度方向、宽度方向以对称平面以及重要的安装平面（重要孔的轴线、中心线等）为基准。

在标注尺寸时，定位尺寸较多，各孔中心线间的距离一定要直接标注出来。定形尺寸仍用形体分析法标注，重要尺寸必须直接注出。

① 主视图尺寸标注，如图 4-30 所示。

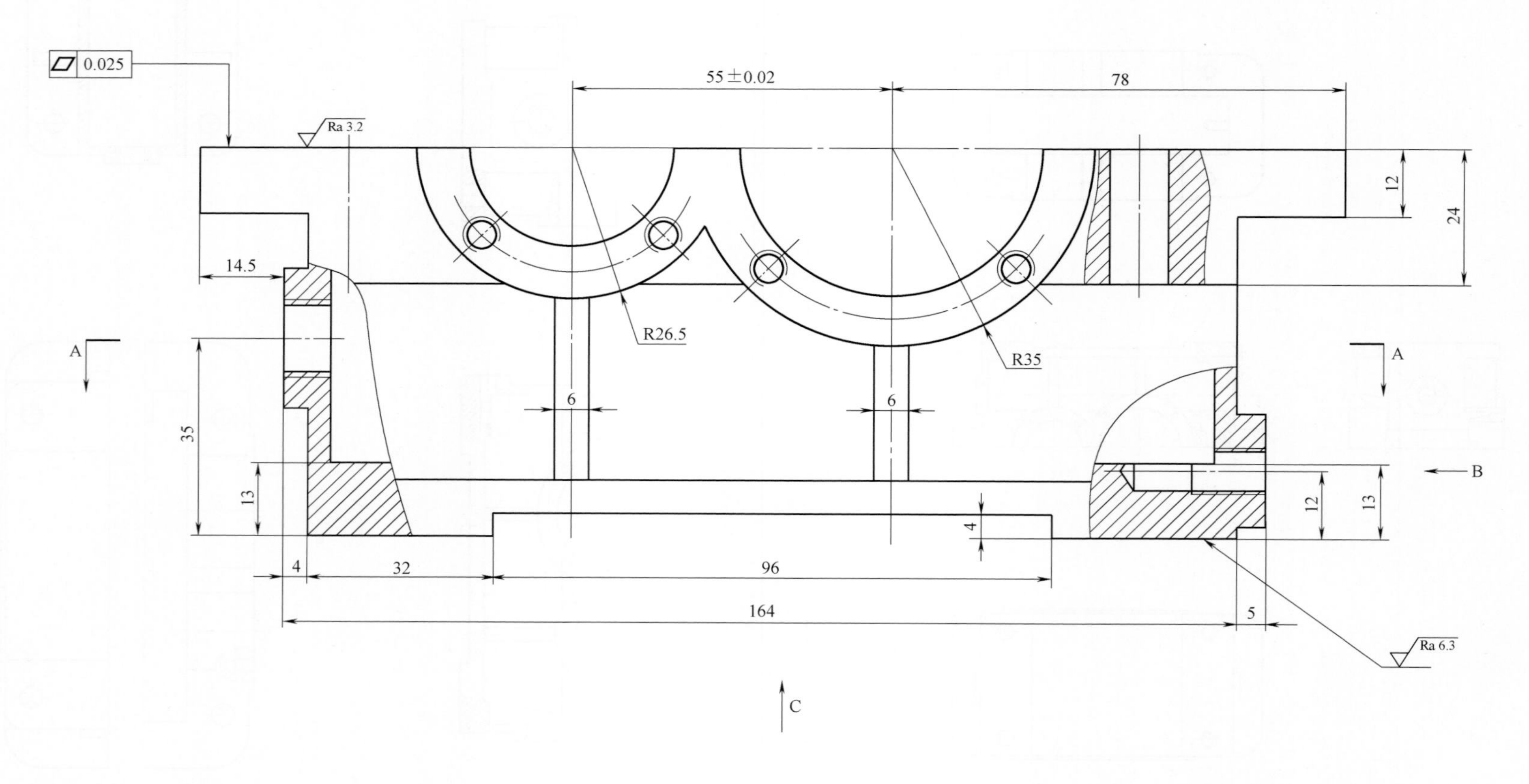

图 4-30 主视图标注

② 俯视图与向视图尺寸标注，如图 4-31 所示。

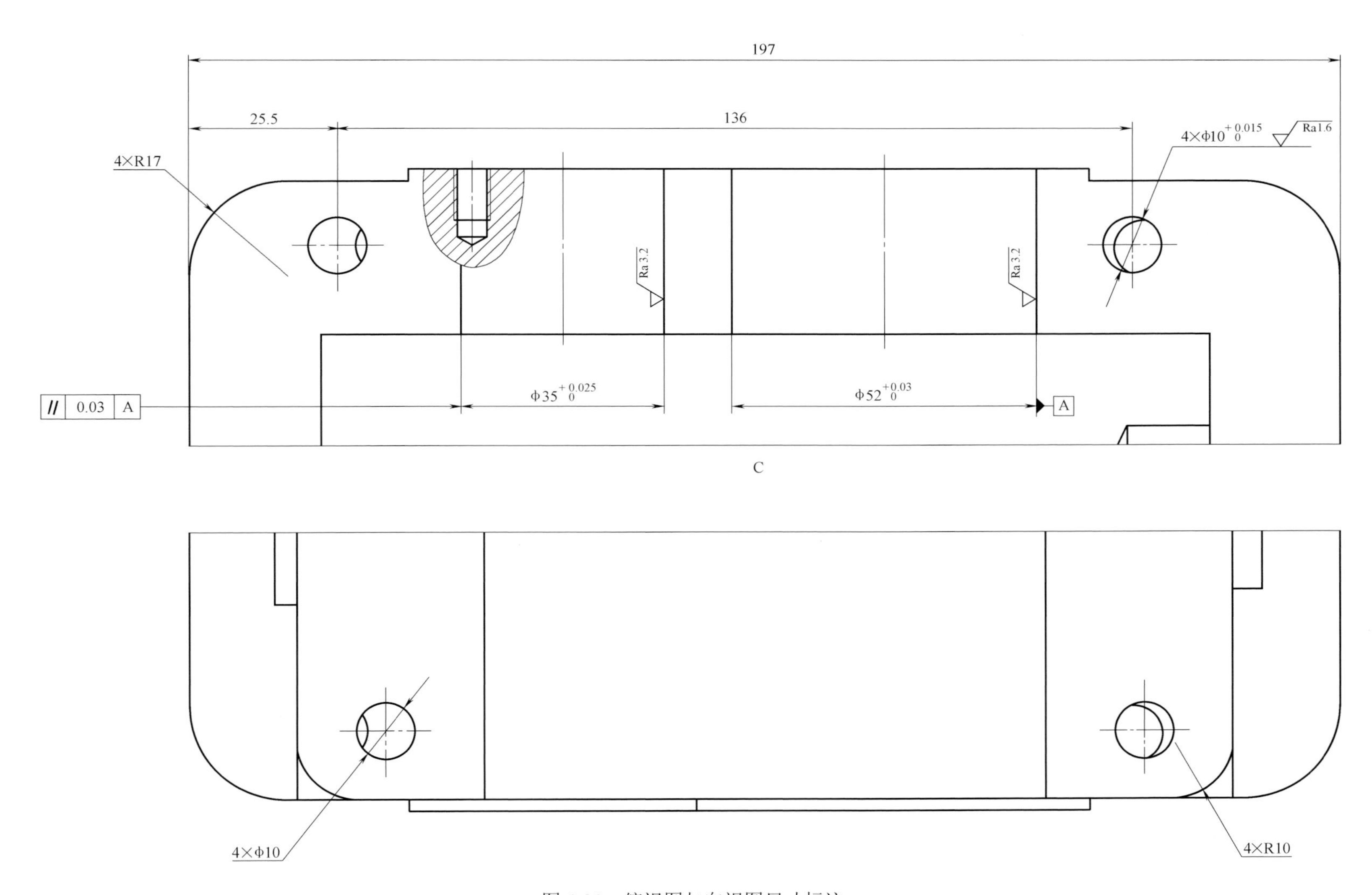

图 4-31 俯视图与向视图尺寸标注

③ 左视图与向视图尺寸标注，如图 4-32 所示。

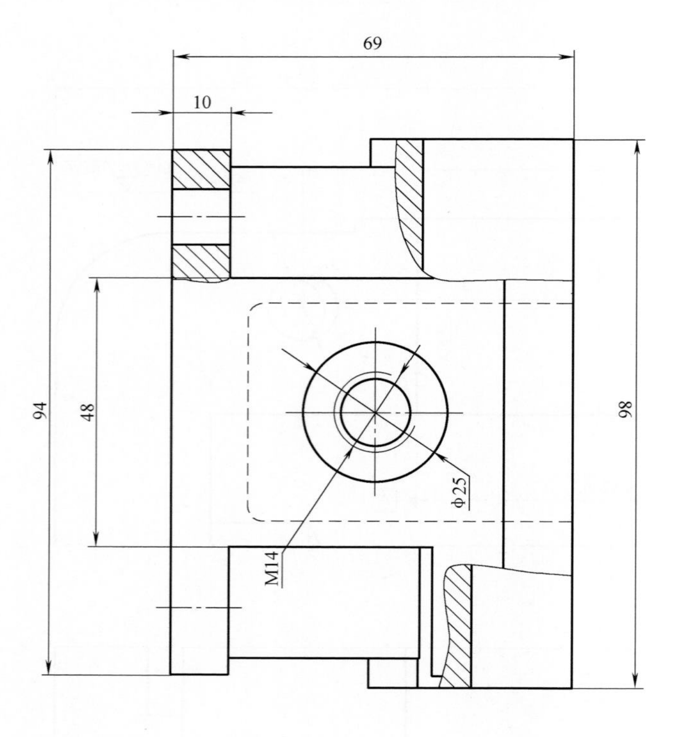

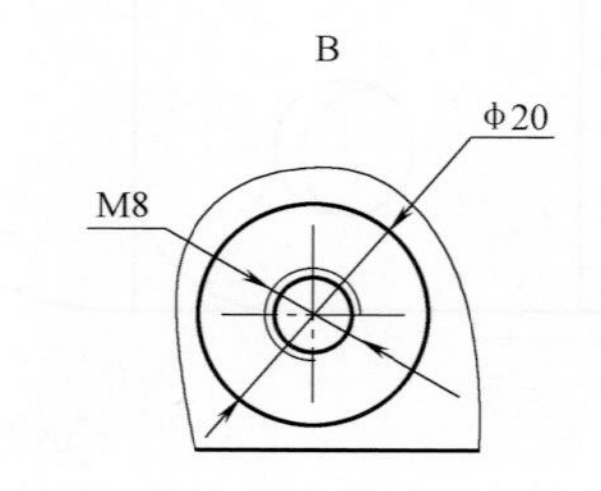

图 4-32　左视图与向视图尺寸标注

④ 剖视图尺寸标注，如图 4-33 所示。

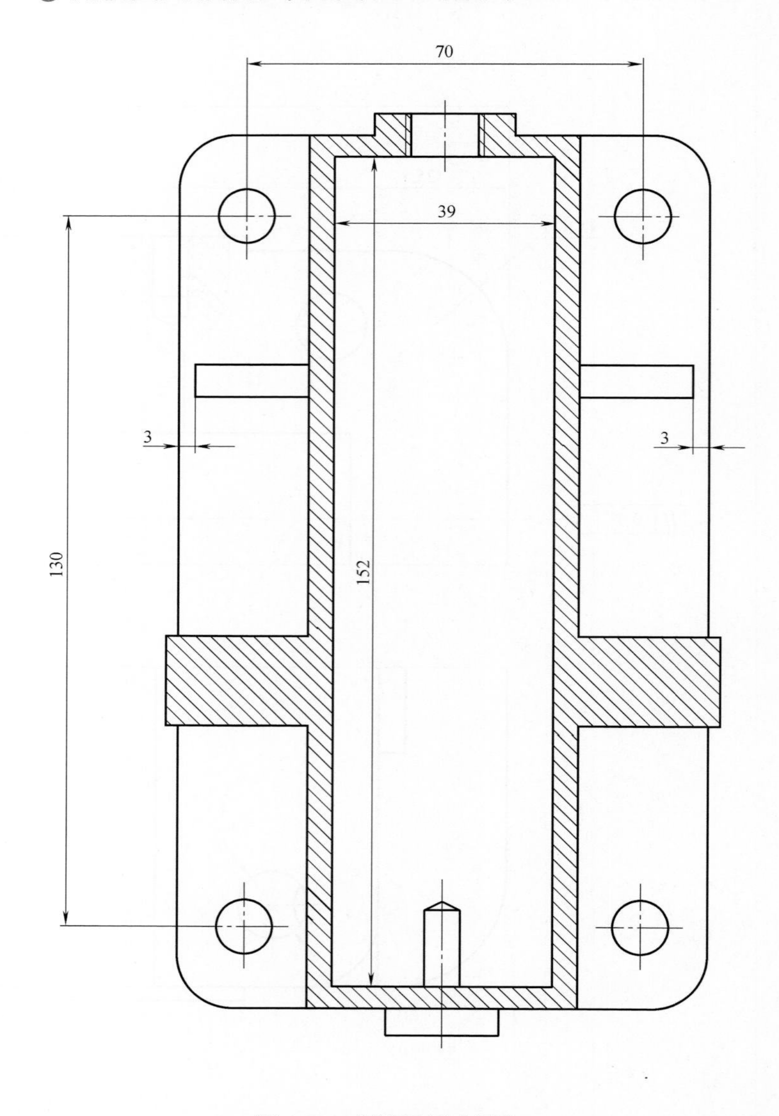

图 4-33　剖视图尺寸标注

⑤ 技术要求及图框和标题栏的调入、填写，如图 4-34 所示。

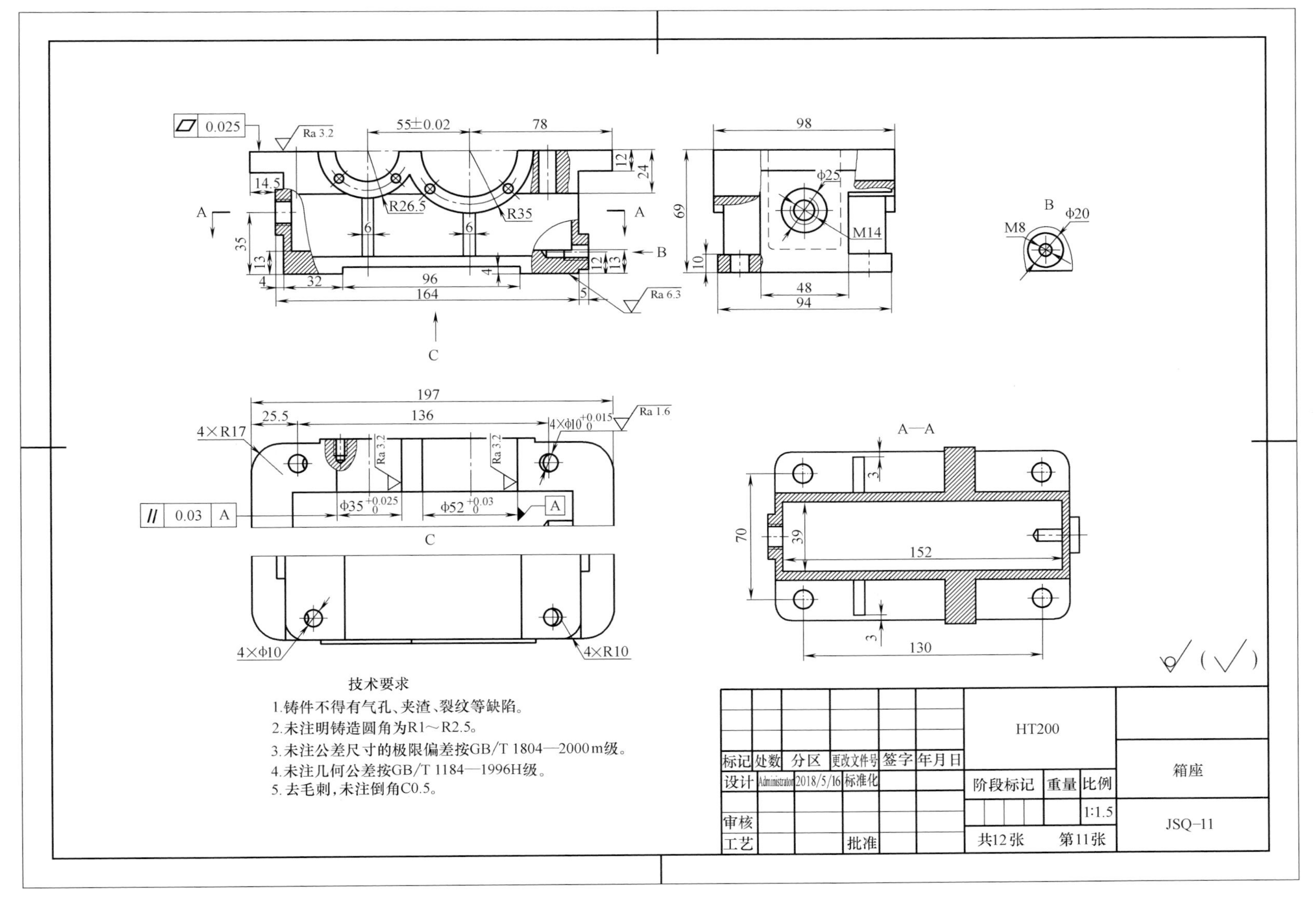

图 4-34 技术要求、标题栏的填写

4.5 端盖与轴套二维图的绘制

4.5.1 端盖的视图表达与尺寸标注

1. 端盖的视图表达

1）根据端盖 3D 模型建立 2D 工程图，如图 4-35 所示。
2）选择最能够清晰表达其外部结构视图为主视图。
3）选择剖视图表达其内部结构。
4）根据实际情况，选择隐藏消隐线。
5）输出为 DWG 格式。
6）删除重线，修改图层。
7）补齐局部放大图。

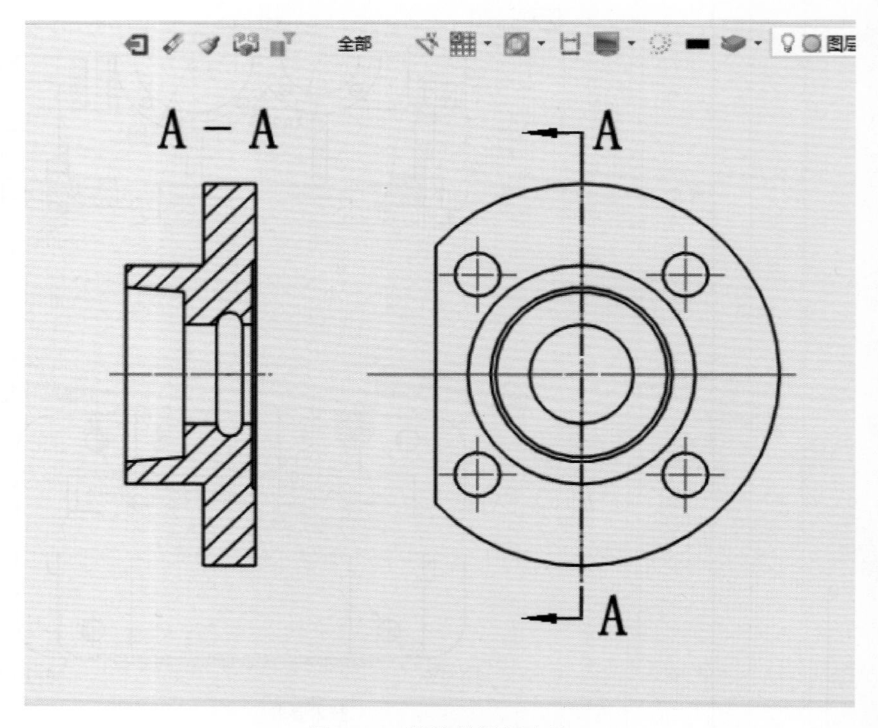

图 4-35 端盖的视图表达

① 选择“2D 工程图”，选择默认模板，进入图纸，如图 4-36 所示。

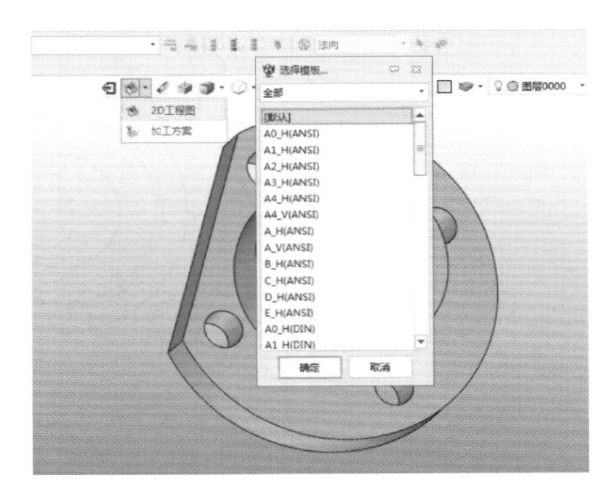

图 4-36　选择模板

② 在视图列表中选择一个最能表现其结构特征的视图，如图 4-37 所示。

图 4-37　选择视图

③ 选择全剖视图，表达其内部结构，如图 4-38 所示。

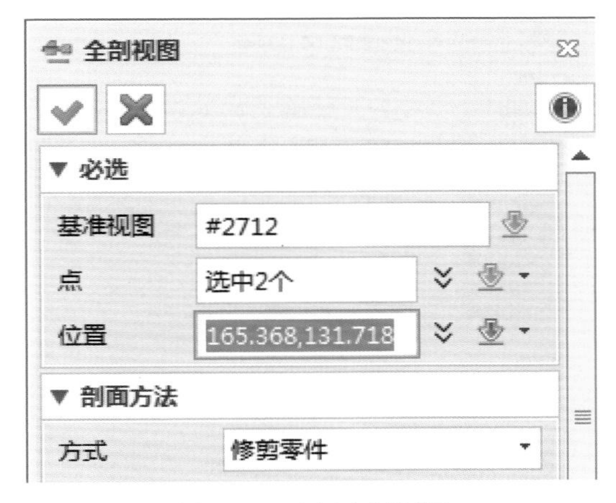

图 4-38　选择全剖视图

④ 为了导入 CAD 后修改图样方便，将消隐线隐藏，如图 4-39 所示。

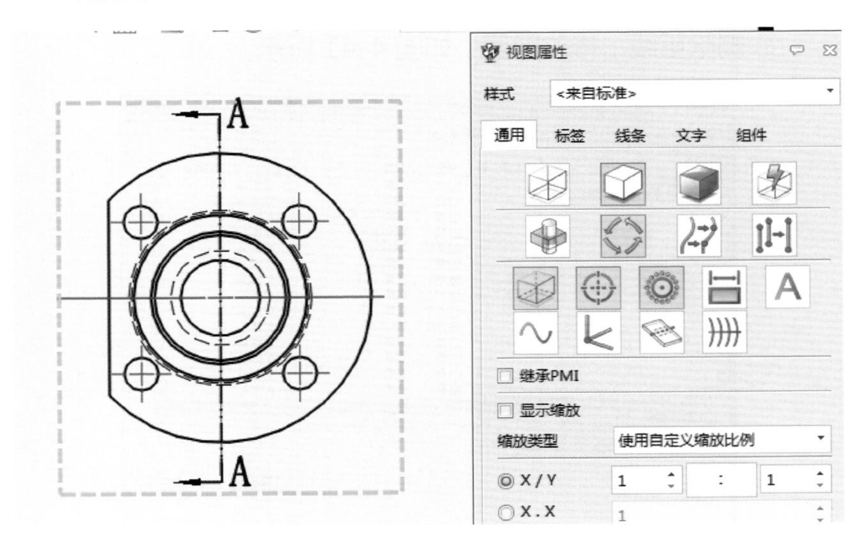

图 4-39　隐藏消隐线

⑤ 选择文件，输出类型选为 DWG 格式，如图 4-40 所示。

图 4-40 文件输出窗口

⑥ 删除重线，修改图层，如图 4-41 所示。

图 4-41 “图层特性管理器”窗口

⑦ 补齐局部视图，如图 4-42 所示。

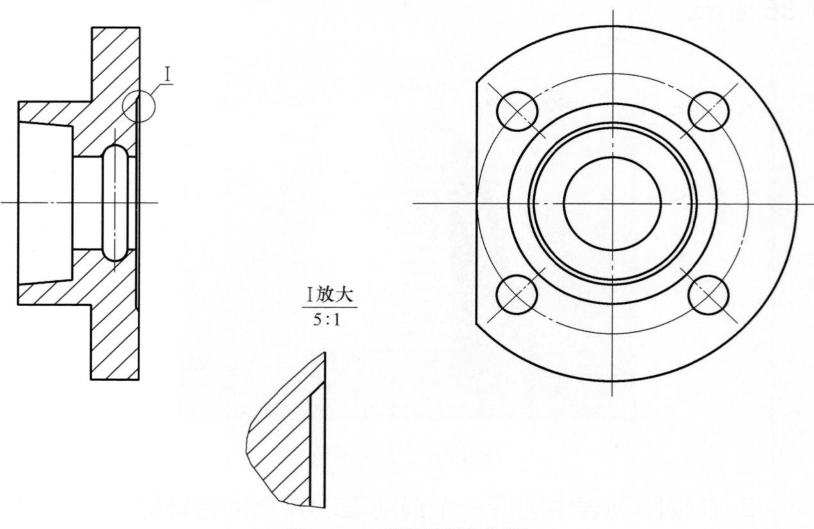

图 4-42 补局部放大图

2. 端盖的尺寸标注

1）端盖定位尺寸标注。
2）端盖定形尺寸标注。
3）端盖几何公差、表面粗糙度标注。
4）调入图框、填写标题栏和技术要求。
5）导出 PDF 图。

① 端盖定位尺寸标注，如图 4-43 所示。

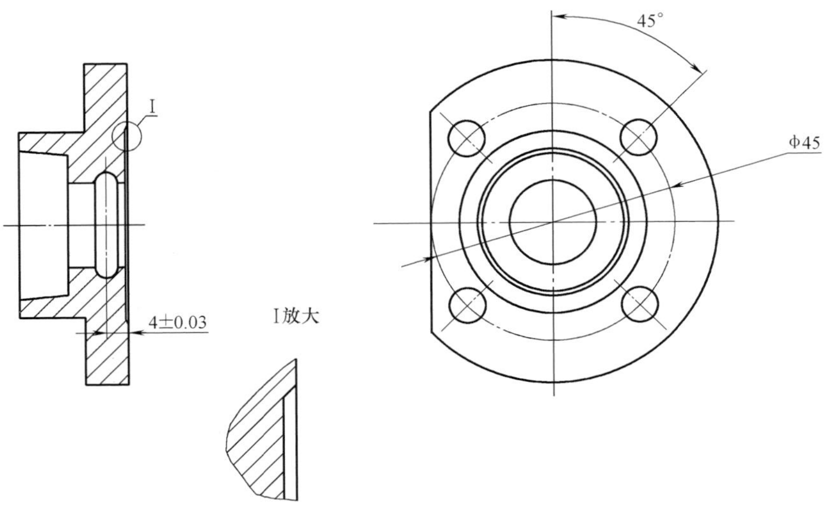

图 4-43 定位尺寸标注

② 端盖定形尺寸标注，如图 4-44 所示。

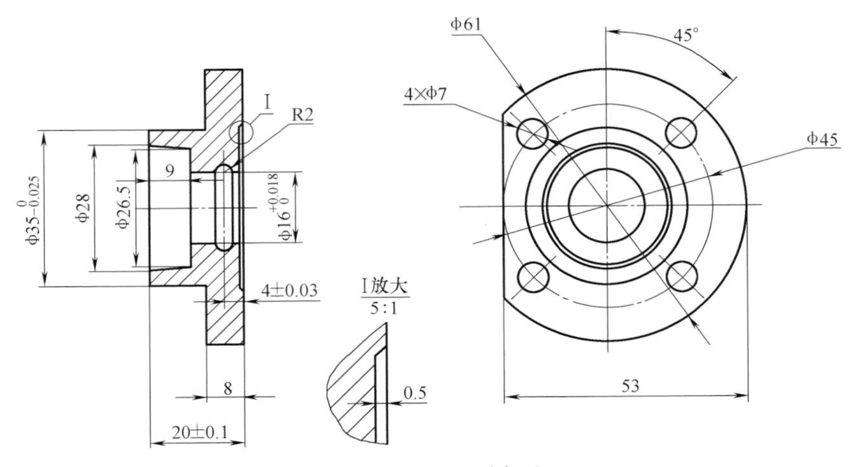

图 4-44 定形尺寸标注

③ 端盖几何公差、表面粗糙度标注，如图 4-45 所示。

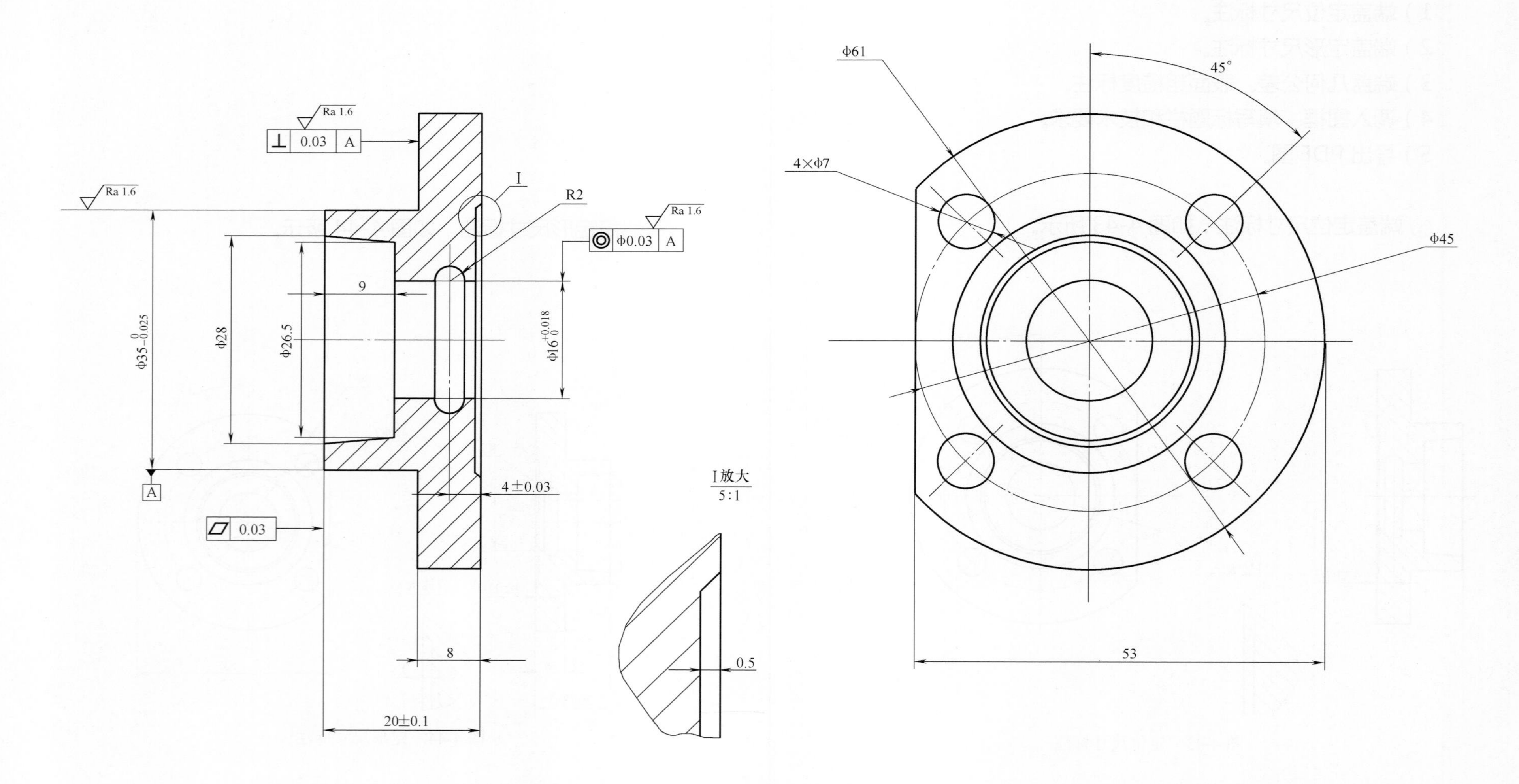

图 4-45 几何公差、表面粗糙度标注

④ 调入图框，填写技术要求和标题栏，如图 4-46 所示。

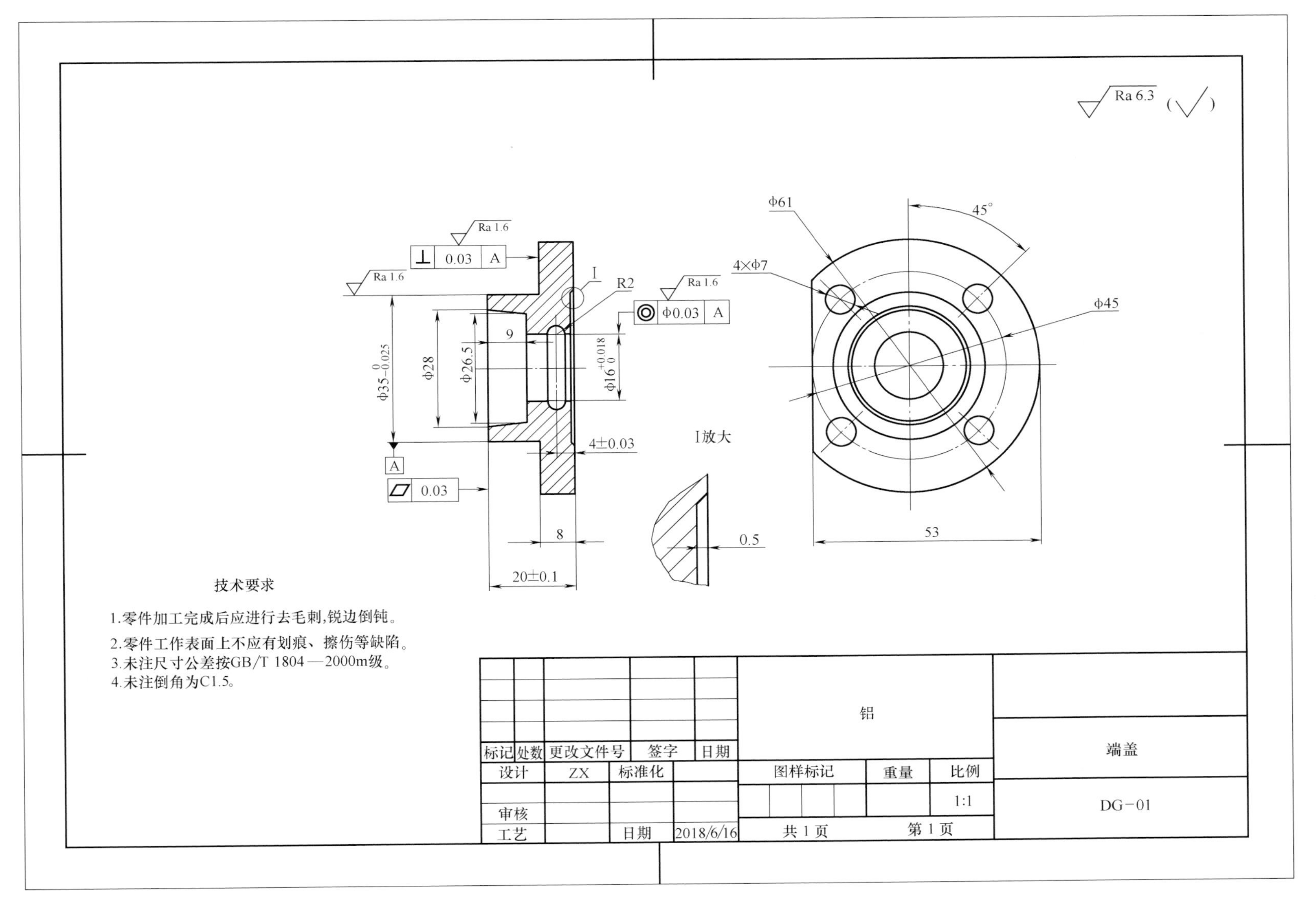

图 4-46　技术要求、标题栏填写

4.5.2 轴套的视图表达与尺寸标注

1. 轴套的视图表达

1）根据轴套 3D 模型建立 2D 工程图。

2）选择最能够清晰表达其结构的视图，由于其外部结构简单，直接选择全剖视图表达其内、外部结构。

3）输出为 DWG 格式。

4）删除重线，修改图层。

结果如图 4-47 所示。

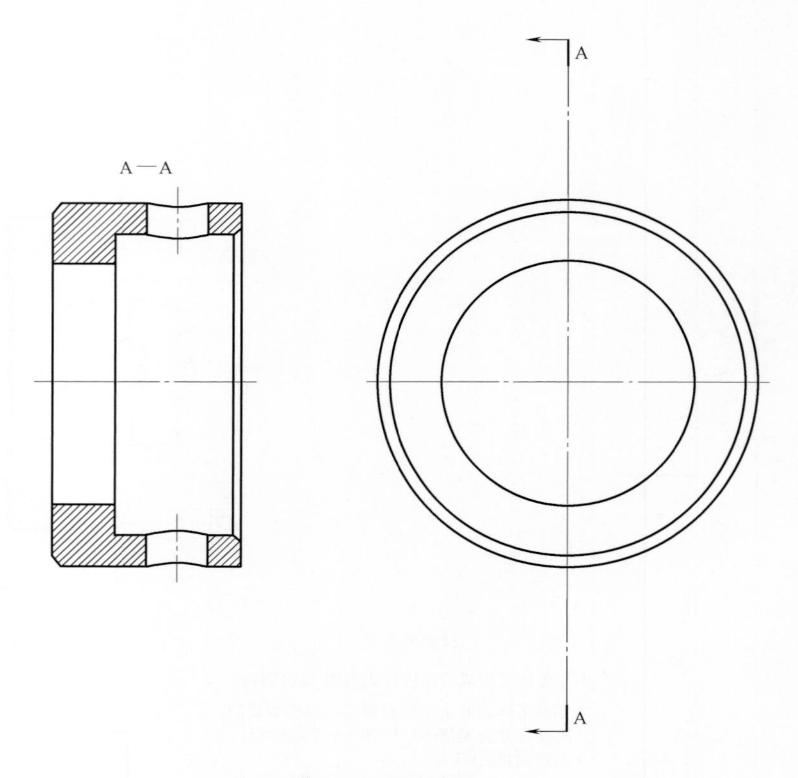

图 4-47　视图表达

① 建立 2D 工程图，选择表达视图与端盖的表达相似，在此不赘述。

② DWG 格式文件的输出，如图 4-48 所示。

图 4-48　文件输出

③ 选择输出文件的保存位置和保存类型，如图 4-49 所示。

图 4-49　选择输出文件窗口

④ 删除重线，修改图层，如图 4-50 所示。

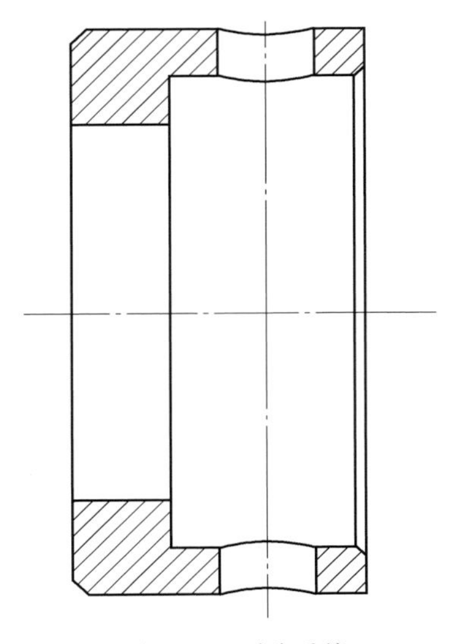

图 4-50　删除重线

2. 轴套的尺寸标注

1）轴套定位尺寸标注。

2）轴套定形尺寸标注。

3）轴套几何公差、表面粗糙度标注。

4）调入图框、填写标题栏和技术要求。

5）导出 PDF 图。

① 轴套定位尺寸标注，如图 4-51 所示。

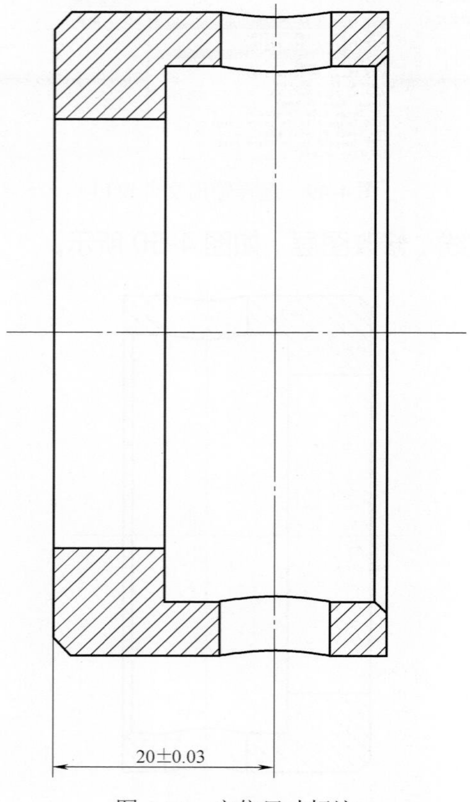

图 4-51　定位尺寸标注

② 轴套定形尺寸标注，如图 4-52 所示。

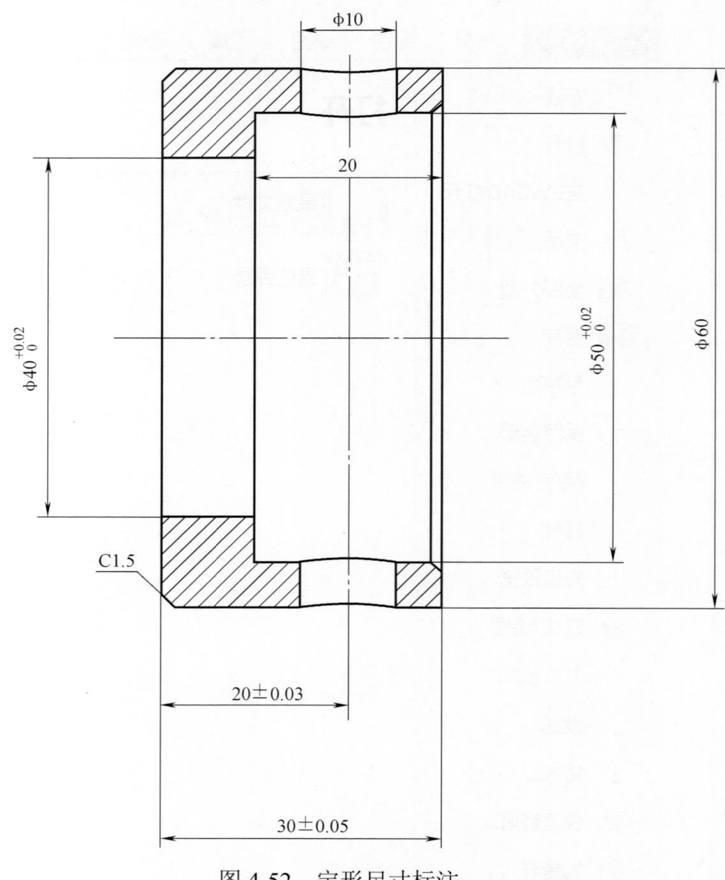

图 4-52　定形尺寸标注

③ 轴套几何公差、表面粗糙度标注，如图 4-53 所示。

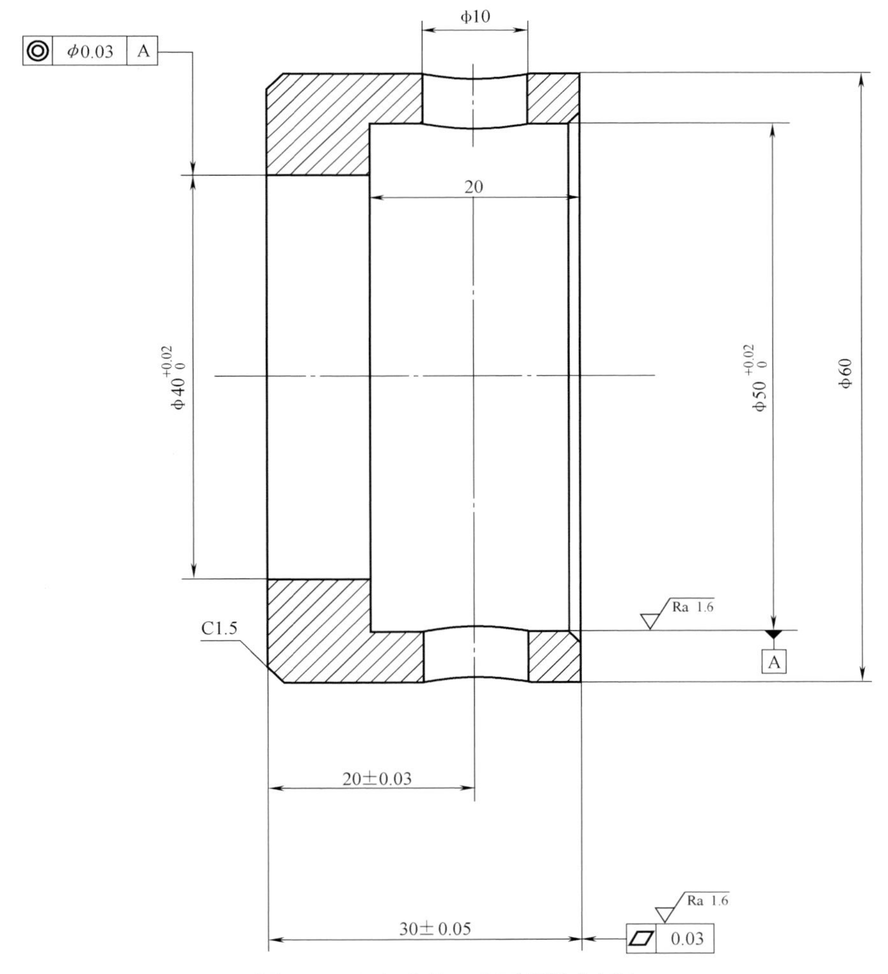

图 4-53 几何公差、表面粗糙度标注

④ 调入图框，填写技术要求和标题栏，如图 4-54 所示。

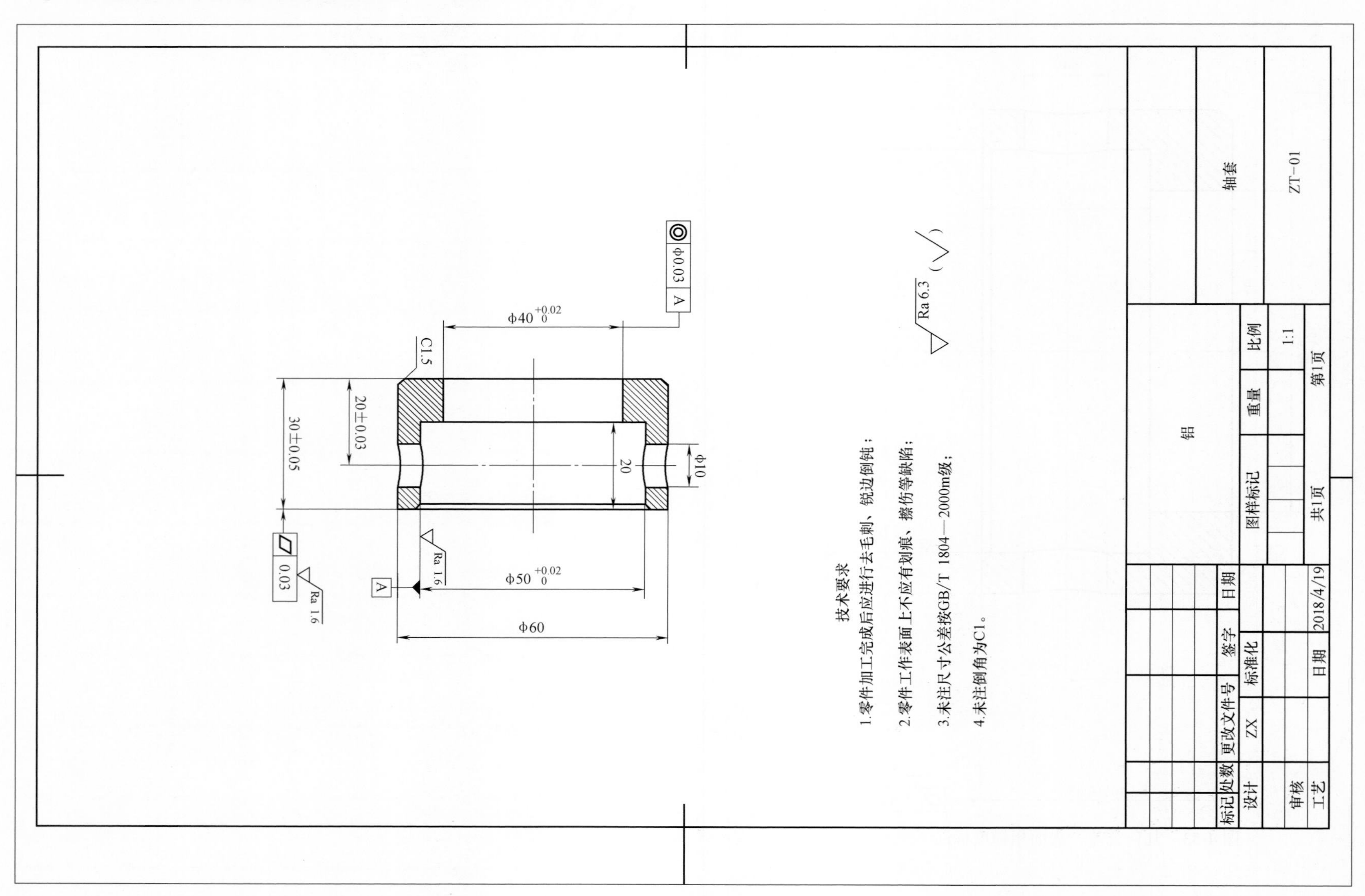

图 4-54 技术要求和标题栏的填写

第 5 章

典型零件的草图绘图

在机械行业中，手绘主要用于设计初期的简易表达或者在现场绘图条件简陋的时候简单描绘零件结构图。徒手绘制的图形称为草图。草图可以表达语言无法表达的结构和创意，是实物的平面化表达。

5.1 绘制草图的前期准备

1. 绘制草图、零件分析

1）分析零件在装配体上的作用，了解零件材料、名称等零件的信息。

2）分析零件的结构形状、加工工艺、技术要求及材料处理的方法。

2. 选择零件视图的表达方式及标注

1）主视图采用工作位置或加工位置，其他视图按照零件结构适当采用全剖视图、局部剖视图、向视图等视图。

2）测量零件尺寸，将测得的各部分尺寸标注在草图上。

3）分析尺寸标注先后顺序，画出所有的尺寸界线与尺寸线，首先选择尺寸基准，基准应考虑便于加工与测量。分析尺寸时主要从装配结构着手，对配合尺寸和定位尺寸直接注出，其他尺寸则按相关规定标注全尺寸，最后确定总体尺寸。

3. 绘制零件草图常用的工量具

图 5-1 所示是徒手绘图前准备的工量具，①为坐标纸，规格为 A4 坐标纸，每小格为 1mm，一大格为 10mm；②为 2H 铅笔；③为 2B 铅笔；④为橡皮擦。

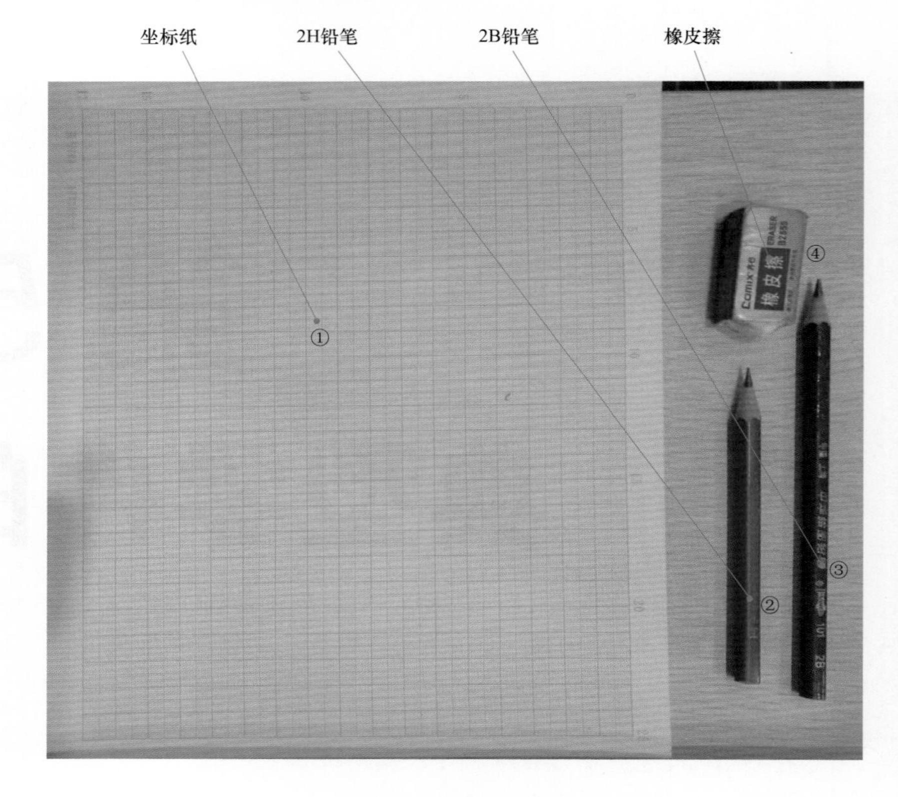

图 5-1　绘制草图工具

5.2 零件草图视图的表达

徒手绘制草图

徒手绘制零件草图和正规 CAD 零件图的步骤相同，绘制草图步骤具体如下：

① 拨叉杆总长度 97mm，总宽度 40mm，总高度 30mm。应选择 A4 图纸，按 1：1 比例绘制，并绘制简易图框和标题栏。

② 分析拨叉杆的视图表达方案，绘制拨叉杆的圆弧中心线与轴孔的中心线以及俯视图中轴孔中心线，如图 5-2 所示。

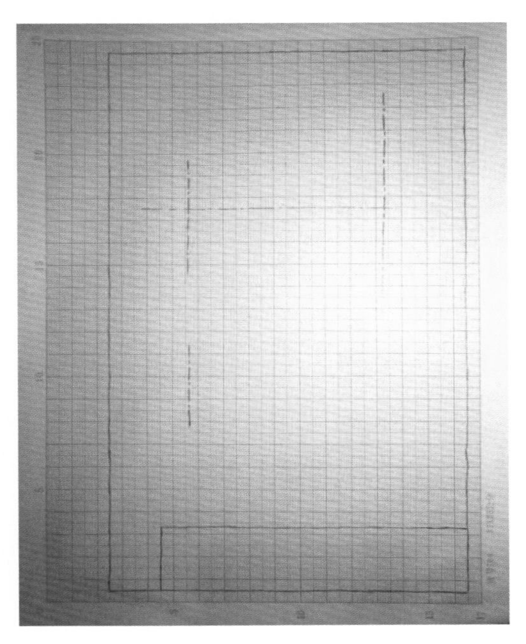

图 5-2　绘制中心线

③ 根据拨叉杆的视图分析结果，徒手绘制零件草图，依据零件图的尺寸先绘制主视图的外形，然后根据“宽相等”的绘图原则绘制俯视图的外形，最后由大到小绘制拨叉杆零件轮廓，如图 5-3 所示。

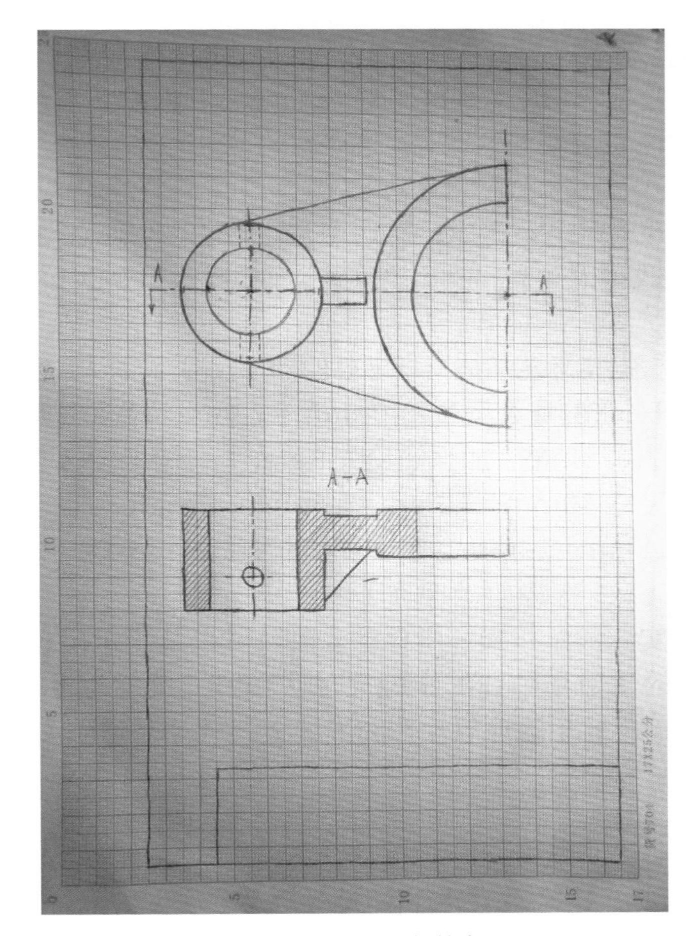

图 5-3　绘制拨叉杆轮廓

5.3 草图尺寸标注的要求

尺寸的标注方法

① 利用“形体分析法”和“线面分析法”读懂视图，想象出零件的立体形状，并分析零件是由哪些基本形体组成的。

② 正确选择尺寸基准。尺寸基准就是图样中标准尺寸的起点，每个零件都有长、宽、高三个方向，每个方向至少应有一个基准。

③ 尺寸界线用细实线绘制，并应由图形的轮廓线、轴线或对称中心线处引出，也可利用轮廓线、轴线或对称中心线作为尺寸界线。

④ 根据实际测量拨叉杆零件的定形尺寸标注，如主视图表示拨叉杆外形的最大尺寸 R40mm、R28mm，轴孔与圆柱尺寸 ϕ40mm、ϕ25mm，加强筋尺寸 8mm 等，俯视图标注拨叉杆外形的尺寸 30mm、10mm、14mm、10mm，加强筋的外形尺寸 15mm、14mm，螺纹通孔的尺寸 ϕ6mm 等，如图 5-4 所示。

⑤ 实际测量拨叉杆零件的安装尺寸以及固定尺寸，如主视图上的叉口与轴孔的定位尺寸 77mm，俯视图 ϕ6mm 通孔的固定尺寸在圆柱与轴孔的轴线上尺寸 10mm，如图 5-4 所示。

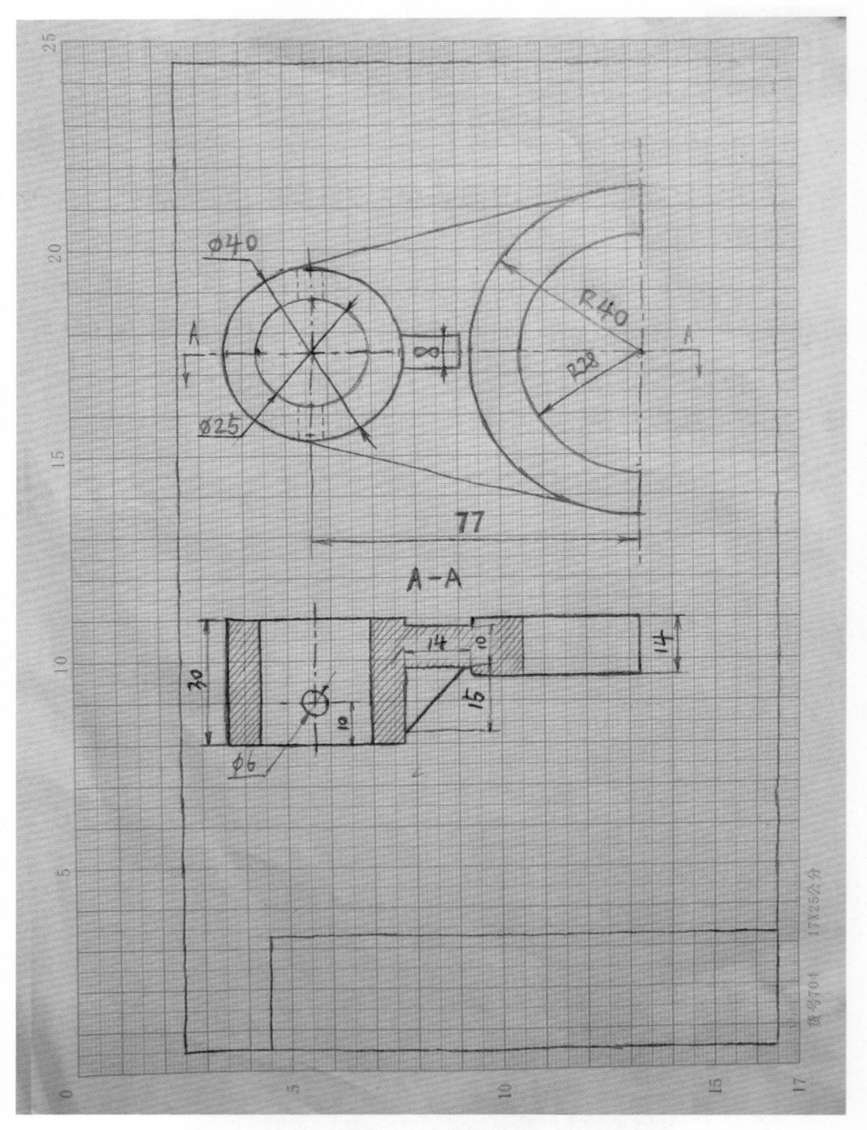

图 5-4　尺寸标注

5.4 草图标题栏与技术要求的书写

1. 标题栏的绘制与书写

1）标题栏的格式、内容和尺寸在 GB/T 10609.1—2008 中已规定，如图 5-5 所示。学生绘图作业建议采用图 5-6 所示的简化标题栏。

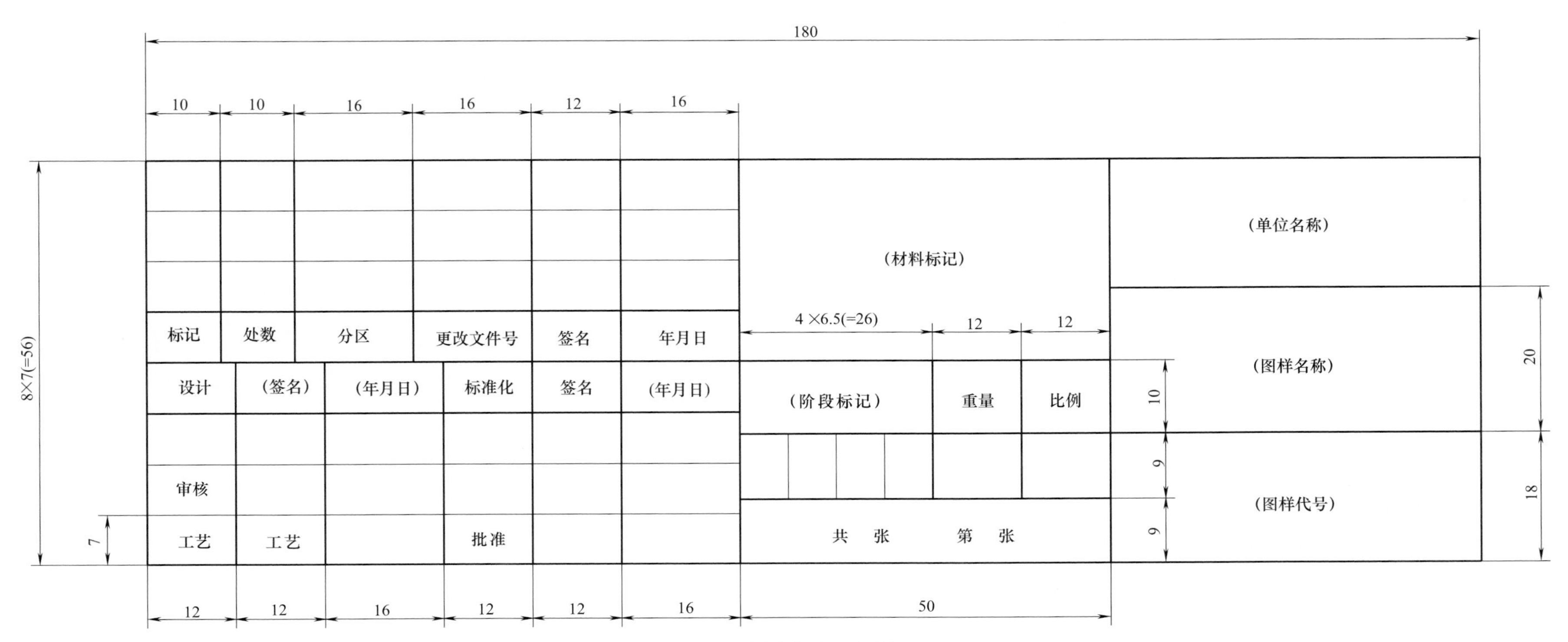

图 5-5 国家标准标题栏

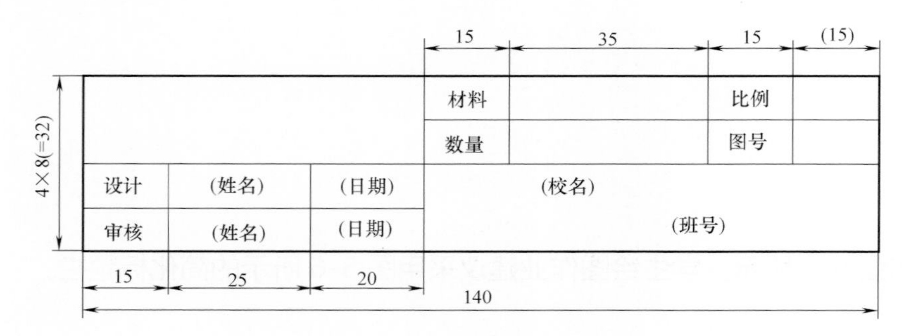

图 5-6　简化标题栏

2）徒手绘制草图应选择图 5-6 所示的简单标题栏，正确书写标题栏，左上角空格填写零件名“拨叉杆”，材料空格填写“45”，比例空格填写“1：1”，数量空格填写“1”，图号根据零件图的排序来填写，如图 5-7 所示。

2. 技术要求的书写

常用技术要求有零件图技术要求和装配图技术要求。零件图技术要求包括一般技术要求、未注公差技术要求、表面处理技术要求、热处理技术要求、塑件技术要求、焊件技术要求、齿轮（齿轴）技术要求、一般轴芯技术要求，输出（入）轴技术要求、弹簧技术要求等。

装配图的技术要求需要根据装配体的实际情况来确定，常用的装配图技术要求有以下几种：

1）进入装配的零件及部件（包括外购件、外协件）均必须具有检验部门的合格证方能进行装配。

2）零件在装配前必须清理和清洗干净，不得有毛刺、飞边、氧化皮、锈蚀、切屑、油污、着色剂和灰尘等。

3）装配前应对零部件的主要配合尺寸，特别是过盈配合尺寸及相关精度进行复查。

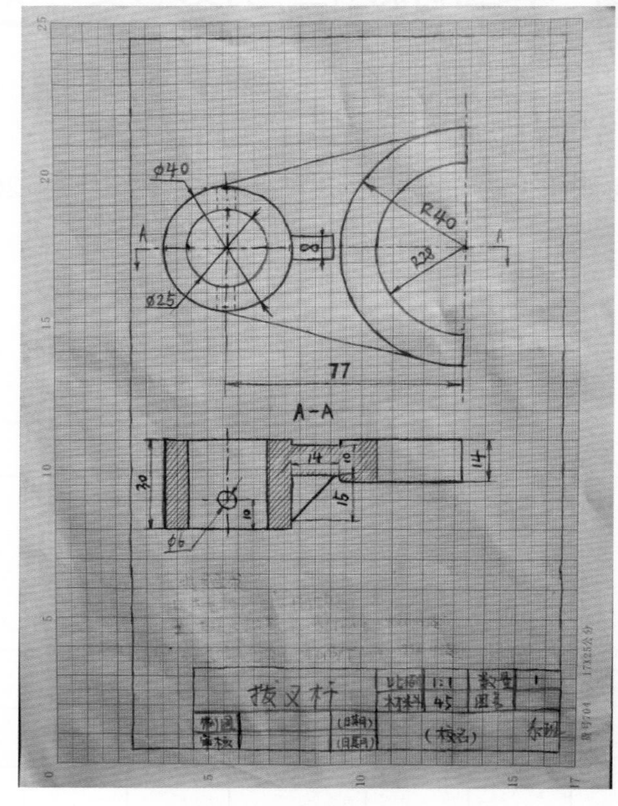

图 5-7　填写标题栏

4）装配过程中零件不允许磕碰、划伤和锈蚀。

5）紧固螺钉、螺栓和螺母时，严禁打击或使用不合适的旋具和扳手。紧固后螺钉槽、螺母和螺钉、螺栓头部不得损坏等。

3. 单张零件图常用技术要求的书写

一般技术要求常用的有以下几种：

1）未注倒角 C0.5。

2）未注圆角 R1 ～ R5。

3）去毛刺、锐边倒钝。

4）未注尺寸公差按 GB/T 1804—2000m 级。

5）未注几何公差按 GB/T 1184—1996H 级。

拨叉杆草图技术要求如图 5-8 所示。

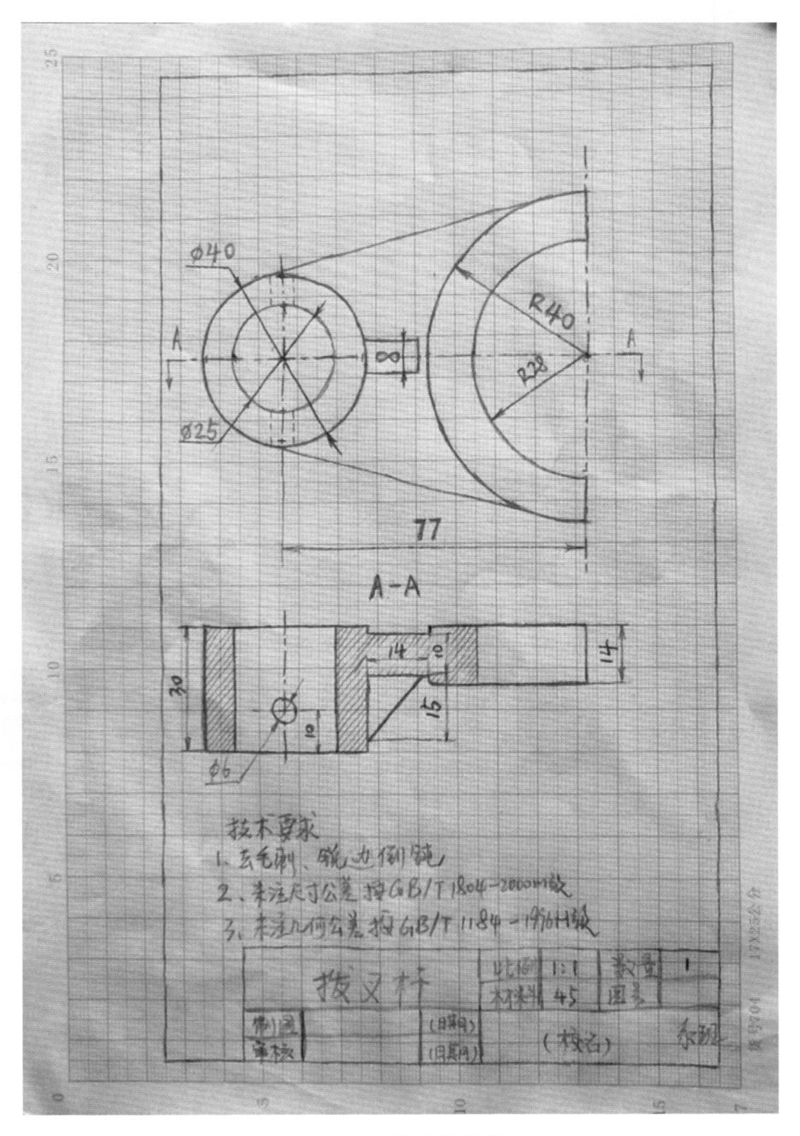

图 5-8　拨叉杆草图

第6章

典型零件质检报告的书写

6.1 轴类零件质检报告的书写

图 6-1 所示为传动轴零件图，零件加工完成后必须控制有公差要求的尺寸。下面根据图样要求选择合适的测量工具进行检测，并判断尺寸是否合格。

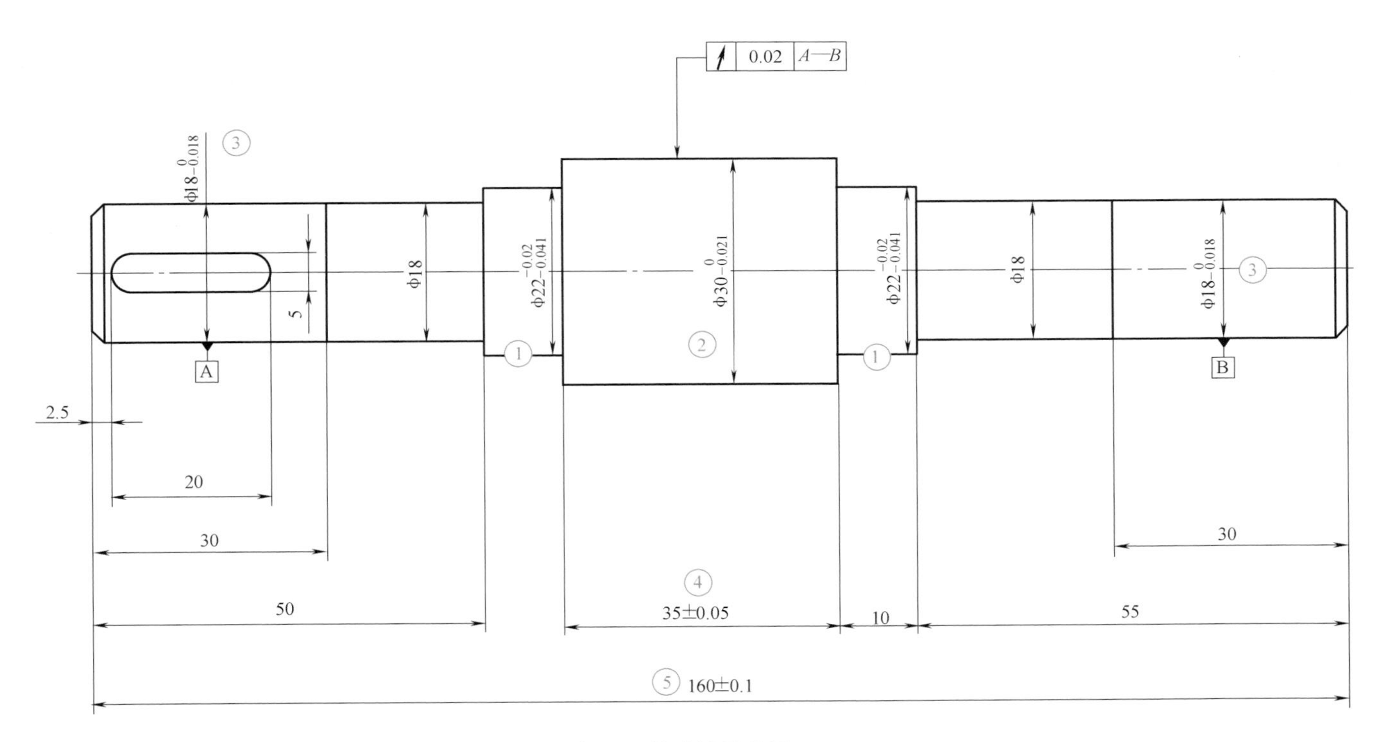

图 6-1 传动轴零件图

1. 尺寸公差检测内容

待测尺寸有：$\phi22_{-0.041}^{-0.02}$ mm（两处）、$\phi30_{-0.021}^{0}$ mm、$\phi18_{-0.018}^{0}$ mm（两处）、（35±0.05）mm、（160±0.1）mm。

2. 测量工具的选择

检测尺寸公差的测量工具有：测量外径选用 0 ～ 25mm、25 ～ 50mm 外径千分尺，测量长度选用 0 ～ 200mm 游标卡尺。

3. 测量工具及方法

表 6-1　测量工具及方法

测量项目	测量工具	测量方法
$\phi22_{-0.041}^{-0.02}$ mm	0 ~ 25mm 外径千分尺	用外径千分尺多次测量直径，取平均值
$\phi30_{-0.021}^{0}$ mm	25 ~ 50mm 外径千分尺	
$\phi18_{-0.018}^{0}$ mm	0 ~ 25mm 外径千分尺	
（35±0.05）mm	0 ~ 200mm 游标卡尺	用游标卡尺多次测量长度，取平均值
（160±0.1）mm	0 ~ 200mm 游标卡尺	

4. 零件质量检测报告

表 6-2 检测报告

零件名称		检测件数		允许读数误差		±0.003mm		测量结果 /mm	
序号	项目	尺寸要求 /mm	使用的量具	测量结果					项目判定
				NO.1	NO.2	NO.3	NO.4	NO.5	
1	外径	$\phi 22^{-0.02}_{-0.041}$（左）	外径千分尺						合格 否
2	外径	$\phi 22^{-0.02}_{-0.041}$（右）							合格 否
3	外径	$\phi 30^{0}_{-0.021}$							合格 否
4	外径	$\phi 18^{0}_{-0.018}$（左）							合格 否
5	外径	$\phi 18^{0}_{-0.018}$（右）							合格 否
6	长度	35±0.05	游标卡尺						合格 否
7	长度	160±0.1							合格 否
结论	合格品		次品			废品			
处理意见									

对零件的处理意见：合格品——入库；

次品——返修（哪个尺寸应该返修，如何返修），一般轴类零件若尺寸偏大，则返回车削；

废品——废弃。

6.2 轮盘类零件质检报告的书写

图 6-2 所示为法兰盘零件，零件加工完成后必须控制有公差要求的尺寸。下面根据图样要求选择合适的测量工具进行检测，并判断尺寸是否合格。

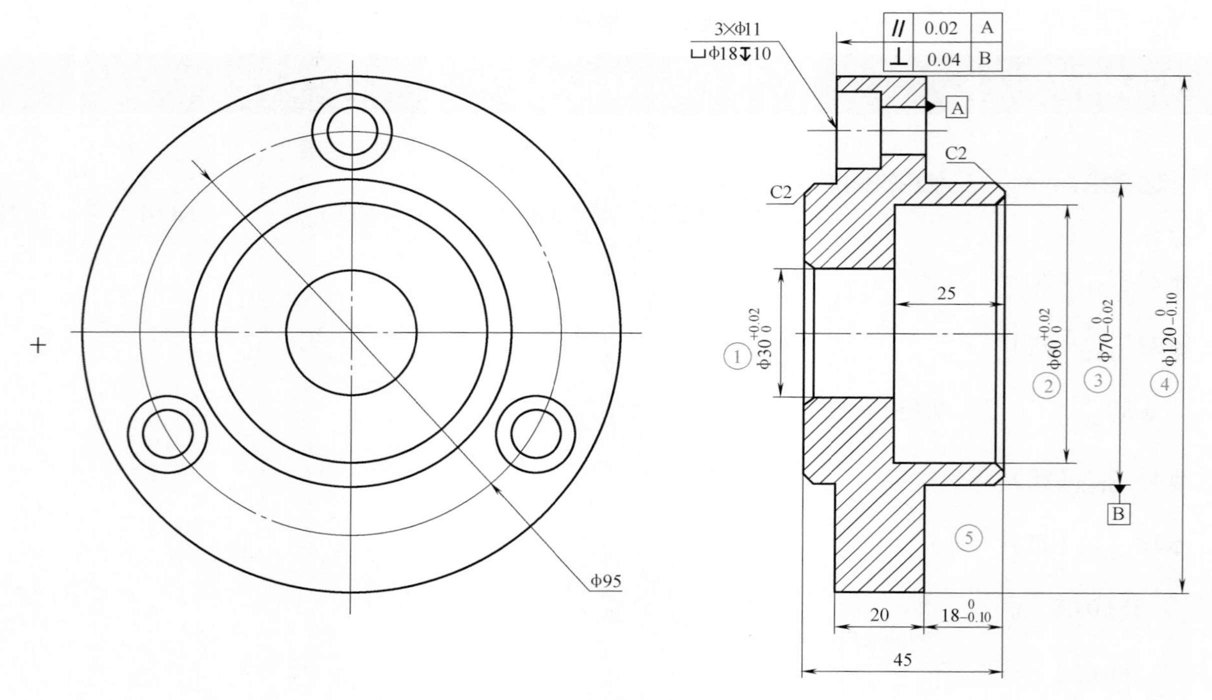

图 6-2　法兰盘零件图

1. 尺寸公差检测内容

待测尺寸有：$\phi 30^{+0.02}_{0}$ mm、$\phi 60^{+0.02}_{0}$ mm、$\phi 70^{0}_{-0.02}$ mm、$\phi 120^{0}_{-0.10}$ mm、$18^{0}_{-0.10}$ mm。

2. 测量工具的选择

检测尺寸公差测量工具有：测量 $\phi 30^{+0.02}_{0}$ mm、$\phi 60^{+0.02}_{0}$ mm 内径选用 5 ~ 30mm、50 ~ 75mm 内径千分尺、测量 $\phi 70^{0}_{-0.02}$ mm 外径选用 50 ~ 75mm 外径千分尺、测量$\phi 120^{0}_{-0.10}$ mm 外径以及 $18^{0}_{-0.10}$ mm 长度选用 0 ~ 150mm 游标卡尺。

3. 测量工具及方法

表 6-3　测量工具及方法

测量项目	测量工具	测量方法
$\phi 30^{+0.02}_{0}$ mm	5 ~ 30mm 内径千分尺	用内径千分尺多次测量直径，取平均值
$\phi 60^{+0.02}_{0}$ mm	50 ~ 75mm 内径千分尺	用内径千分尺多次测量直径，取平均值
$\phi 70^{0}_{-0.02}$ mm	50 ~ 75mm 外径千分尺	用外径千分尺多次测量直径，取平均值
$\phi 120^{0}_{-0.10}$ mm	0 ~ 150mm 游标卡尺	用游标卡尺多次测量直径，取平均值
$18^{0}_{-0.10}$ mm	0 ~ 150mm 游标卡尺	用游标卡尺多次测量长度，取平均值

4. 零件质量检测报告

表 6-4　检测报告

<table>
<tr><td>零件名称</td><td></td><td>检测件数</td><td></td><td colspan="2">允许读数误差</td><td colspan="2">±0.003mm</td><td colspan="2">测量结果 /mm</td></tr>
<tr><td rowspan="2">序号</td><td rowspan="2">项目</td><td rowspan="2">尺寸要求 /mm</td><td rowspan="2">使用的量具</td><td colspan="5">测量结果</td><td rowspan="2">项目判定</td></tr>
<tr><td>NO.1</td><td>NO.2</td><td>NO.3</td><td>NO.4</td><td>NO.5</td></tr>
<tr><td>1</td><td>内径</td><td>$\phi30^{+0.02}_{0}$</td><td rowspan="2">内径千分尺</td><td></td><td></td><td></td><td></td><td></td><td>合格　否</td></tr>
<tr><td>2</td><td>内径</td><td>$\phi60^{+0.02}_{0}$</td><td></td><td></td><td></td><td></td><td></td><td>合格　否</td></tr>
<tr><td>3</td><td>外径</td><td>$\phi70^{0}_{-0.02}$</td><td>外径千分尺</td><td></td><td></td><td></td><td></td><td></td><td>合格　否</td></tr>
<tr><td>4</td><td>外径</td><td>$\phi120^{0}_{-0.10}$</td><td rowspan="2">游标卡尺</td><td></td><td></td><td></td><td></td><td></td><td>合格　否</td></tr>
<tr><td>5</td><td>长度</td><td>$18^{0}_{-0.10}$</td><td></td><td></td><td></td><td></td><td></td><td>合格　否</td></tr>
<tr><td>结论</td><td>合格品</td><td colspan="2">次品</td><td colspan="6">废品</td></tr>
<tr><td>处理意见</td><td colspan="9"></td></tr>
</table>

对零件的处理意见：合格品——入库；

次品——返修（哪个尺寸应该返修，如何返修）;

废品——废弃。

6.3 箱体类零件质检报告的书写

图 6-3 所示为减速器箱体，该零件加工完成后需控制有公差要求的尺寸表面。下面根据图样要求选择合适的测量工具进行检测，并判断尺寸是否合格。

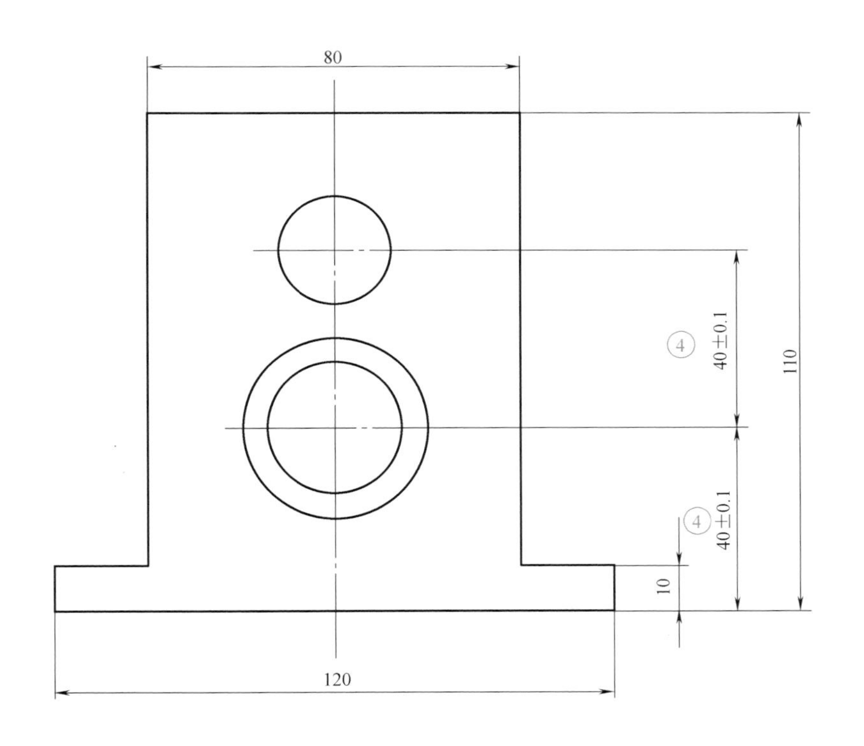

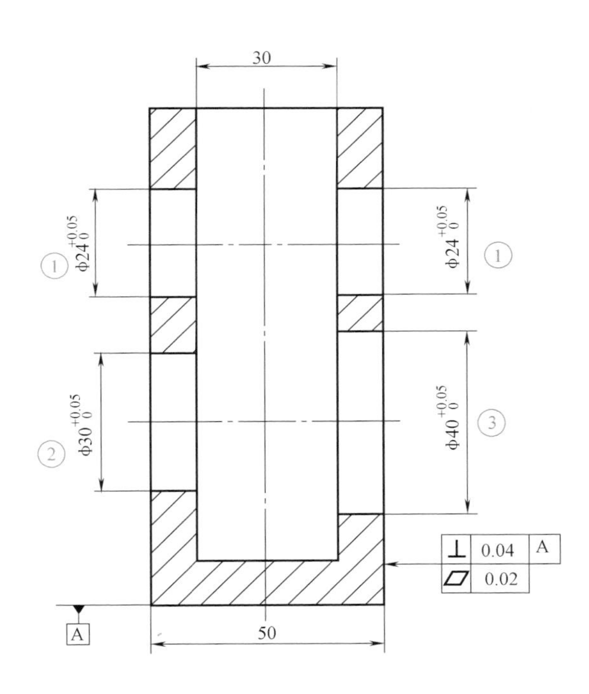

图 6-3 减速器箱体

1. 尺寸公差检测内容

待测尺寸有：$\phi24^{+0.05}_{0}$ mm（两处）、$\phi30^{+0.05}_{0}$ mm、$\phi40^{+0.05}_{0}$ mm、40±0.1mm（两处）。

2. 测量工具的选择

检测尺寸公差测量工具有：5 ~ 25mm、25 ~ 50mm 内径千分尺各一把，0 ~ 150mm 游标卡尺。

3. 测量工具及方法

表 6-5　测量工具及方法

测量项目	测量工具	测量方法
$\phi 24^{+0.05}_{0}$ mm（两处）	5 ~ 25mm 内径千分尺	用内径千分尺多次测量直径，取平均值
$\phi 30^{+0.05}_{0}$ mm	25 ~ 50mm 内径千分尺	用内径千分尺多次测量直径，取平均值
$\phi 40^{+0.05}_{0}$ mm	25 ~ 50mm 内径千分尺	用内径千分尺多次测量直径，取平均值
（40±0.1）mm（两处）	0 ~ 150mm 游标卡尺	用游标卡尺多次测量长度，取平均值

4. 零件质量检测报告

表 6-6　检测报告

零件名称		检测件数		允许读数误差		±0.003mm		测量结果 /mm	
序号	项目	尺寸要求 /mm	使用的量具	测量结果					项目判定
				NO.1	NO.2	NO.3	NO.4	NO.5	
1	内径	$\phi24^{+0.05}_{0}$	内径千分尺						合格　否
2	内径	$\phi24^{+0.05}_{0}$							合格　否
3	内径	$\phi30^{+0.05}_{0}$							合格　否
4	内径	$\phi40^{+0.05}_{0}$							合格　否
5	长度	40±0.1（上）	游标卡尺						合格　否
6	长度	40±0.1（下）							合格　否
结论	合格品		次品		废品				
处理意见									

对零件的处理意见：合格品——入库；

次品——返修（哪个尺寸应该返修，如何返修），一般孔类尺寸如果偏小可以返修铣削或镗削；

废品——废弃。

第 7 章 常见零件的创新设计

在机器使用过程中，常常会出现因某个零件损坏或丢失，导致机器无法正常运转，此时我们将根据已有零件特征及其功能要求重新设计一个零件。同样，在实际产品生产中，常会出现由于设计人员的失误或其他原因导致加工后的零件在装配过程中出现结构干涉、运行不畅的情况，此时也同样需要我们对已有产品提出优化方案。因此，对缺失零件的设计和对结构缺陷的优化是技术人员必备的一项基本技能，本章主要以某齿轮传动部件为例，展开详细的讲解。

7.1 典型缺失零件创新设计

1. 问题情境

如图 7-1 所示的某齿轮传动部件，其结构为输入齿轮轴、输出齿轮轴在齿轮支撑座的作用下实现正常运转，但图 7-1 中红色圆圈选中位置，输入轴与齿轮支撑座内孔存在很大间隙，原本输入轴与齿轮支撑内孔之间还有一个装配零件，请根据现有零件的结构，设计缺失零件。

2. 分析已有零件

① 缺失零件的作用，主要是衔接齿轮支撑座与输入轴，保证输入轴与另一侧装配同轴。因此，缺失零件基本可以确定为套类零件，如图 7-2 所示。

② 如图 7-3 所示，根据左侧输出齿轮轴与紧固端盖的配合关系可知，缺失零件还需要支撑输入轴轴肩，以对齿轮起到轴向定位作用。

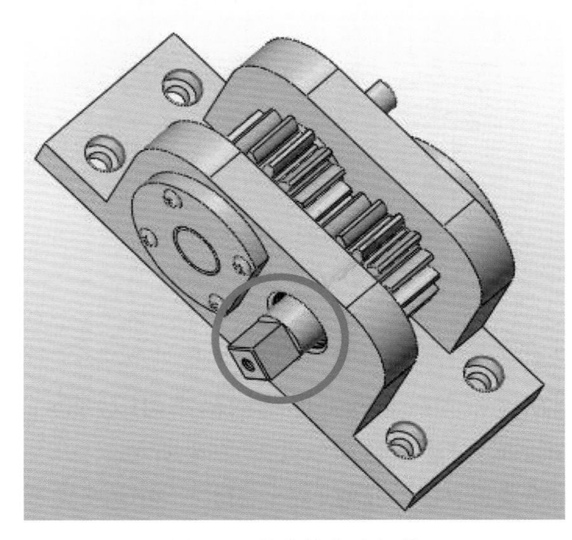

图 7-1 某齿轮传动部件

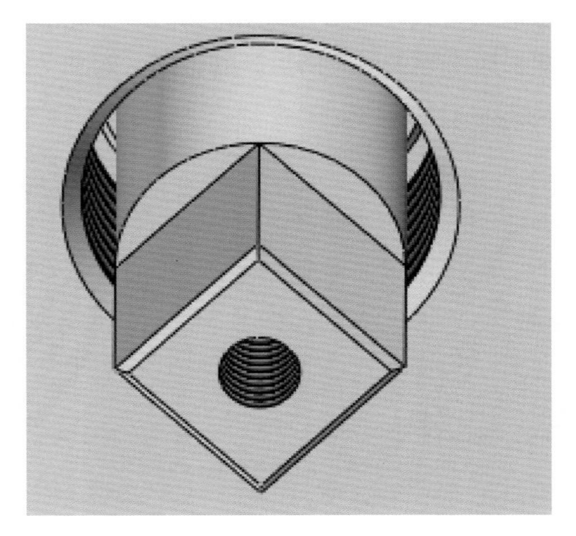

图 7-2 分析零件

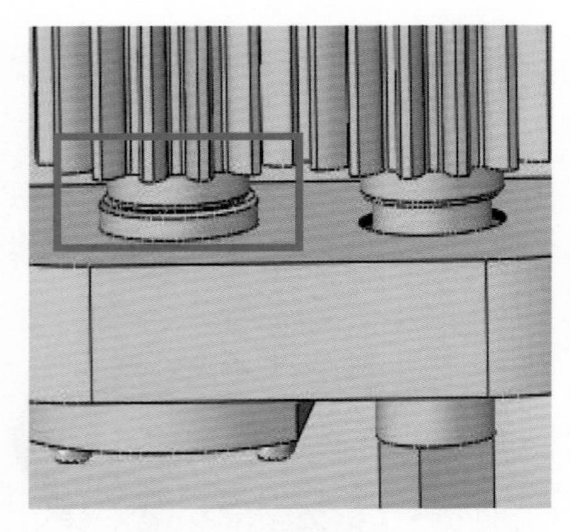

图 7-3　分析问题 1

③ 根据左侧紧固端盖的外形结构基本可以判断，缺失零件的端盖结构跟紧固端盖基本类似，如图 7-4 所示。

④ 因轴承支座内孔为螺纹孔，因此，断定缺失零件与轴承支撑座是通过螺纹联接配合的。

若是螺纹联接配合，还要考虑如何拆装，因此缺失零件的外端盖需要有便于扳手等工具夹持拆卸的位置，如图 7-5 所示。

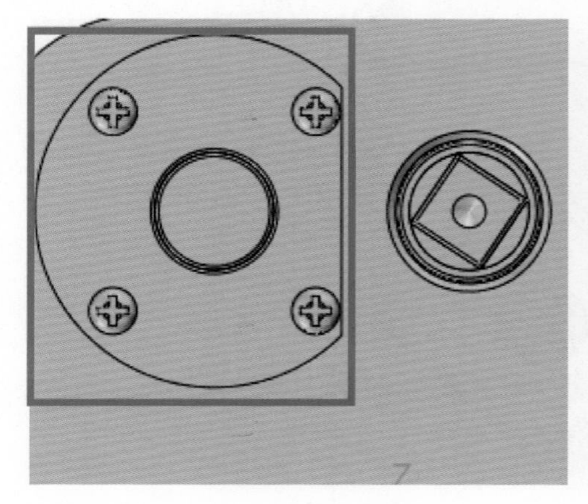

图 7-4　分析问题 2

图 7-5　分析问题 3

3. 确定缺失零件的外形

根据前面的分析，设计一款图 7-6 所示的零件，可以满足需求。

4. 确定缺失零件的尺寸

在缺失零件结构确定之后，再确定各尺寸，即可完成缺失零件的设计。

缺失零件内孔尺寸参考输入轴的外径尺寸设计；缺失零件外螺纹尺寸参考支座内螺纹尺寸设计；缺失零件总长参考输入轴装配后轴肩到齿轮支座外表面的距离以及左侧固定端盖的厚度进行设计；缺失零件扁平结构尺寸参考装配空间位置和拆卸工具的标准规格进行设计。

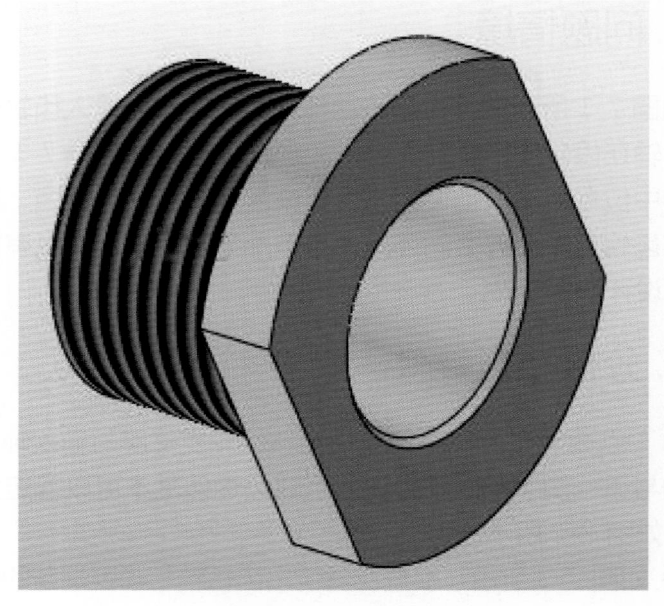

图 7-6　缺失零件外形结构

7.2 典型零件改进优化设计

1. 问题情境

如图 7-7 所示的某齿轮传动部件，其主动齿轮与从动齿轮的模数为 2，齿数均为 16，现发现齿轮传动平稳性较差，请根据给定条件，对齿轮进行优化。

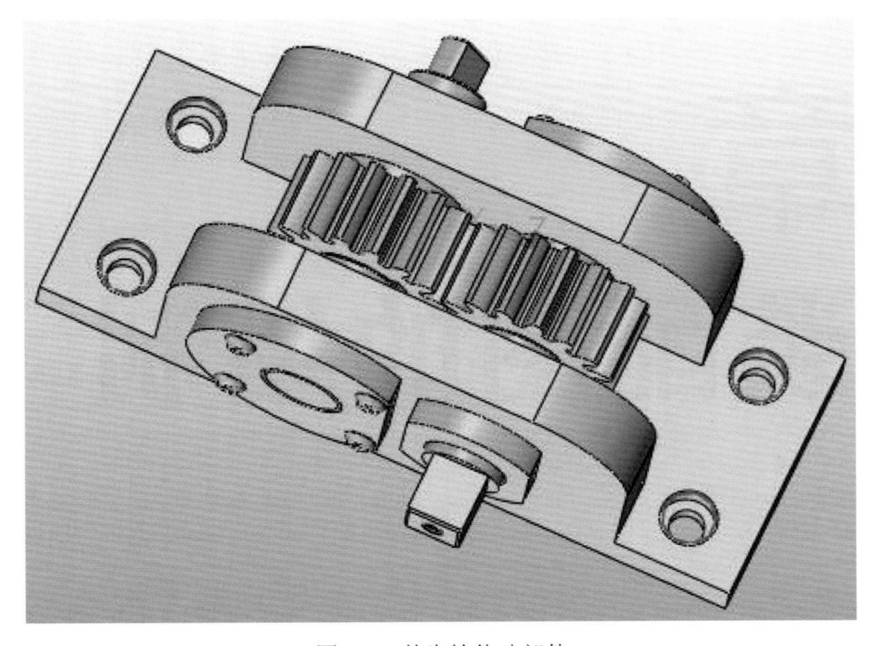

图 7-7 某齿轮传动部件

2. 限定工作要求

技术人员发现，如果将齿轮模数改为 1，可以很好地提升齿轮传动的平稳性。在中心距不变的情况下，采用修改零件尺寸的举措优化机构。

3. 确定优化方案

根据情境描述和限定的工作要求可知，齿轮传动平稳性比较差的主要原因是模数不合适导致的，现将模数 2 改为 1，可改善齿轮的传动性；同时题目要求已经限定不能改变两齿轮的中心距。齿轮中心距公式为

$$a=\frac{(z_1+z_2)m}{2}$$

根据中心距公式发现，当中心距 a 不变，模数发生变化时，齿数 z_1、z_2 也一定发生变化。

根据题目描述，两个齿轮的齿数 z_1、z_2 是相等的，当模数为 2 时，已知齿数 $z_1=z_2=16$，其中心距 a 为

$$a=\frac{(z_1+z_2)m}{2}=\frac{(16+16)\times 2}{2}\text{mm}=32\text{mm}$$

将模数改为 1mm，中心距不变时，齿数 z_1、z_2 为

$$z_1=z_2=\frac{2a}{2m}=\frac{2\times 32}{2\times 1}=32$$

所以，最终的优化方案是将两个齿轮的齿数从 16 改为 32 即可。

第 8 章
三维装配与二维装配图的绘制

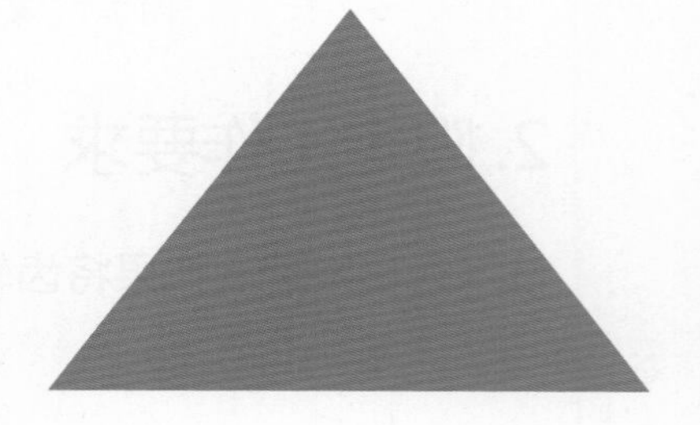

8.1 产品的三维装配

产品的三维装配不仅是设计人员必备的一种技能，也是测绘必须具备的能力。借助三维设计软件，将实际产品的装配关系在三维模型中体现，不仅有助于我们识读产品结构，更方便后续绘制产品的二维装配图。本章节主要利用中望 3D 2018 教育版软件，以精密平口钳为例，讲解三维装配的装配方法及操作步骤。

8.1.1 三维装配的前期工作

1. 绘制草图

在三维装配之前，需要先将精密平口钳的各个零件尺寸测绘出来，并绘制出草图，以方便后面建立每个零件的3D模型。图8-1～图8-5分别为固定钳口、活动钳口、丝杠、丝杠螺母、压块的零件草图。

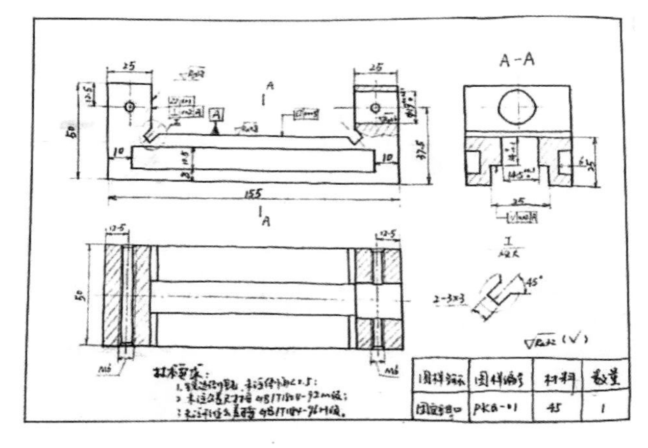

图 8-1　固定钳口草图

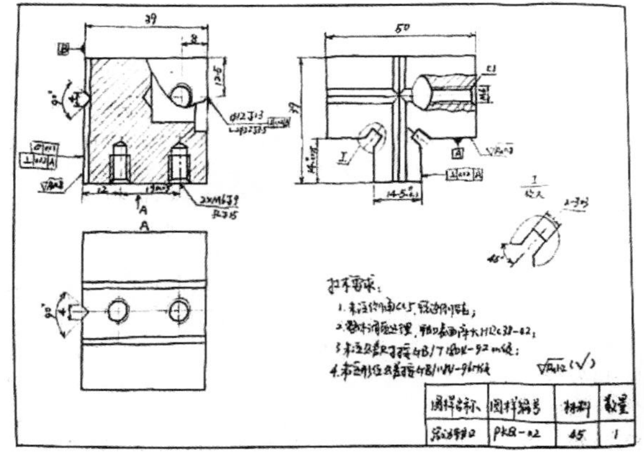

图 8-2　活动钳口草图

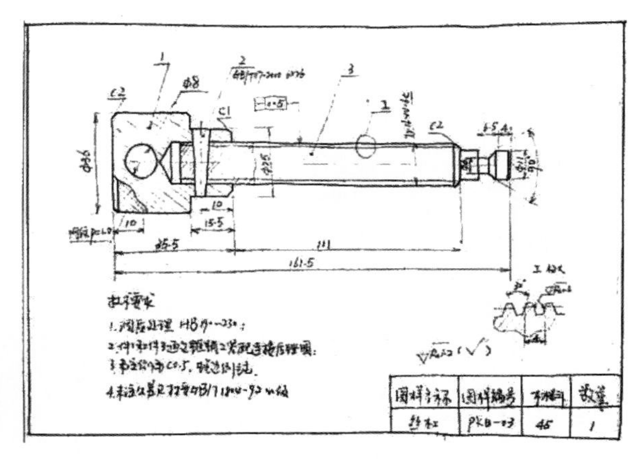

图 8-3　丝杠草图

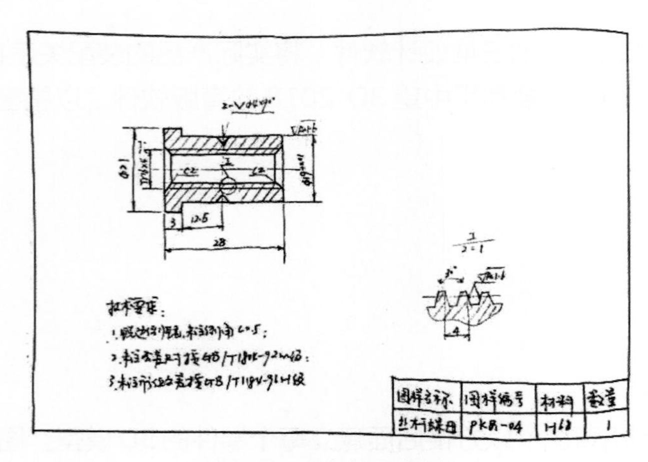

图 8-4　丝杠螺母草图

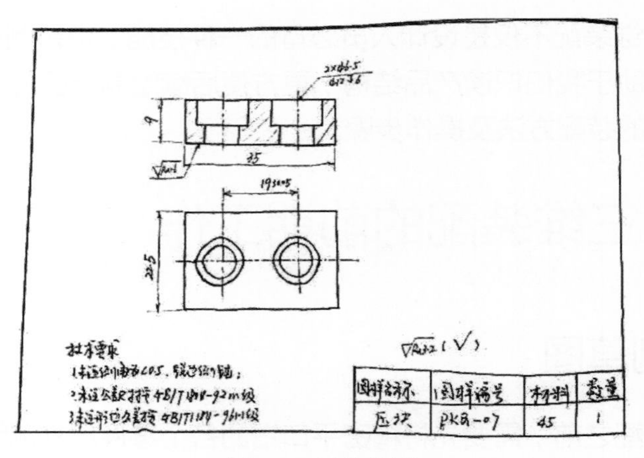

图 8-5　压块草图

2. 零件建模

根据绘制的各零件草图，运用中望 3D 软件建立各零件的 3D 模型，图 8-6 ～图 8-10 分别为固定钳口、活动钳口、丝杠、丝杠螺母、压块的 3D 模型，图 8-11 所示为精密平口钳中标准件的 3D 模型。

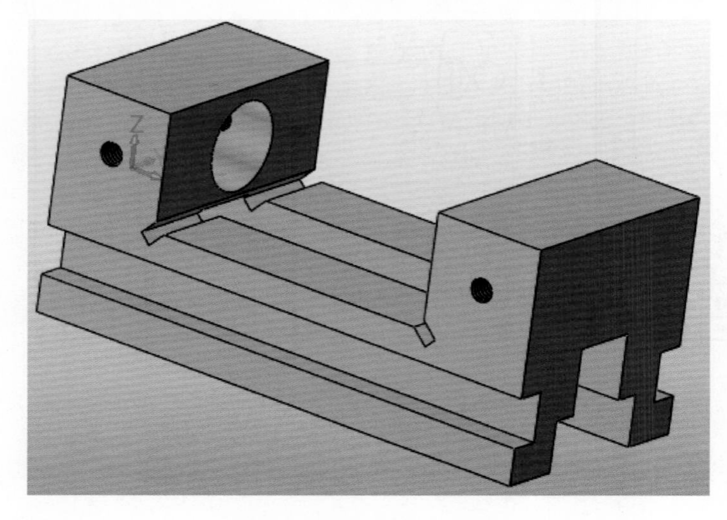

图 8-6　固定钳口 3D 模型

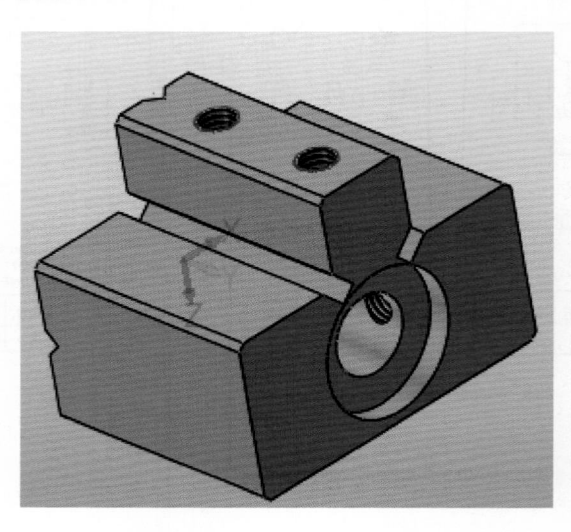

图 8-7　活动钳口 3D 模型

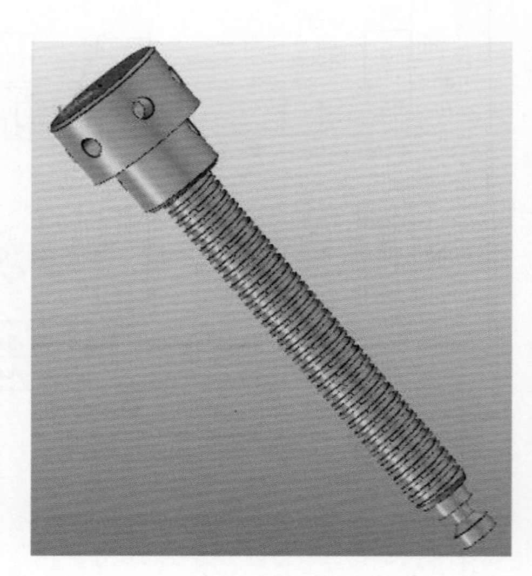

图 8-8　丝杠 3D 模型

图 8-9 丝杠螺母 3D 模型

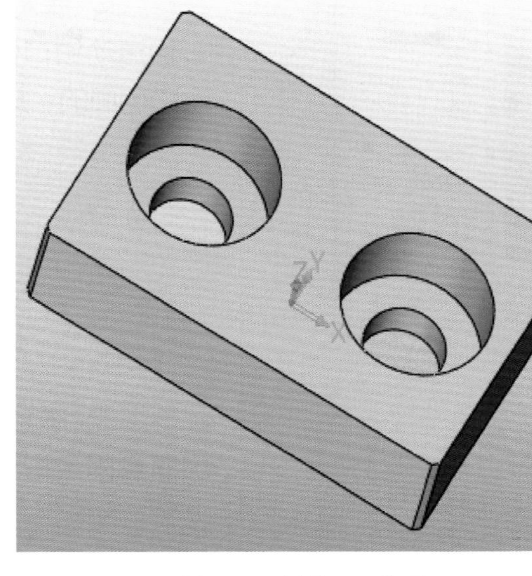

图 8-10 压块 3D 模型

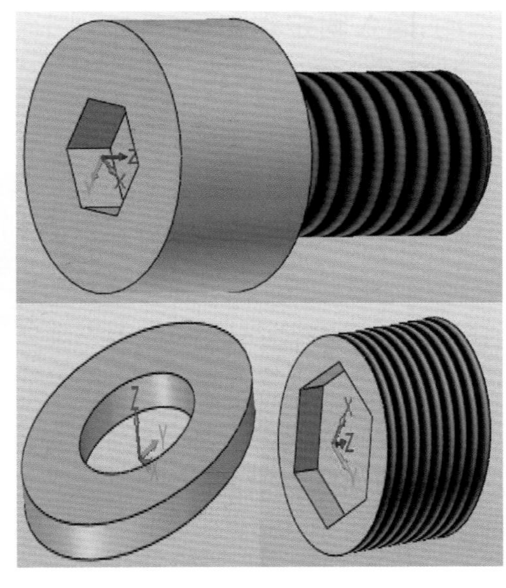

图 8-11 标准件 3D 模型

8.1.2 三维装配运动关系的约束

在三维装配中最重要的是各个零件之间的约束关系，如本节所引用的精密平口钳、固定钳口与丝杠螺母存在着同心、共面约束；固定钳口与活动钳口存在着共面、平行等约束；固定钳口与压块存在平行、共面等约束；压块与活动钳口存在着平行、同心、共面等约 束；丝杠与活动钳口存在着同心约束；丝杠与丝杠螺母存在着同心等约束。

精密平口钳各个零件之间的约束关系及装配步骤如图 8-12 ～图 8-23 所示。

① 插入固定钳口零件，并将其添加“固定”约束。

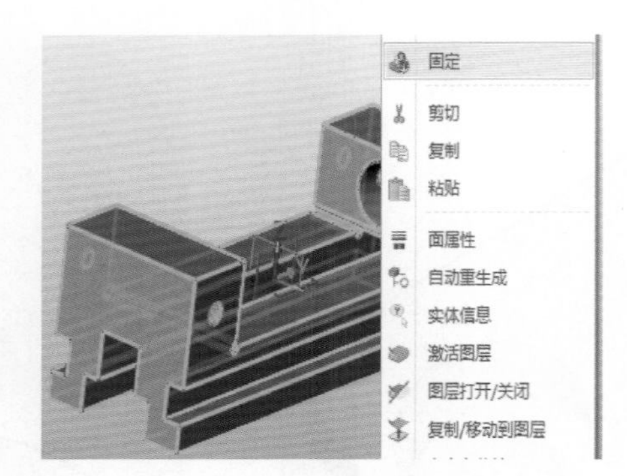

图 8-12　步骤 1

② 插入丝杠螺母，添加丝杠螺母与固定钳口的“同心”约束。

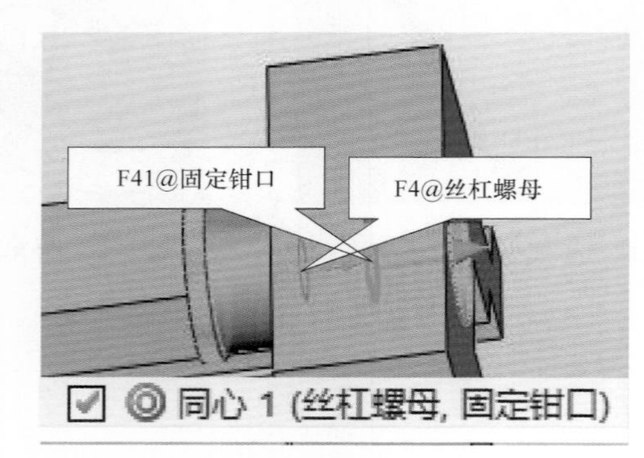

图 8-13　步骤 2

③ 添加丝杠螺母端面与固定钳口端面的“重合”约束。

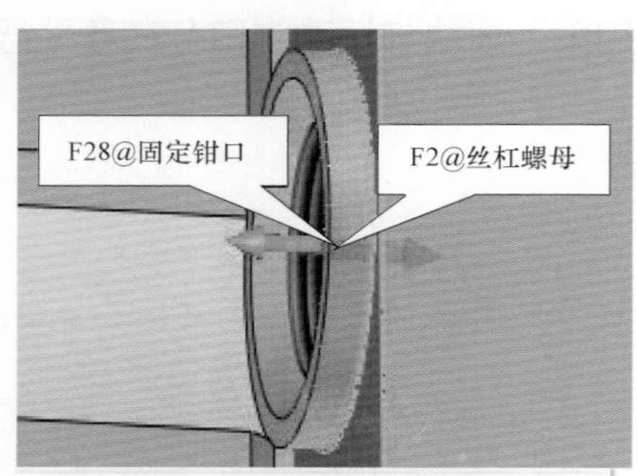

图 8-14　步骤 3

④ 插入活动钳口，添加活动钳口侧面与固定钳口侧面的“重合”约束。

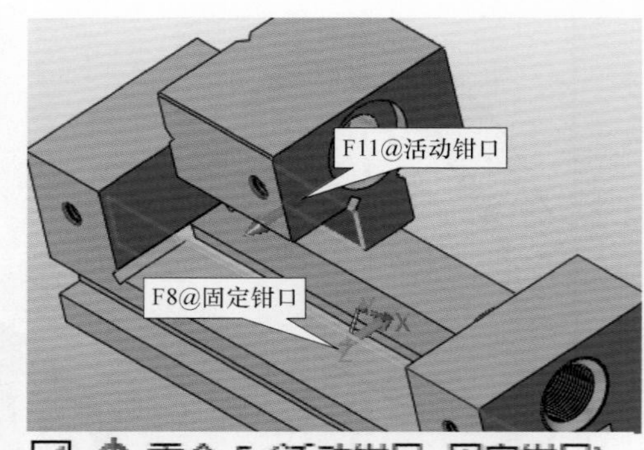

图 8-15　步骤 4

⑤ 添加活动钳口底面与固定钳口顶面的“重合”约束。

图 8-16　步骤 5

⑥ 插入底板压块，添加活动钳口底面两孔与底板压块两孔的“同心”约束。

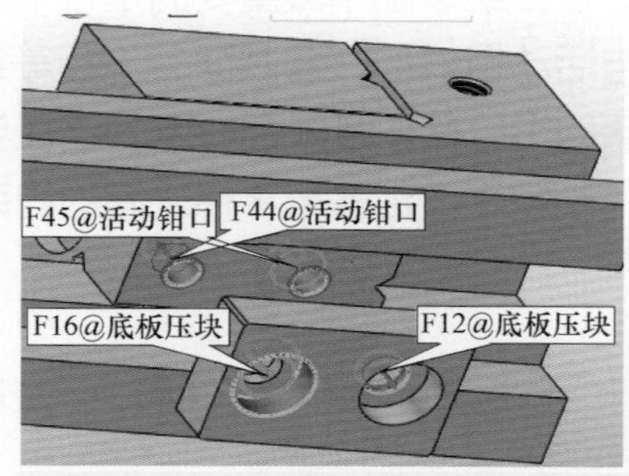

图 8-17　步骤 6

⑦ 添加活动钳口底面与底板压块顶面的“重合”约束。

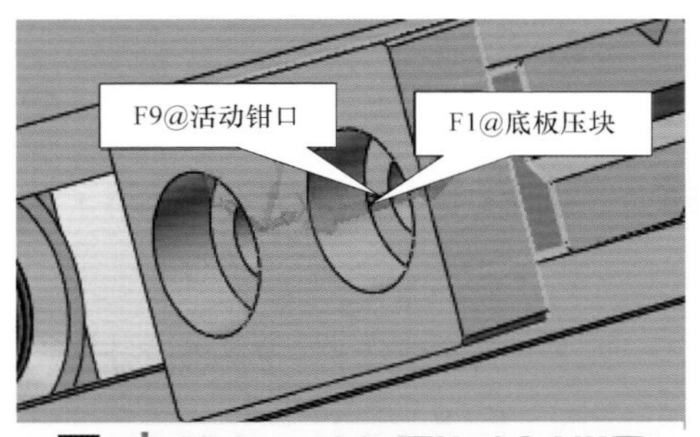

图 8-18 步骤 7

⑧ 插入内六角圆柱头螺钉，添加其与底板压块的“同心”“重合”约束。

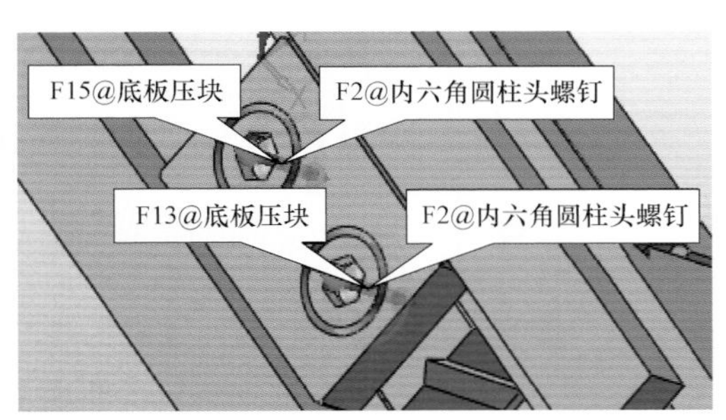

图 8-19 步骤 8

⑨ 插入丝杠，添加其与活动钳口的“同心”约束。

图 8-20 步骤 9

⑩ 添加丝杠与活动钳口的“相切”约束。

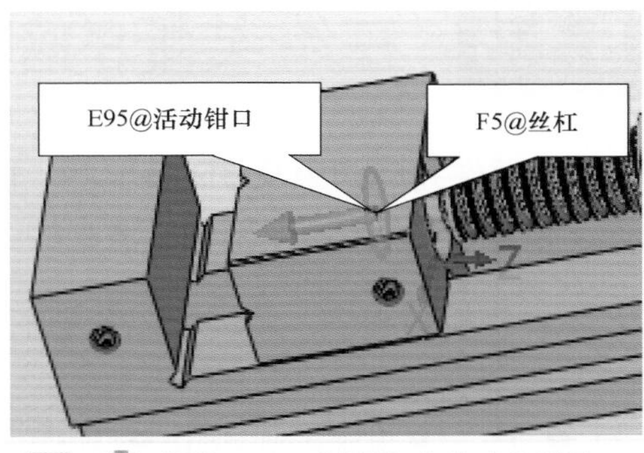

图 8-21 步骤 10

⑪ 添加活动钳口与固定钳口两工作面的“距离”约束，以保障其运动关系。

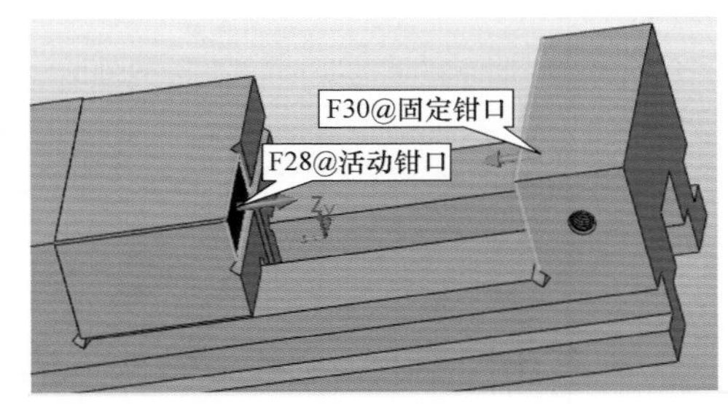

图 8-22 步骤 11

⑫ 所有零件添加约束后，即完成精密平口钳的装配。

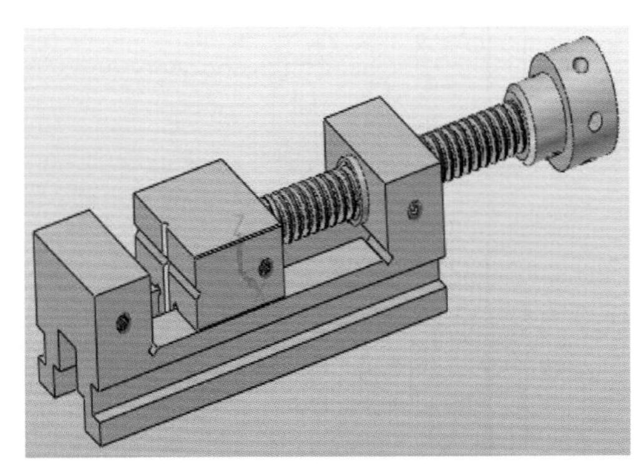

图 8-23 步骤 12

8.1.3 三维装配的剖切与导出

零部件完成约束及 3D 装配后，便可根据 3D 装配导出二维工程图。在导出二维装配图时，要想简单明了地表达装配体的内部结构，必须运用多种剖切方法，剖切出清晰的二维工程草图。主要剖切步骤如下：

① 先投射出主、俯、左三个基本视图（图 8-24）。

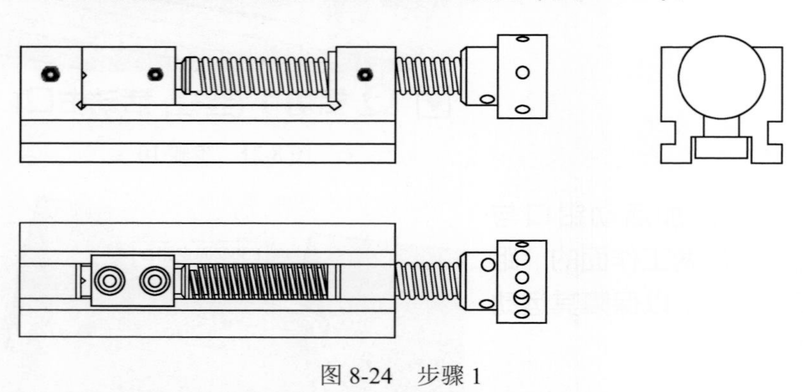

图 8-24 步骤 1

② 在俯视图的中心线上做 A—A 的全剖视图，以表达其传动结构（图 8-25）。

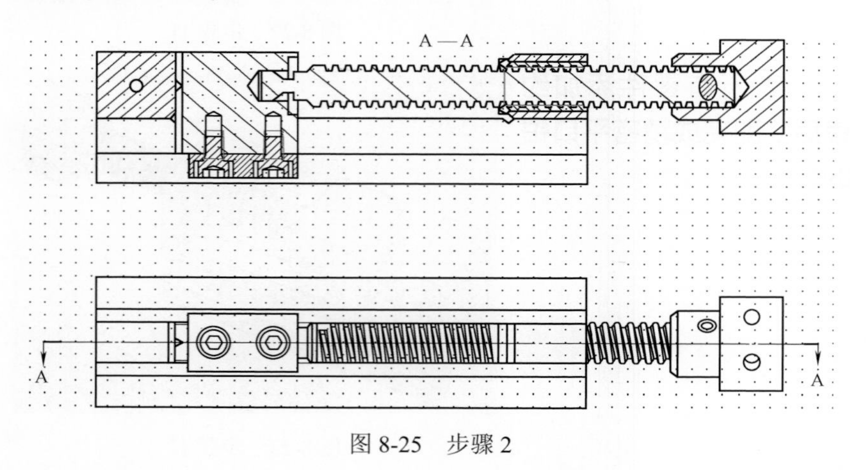

图 8-25 步骤 2

③ 在主视图丝杠的中心线上做 B—B 的全剖视图，以表达其内部结构（图 8-26）。

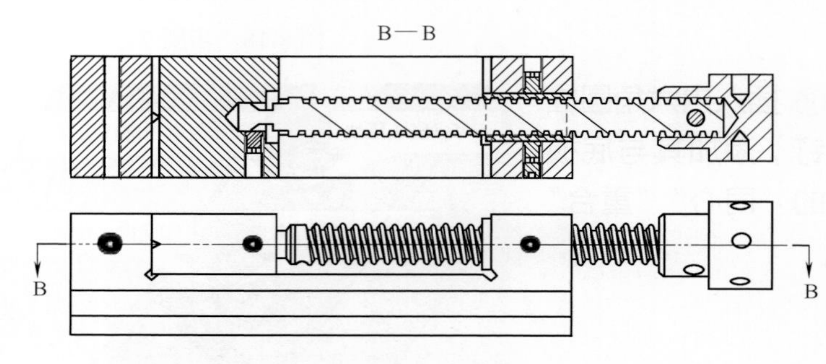

图 8-26 步骤 3

④ 导出 2D 工程图样，并在二维 CAD 软件中进行修改（图 8-27）。

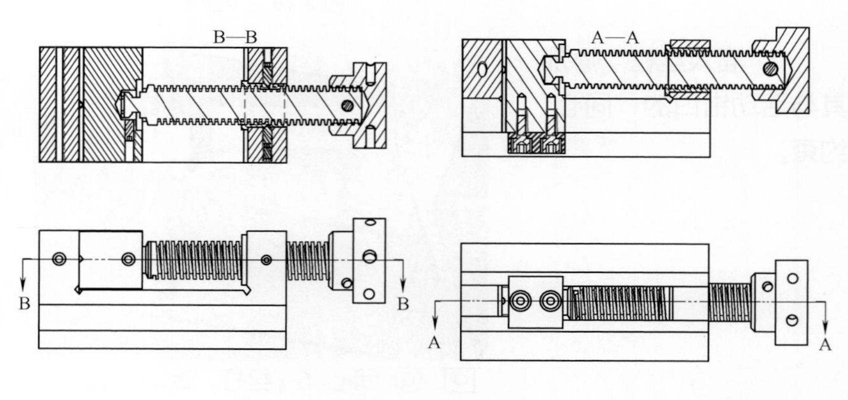

图 8-27 步骤 4

8.2 二维装配图的绘制

从三维设计软件中导出的工程图只能算是工程草图，后期还要针对导出的工程草图进行大量的修改。本节主要利用中望机械 CAD 2018 教育版软件，以精密平口钳为例，讲解二维装配图的绘制及详细的操作步骤。

8.2.1 二维装配图的视图表达

1. 装配图线型的修改

从三维设计软件导出的工程草图首先是将其线型修改成与国标要求相符合的线型，如图 8-28 所示，将中心线改成 CENTER2 线型，颜色改为“红色”；将轮廓线改成“连续”，线宽为 0.5mm；将螺纹线修改成国标要求的细实线。

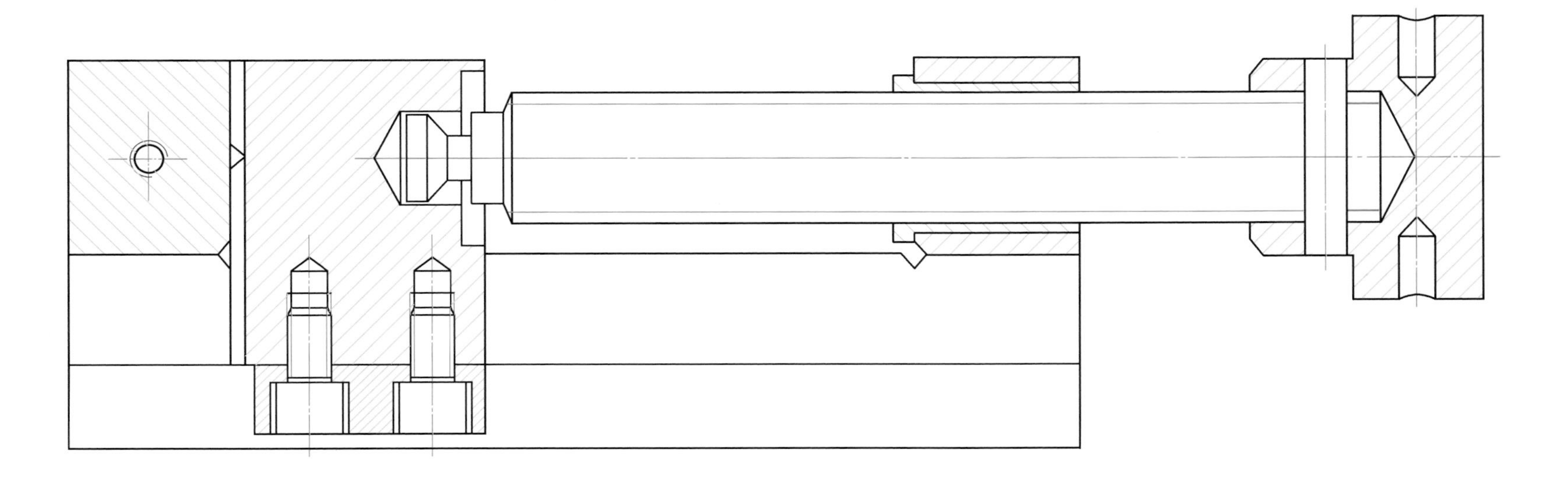

图 8-28 装配图线型的修改

2. 视图的表达

根据机械制图要求，装配图在能够清晰表达其内部结构、装配关系的前提下视图越少越好。在视图表达上，除了基本的三视图外，还有全剖视图、半剖视图、阶梯剖视图、局部剖视图、向视图、假想画法等。绘制二维装配图时要根据零件的结构特点及装配关系，选择合理的表达方式。

图 8-29 所示为精密平口钳的装配视图表达，其用一个全剖的主视图表达了平口钳大部分零件的装配关系和传动原理，同时还用假想画法表达了丝杠运动的极限位置。俯视图加上了三处局部剖视图，不仅清晰地表达了丝杠及丝杠螺母的紧固方式，同时减少了视图的数量，一举多得。

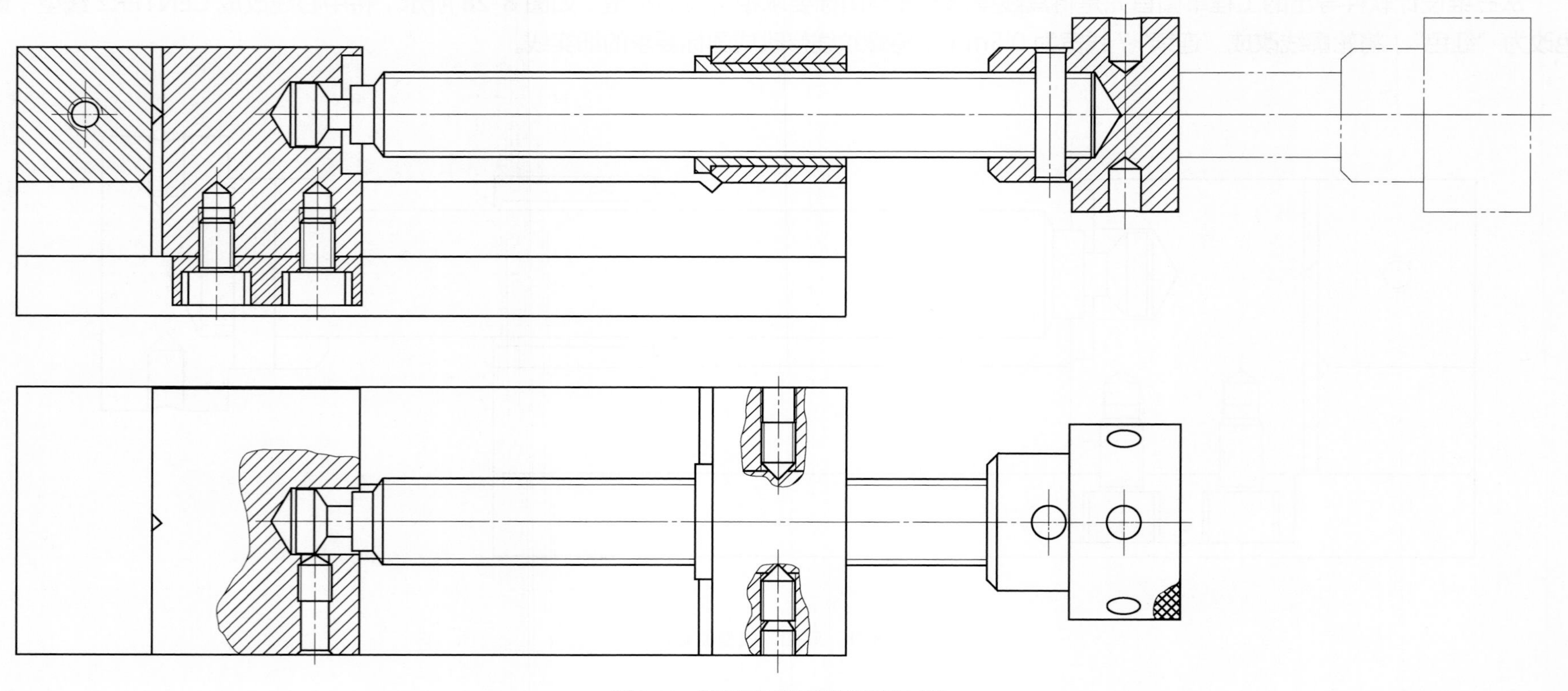

图 8-29 精密平口钳的装配视图表达

8.2.2 二维装配图的尺寸标注

二维装配图中的尺寸标注主要包括基本尺寸、配合尺寸、定位尺寸及其他尺寸四大类。如图 8-30 所示，尺寸 217mm、50mm、56mm 分别是精密平口钳的长度、宽度、高度，此类属于基本尺寸；图中 Φ19H7/m6 为丝杠螺母与固定钳口的配合尺寸；图中丝杠距底面高度 38mm，为定位尺寸；图中假想丝杠运动的极限位置尺寸 66mm，属于其他功能尺寸。

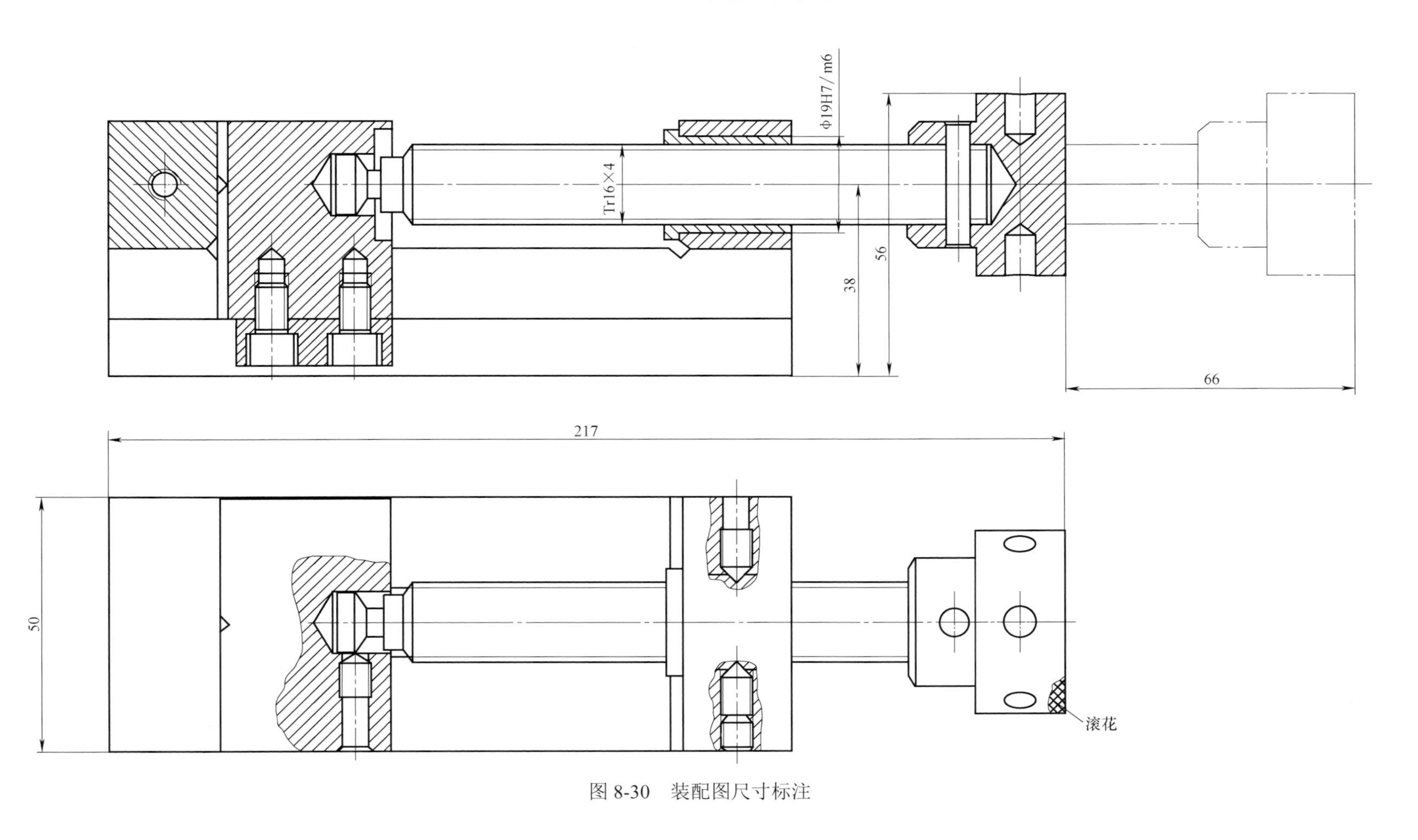

图 8-30　装配图尺寸标注

8.2.3 标准二维装配图的绘制

1. 装配图明细栏与技术要求的书写

装配图除了表达机构的运动原理和装配关系外，还具有协助产品装配和生产的作用，因此，装配图中要能够清晰地表达各个零件的数量、材料等信息。图 8-31 所示为装配图序号的绘制。

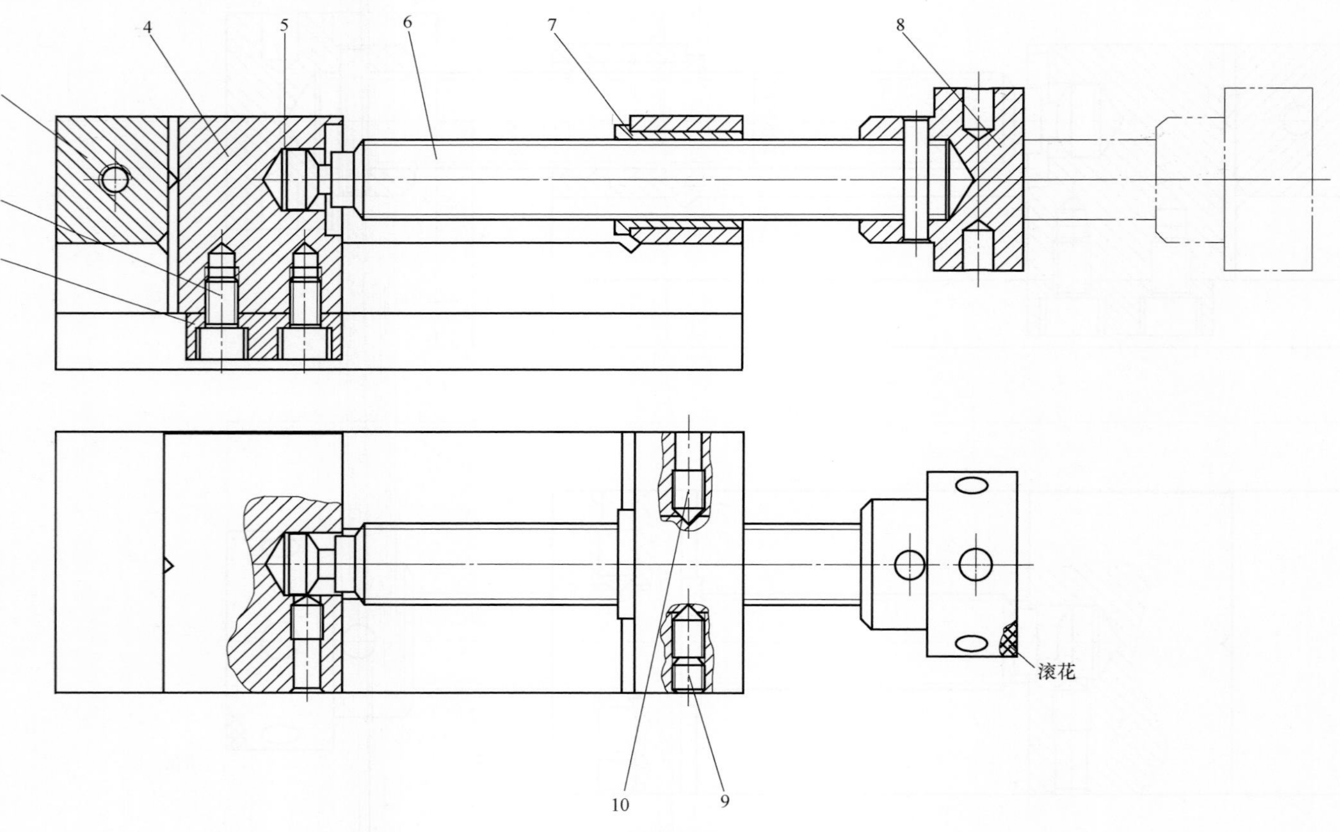

图 8-31　精密平口钳序号的绘制

图 8-32 为精密平口钳的明细栏，图 8-33 为精密平口钳的技术要求。

序号	图号	名称	数量	材料	单件	总计	备注
10	GB/T 78—2007	内六角锥端紧定螺钉	3	45			M6×6
9	GB/T 78—2007	内六角锥端紧定螺钉	1	45			M6×10
8	PKQ−06	压块	1	H68			
7	PKQ−05	丝杠螺母	1	45			
6	PKQ−04	丝杠	1	45			
5	GB 93—1987	垫圈	2	45			
4	PKQ−03	活动钳口	1	45			
3	PKQ−02	固定钳口	1	45			
2	GB/T 5780—2016	螺栓	2	45			M6×9
1	PKQ−01	底板压块	1	45			
					重量		

图 8-32 精密平口钳的明细表

技术要求

1. 装配过程中零件不允许磕碰、划伤和锈蚀。
2. 螺钉、螺栓和螺母紧固时，严禁打击或使用不合适的旋具和扳手。紧固后螺钉槽、螺母和螺钉、螺栓头部不得损坏。
3. 规定拧紧力矩要求的紧固件，必须采用力矩扳手，并按规定的拧紧力矩紧固。
4. 组装前严格检查并清除零件加工时残留的锐角、毛刺和异物。

图 8-33 精密平口钳的技术要求

2. 精密平口钳的装配图

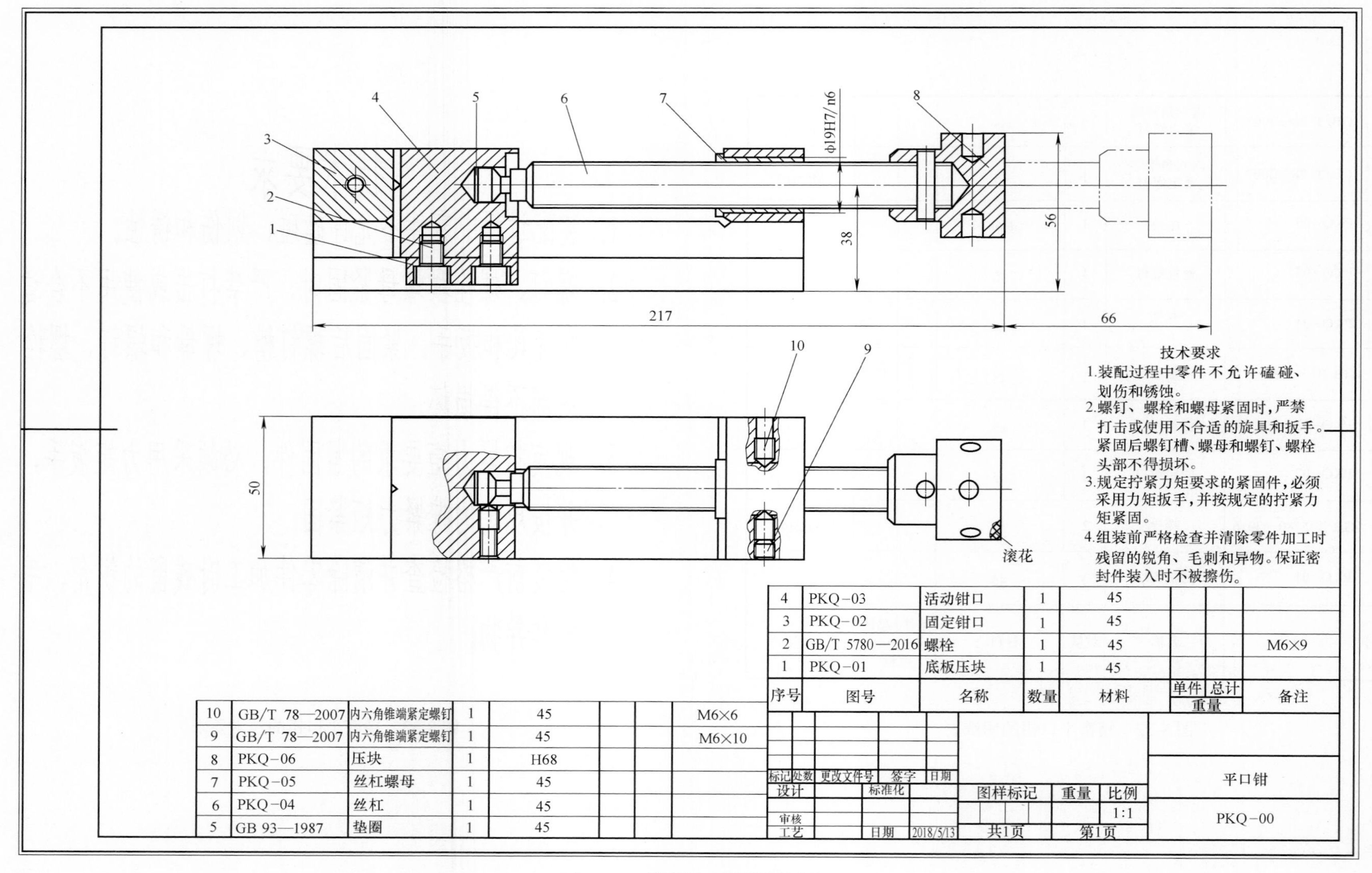

图 8-34 精密平口钳的装配图

第 9 章
综 合 实 例

9.1 齿轮螺旋机构的测绘

9.1.1 齿轮螺旋机构零部件尺寸的测量与确定

1. 支承座尺寸的测量（图 9-1）

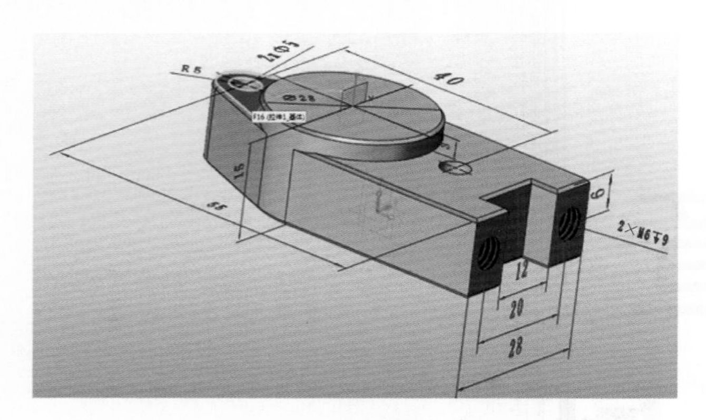

图 9-1　支承座尺寸

2. 移动滑块尺寸的测量（图 9-2）

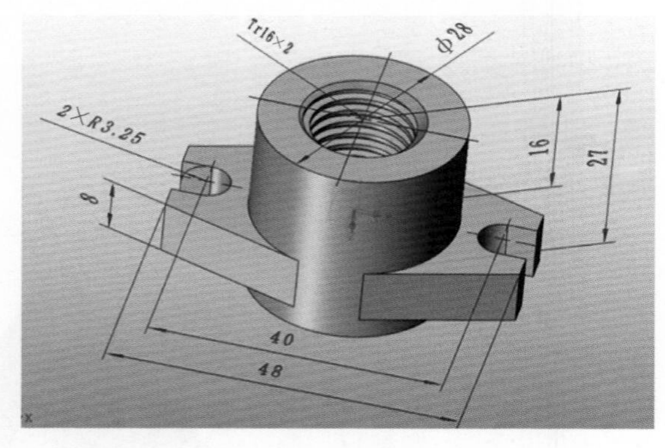

图 9-2　移动滑块尺寸

3. 端盖尺寸的测量（图 9-3）

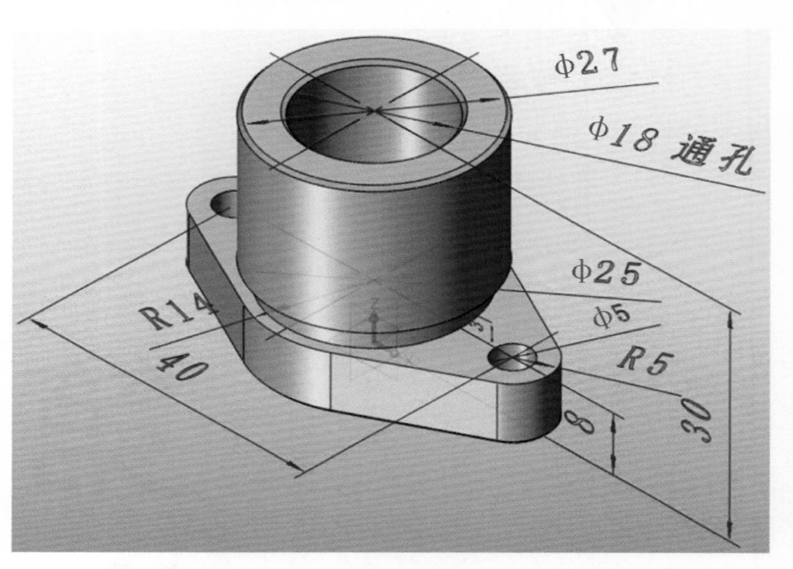

图 9-3　端盖尺寸

4. 导柱尺寸的测量（图 9-4）

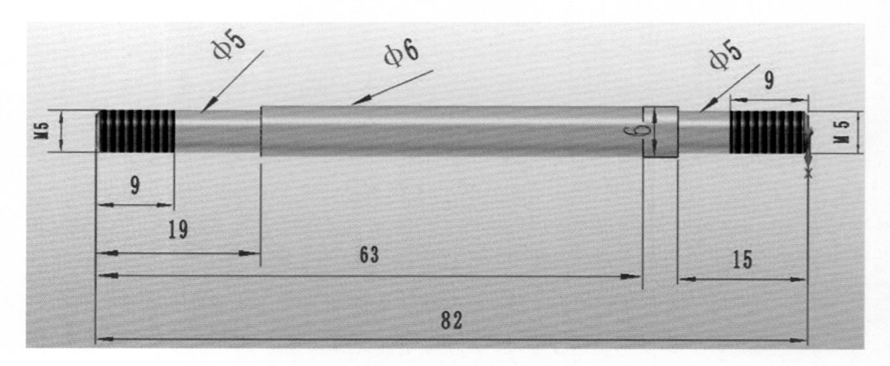

图 9-4　导柱尺寸

5. 输入齿轮轴尺寸的测量（图 9-5）

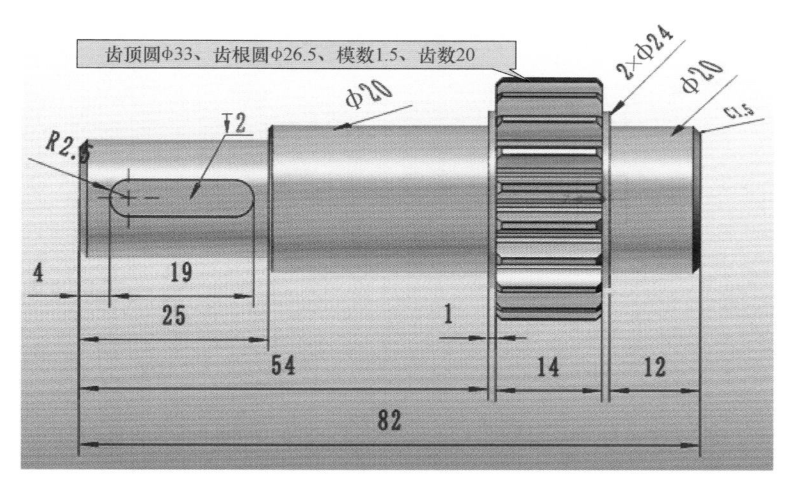

图 9-5　输入齿轮轴尺寸

6. 输出齿轮轴尺寸的测量（图 9-6）

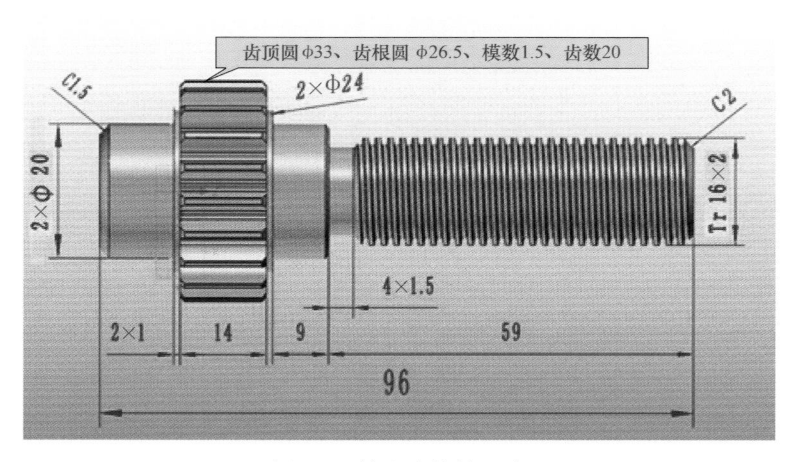

图 9-6　输出齿轮轴尺寸

7. 机座尺寸的测量（图 9-7 和图 9-8）

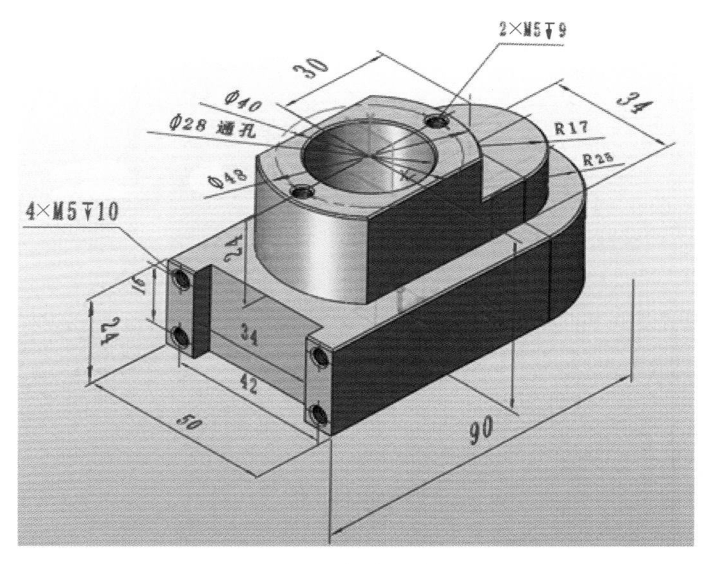

图 9-7　机座尺寸 1

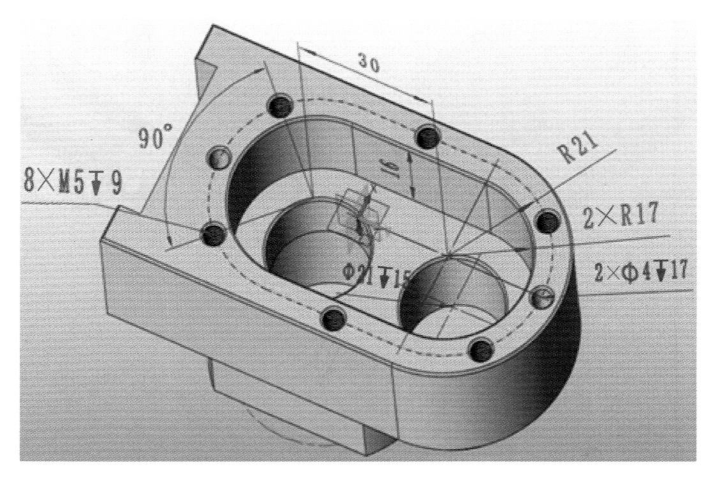

图 9-8　机座尺寸 2

8. 机盖尺寸的测量（图 9-9）

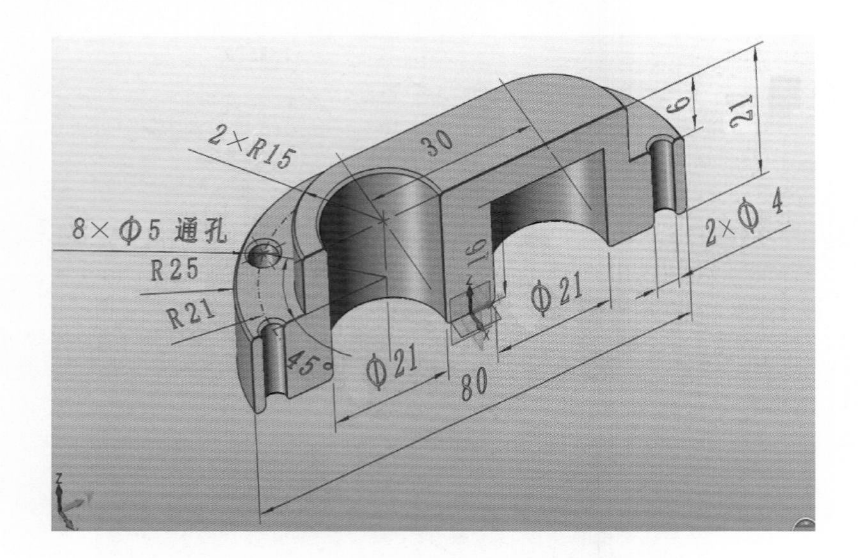

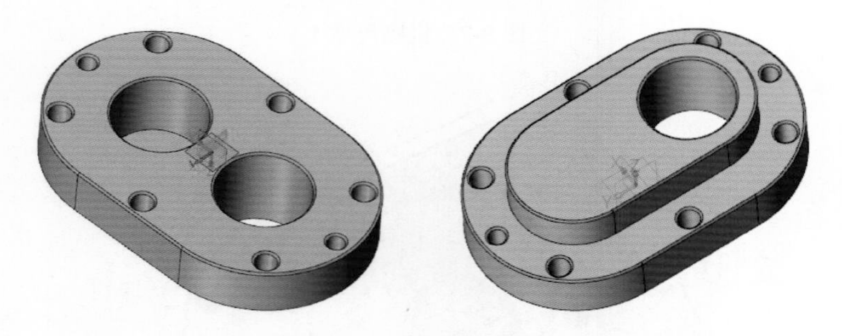

图 9-9　机盖尺寸

9.1.2 齿轮螺旋机构零部件的三维建模

1. 支承座的三维建模

1）新建支承座的三维模型文件，选择 XY 草图平面并进入草图，绘制支撑座外形轮廓以及两个螺钉通孔，退出草图；运用拉伸基体功能完成拉伸高度为 12mm 的支承座外形，三维模型如图 9-10a 所示。

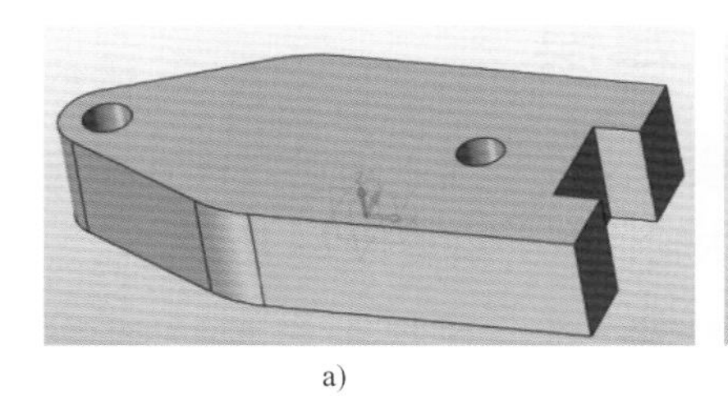
a)

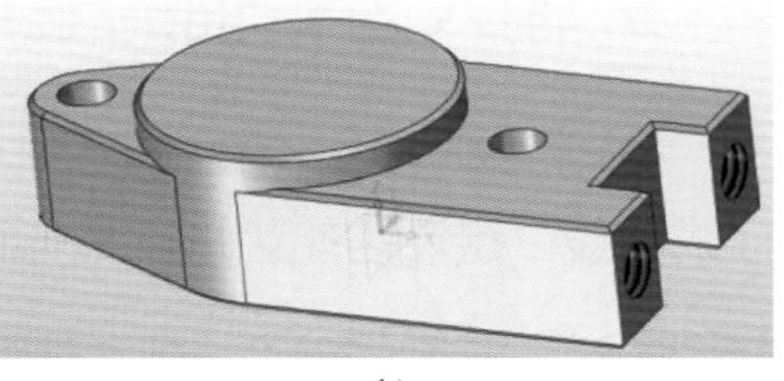
b)

图 9-10 支承座

2）单击“圆柱体”命令，以 R14mm 圆弧做圆心，拉伸 ϕ28mm 台阶，台阶高度为 3mm；单击开口槽的两个端面创建草图平面，并进入草图绘制内螺纹的两个圆，退出草图；运用“孔”→“螺纹孔”命令打内螺纹孔，最后对各个锐边倒角，如图 9-10b 所示。

2. 移动滑块的三维建模

1）新建移动滑块的三维模型文件，选择 XY 草图平面并进入草图，绘制双面圆弧外形轮廓，退出草图；运用拉伸基体功能完成拉伸高度为 8mm 的轮廓外形。

2）单击“圆柱体”命令，以移动滑块外形的 R14mm 圆弧中心拉伸 Φ28mm 两端台阶，两端台阶高度分别为 3mm、16mm，拉伸切出 Tr16 梯形螺纹内孔，运用拉伸减运算功能完成拉伸通孔。

3）选择 XZ 草图平面并进入草图，绘制梯形螺纹齿型轮廓，退出草图；运用螺纹功能进行减运算，完成梯形螺纹三维模型，最后对各个锐边倒角，如图 9-11 所示。

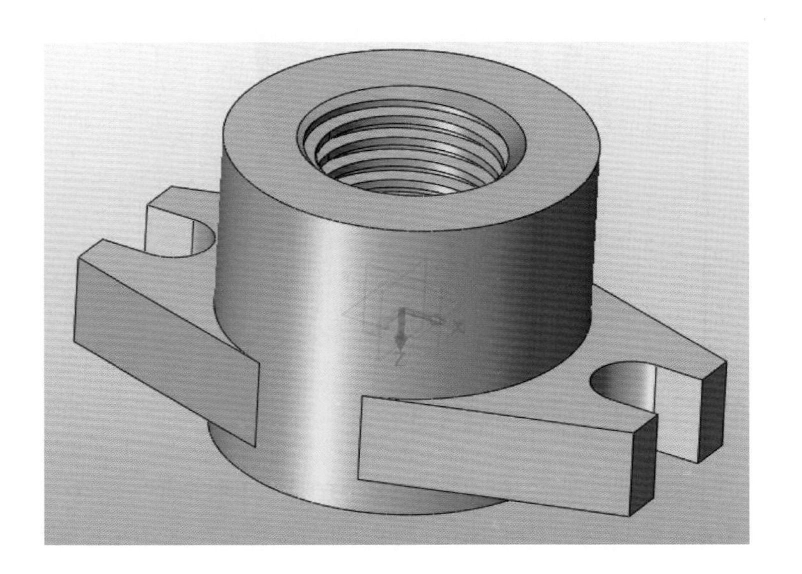

图 9-11 移动滑块

3. 端盖的三维建模

1）新建端盖的三维模型文件，选择 XY 草图平面并进入草图，绘制底板轮廓以及两个螺钉通孔，退出草图；运用拉伸基体功能完成 8mm 高度底板三维模型。

2）单击“圆柱体”命令，绘制ϕ25mm 退刀槽圆柱台阶，拉伸高度为 3mm；拉伸ϕ27mm 圆柱体，拉伸高度为 19mm; 运用拉伸减运算功能切出ϕ18mm 通孔，最后对各个锐边进行倒角，如图 9-12 所示。

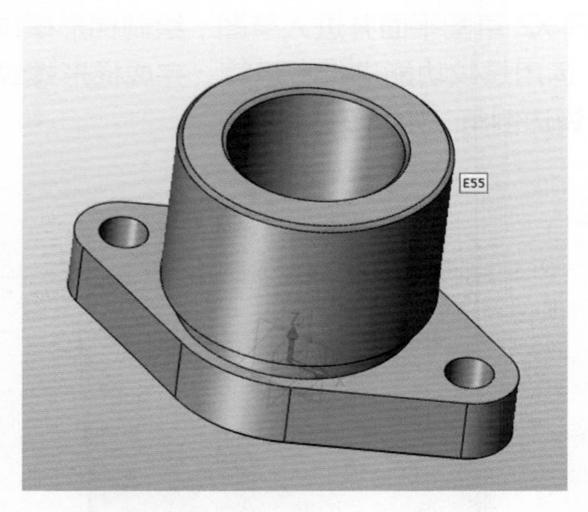

图 9-12 端盖

4. 导柱的三维建模

1）新建导柱的三维建模文件，单击“圆柱体”命令，创建ϕ5×15mm 圆柱体；以ϕ5mm 圆柱圆心创建ϕ7.5×4mm 圆柱体；以ϕ7.5mm 圆柱圆心创建ϕ6×44mm 圆柱体；以ϕ6mm 圆柱圆心拉伸ϕ5×19mm 圆柱体。

2）单击“标记外螺纹”命令，分别标记两端外螺纹 M5，螺纹端部倒角 C0.5。

3）选择 YZ 草图平面并进入草图，绘制两侧平面轮廓，退出草图；运用拉伸减运算功能完成两侧平面三维模型，最后对各个锐边倒角，如图 9-13 所示。

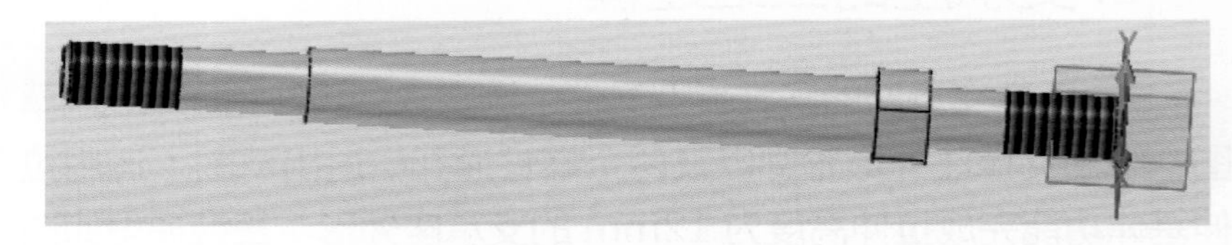

图 9-13 导柱

5. 输入齿轮轴的三维建模

1）新建输入齿轮轴的三维模型文件，插入齿轮方程式和方程式曲线，绘制齿轮齿形，拉伸齿轮模型，如图 9-14 所示。

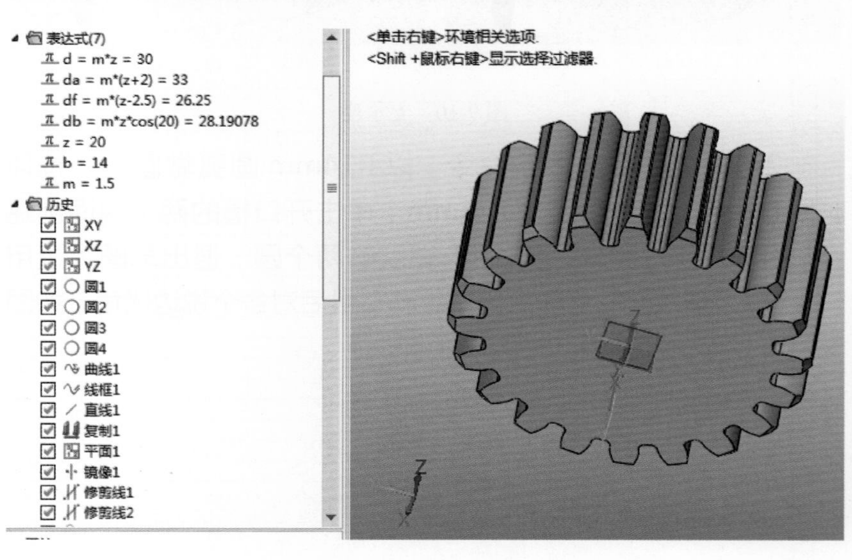

图 9-14 输入齿轮轴

2）单击“圆柱体”命令，以齿轮的圆心拉伸ϕ24mm 台阶，两端拉伸长度各为 1mm；拉伸ϕ20mm 台阶两端，拉伸高度分别为 12mm、29mm；拉伸ϕ16mm 台阶，拉伸高度为 25mm，如图 9-15 所示。

图 9-15　叠加圆柱体

3）创建 YZ 草图平面并进入草图，绘制键槽轮廓，退出草图；运用拉伸减运算功能完成拉伸深度为 2mm 的键槽三维模型，最后对各个锐边倒角，如图 9-16 所示。

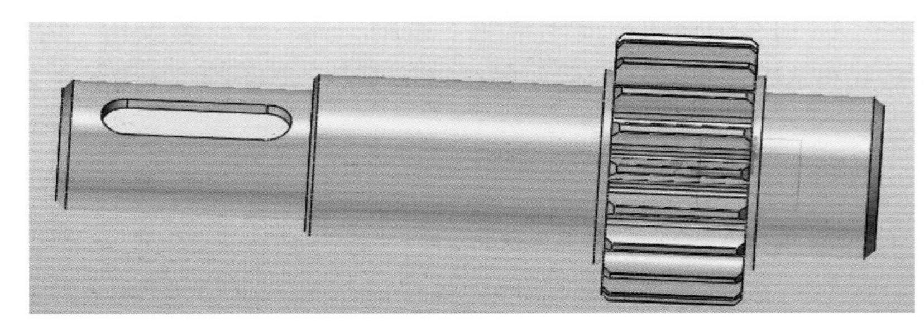

图 9-16　键槽

6. 输出齿轮轴的三维建模

1）创建新的输出齿轮轴三维模型文件，输出齿轮轴的齿轮与输入齿轮轴的齿轮各参数一样，可根据输入齿轮轴的齿轮继续建模。

2）单击“圆柱体”命令，以齿轮圆心拉伸ϕ24mm 台阶，两端拉伸长度各为 1mm；拉伸ϕ20mm 台阶两端，拉伸高度分别为 9mm、12mm。

3）继续利用圆柱体功能，拉伸梯形螺纹退刀槽，以ϕ20mm 台阶轴的圆心做退刀槽的圆心，退刀槽外圆为ϕ13mm，长度为 4mm；再以退刀槽圆柱体的圆心拉伸梯形螺纹外圆柱，直径为ϕ16mm，长度为 55mm。

4）选择 XZ 草图平面并进入草图，绘制梯形螺纹截面轮廓，退出草图；运用螺纹功能并进行减运算，完成梯形螺纹三维模型，最后对各个锐边倒角，如图 9-17 所示。

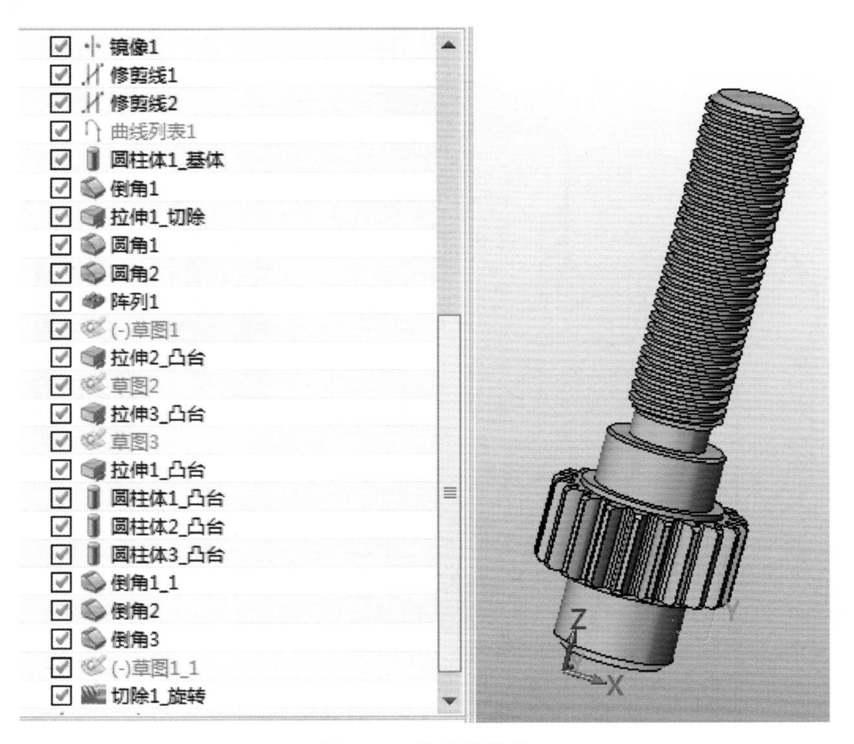

图 9-17　输出齿轮轴

7. 机座的三维建模

1）新建机座的三维模型文件，选择 XY 草图平面并进入草图，绘制机座外轮廓，退出草图；运用拉伸基体功能完成拉伸高度为 24mm 的机座外轮廓三维模型。

2）选择机座外轮廓的端面作为草图平面并绘制台阶轮廓，退出草图；运用拉伸加运算功能完成拉伸高度为 12mm 的台阶。

3）选择高度为 12mm 台阶的端面作为草图平面，绘制 R24mm 台阶轮廓，退出草图；运用拉伸加运算功能完成拉伸高度为 12mm 的台阶，如图 9-18 所示。

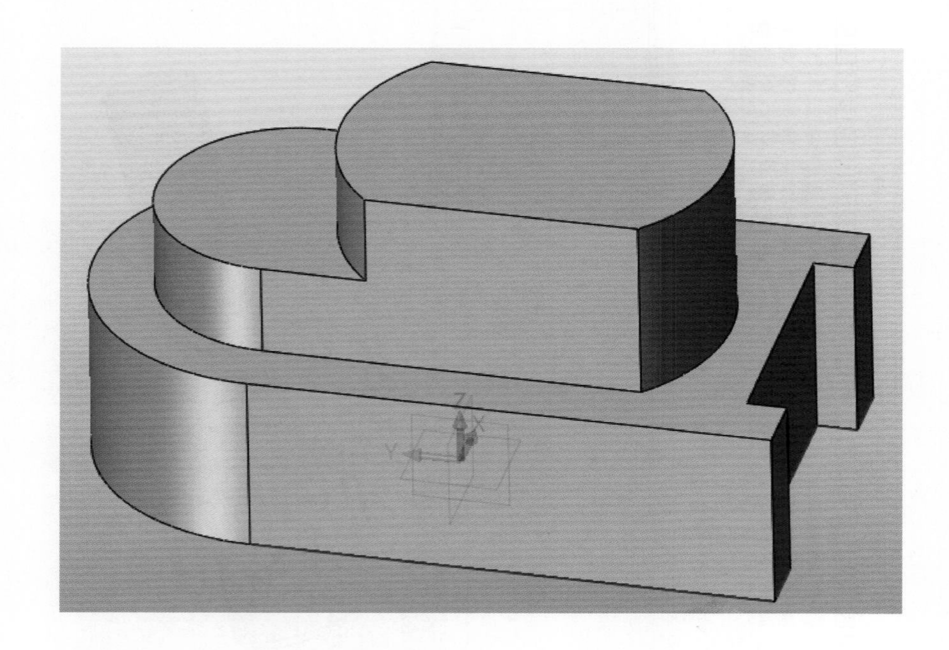

图 9-18　机座外轮廓

4）选择 R24mm 台阶的端面作为草图平面并进入草图，绘制 2 个螺纹孔轮廓，退出草图；单击“孔”→“螺纹”命令完成拉伸 M5 内螺纹孔，螺纹端部倒角。

5）以 R24mm 台阶作为圆心，拉伸 ϕ28mm 孔，运用拉伸减运算功能完成拉伸深度为 22mm，直径为 ϕ21mm 的通孔，拉伸高度为通孔。

6）选择机座外轮廓的底端面作为草图平面并进入草图，绘制双圆头键槽型轮廓，退出草图；运用拉伸减运算功能完成拉伸深度为 16mm 的双圆头键槽型轮廓；确定 6 个螺纹孔的位置，运用“孔”→“螺纹孔”功能完成拉伸深度为 7mm 的 6 个螺纹孔，运用拉伸减运算功能完成拉伸深度为 17mm 的 2 个销孔。

7）单击“圆柱体”命令，以上盖外轮廓 R25mm 作为圆心拉伸ϕ21mm 孔，拉伸深度为 15mm。

8）选择机座外轮廓的开口槽两边端面作为草图平面，进入草图，绘制 4 个螺纹，退出草图；运用“孔”→“螺纹孔”功能完成拉伸 M5 内螺纹，最后对各个锐边倒角，如图 9-19 和图 9-20 所示。

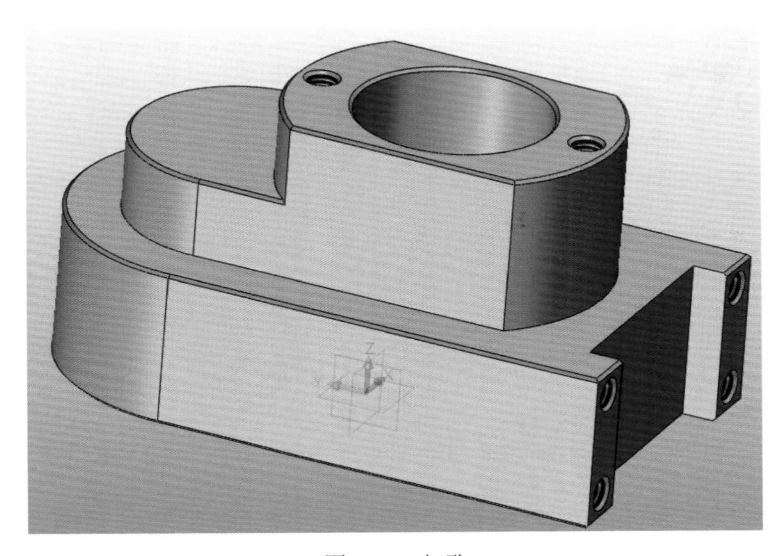

图 9-19　打孔

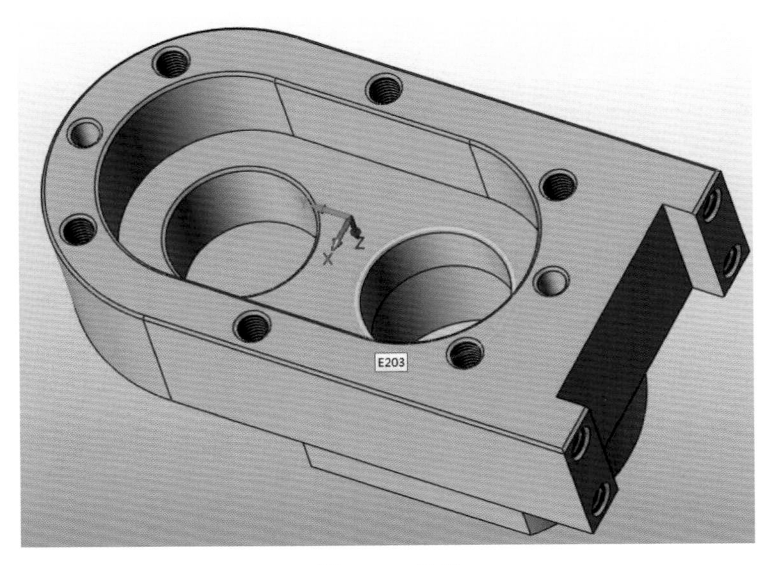

图 9-20　机座

8. 机盖的三维建模

1）选择 XZ 草图平面并进入草图，绘制机盖外轮廓以及 6 个螺纹通孔和 2 个销孔，退出草图；运用拉伸基体功能完成拉伸高度为 12mm 的机盖外轮廓三维模型。

2）选择机盖外轮廓的端面作为草图平面并绘制台阶轮廓，退出草图；运用拉伸加运算功能完成拉伸高度为 9mm 的台阶。

3）单击“圆柱体”命令，分别以两端 R25mm 圆弧做圆心，运用拉伸减运算功能分别完成拉伸高度为 16mm 的 ϕ21mm 孔和 ϕ21mm 通孔，最后对各个锐边倒角，如图 9-21 所示。

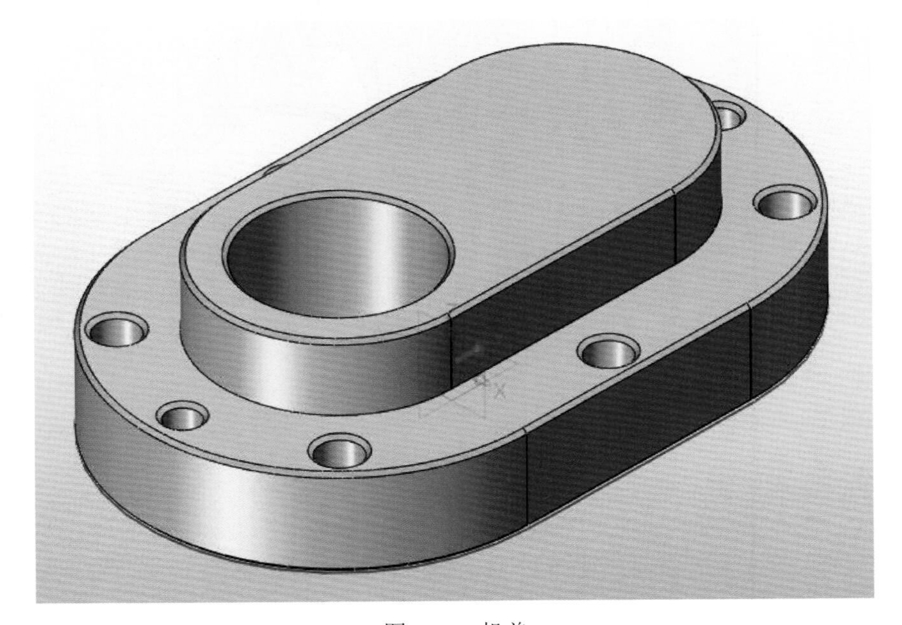

图 9-21　机盖

9. 齿轮螺旋机构的三维装配

导入各个零件三维模型，并按照实际运动原理利用同心、重合、平衡等约束功能完成机构的三维装配，如图 9-22 所示。

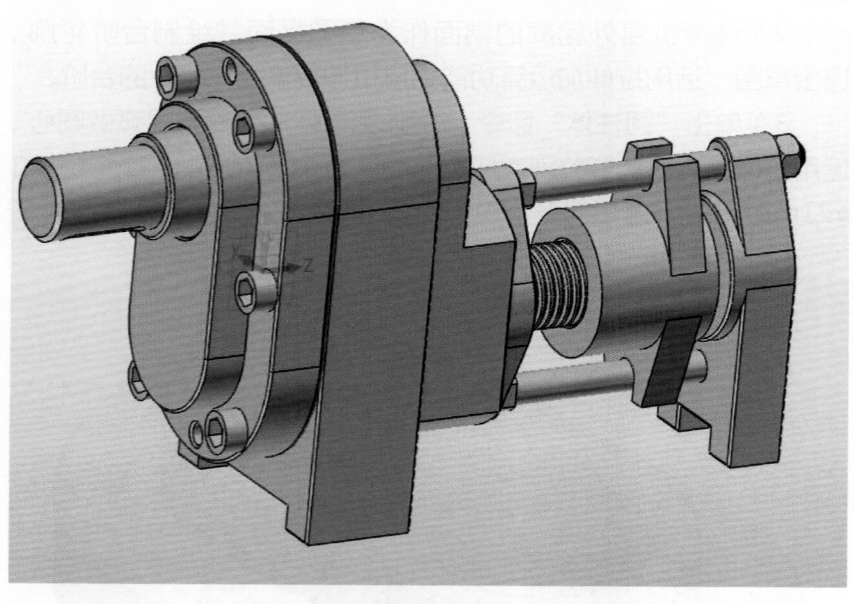

图 9-22　三维装配

9.1.3 齿轮螺旋机构零部件工程图的导出

1. 支承座（图 9-23）

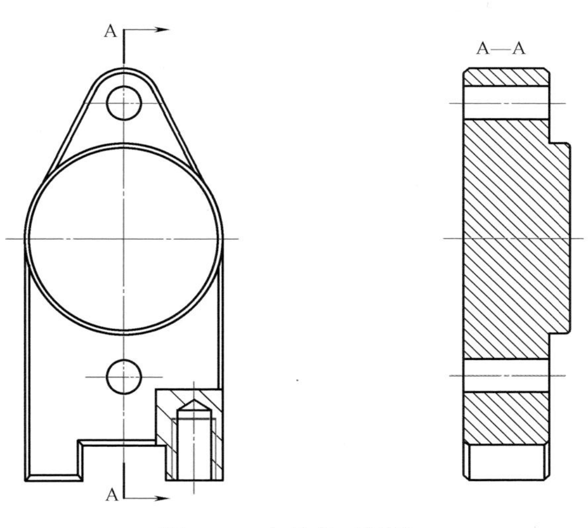

图 9-23　支承座工程图

2. 移动滑块（图 9-24）

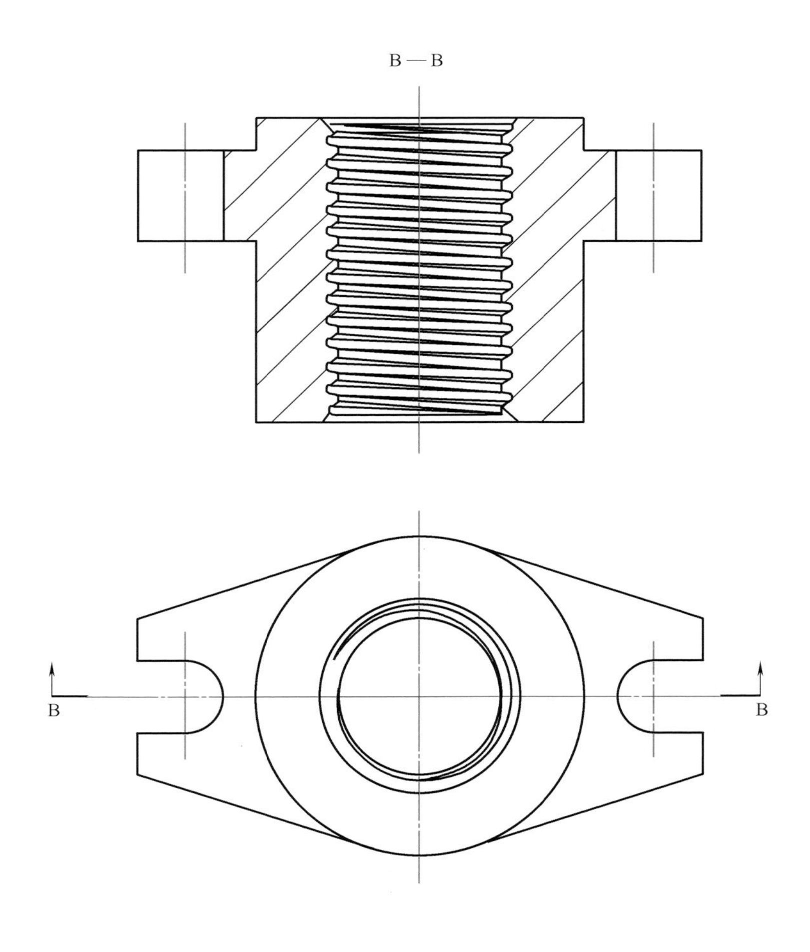

图 9-24　移动滑块工程图

3. 端盖（图 9-25）

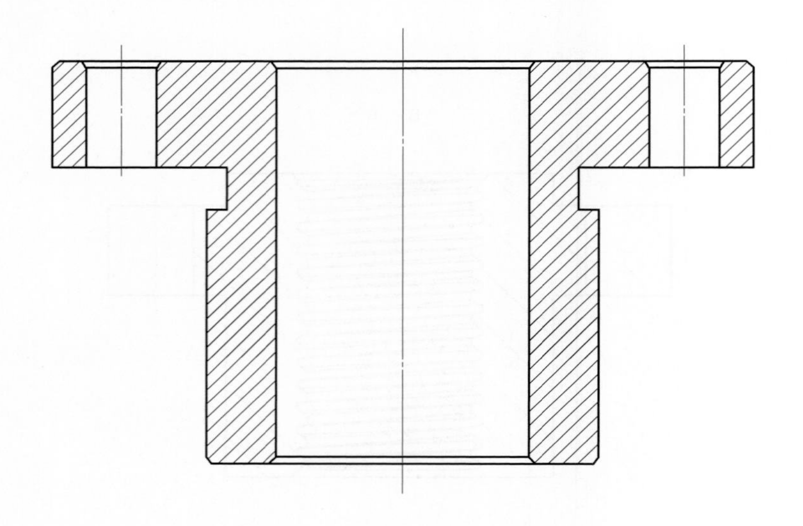

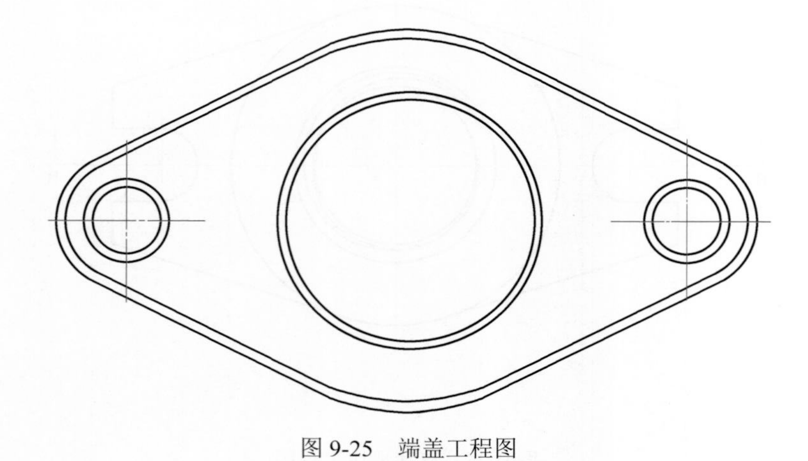

图 9-25　端盖工程图

4. 导柱（图 9-26）

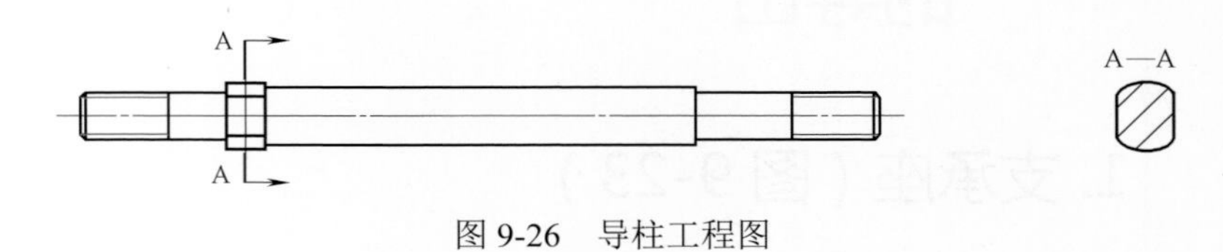

图 9-26　导柱工程图

5. 输入齿轮轴（图 9-27）

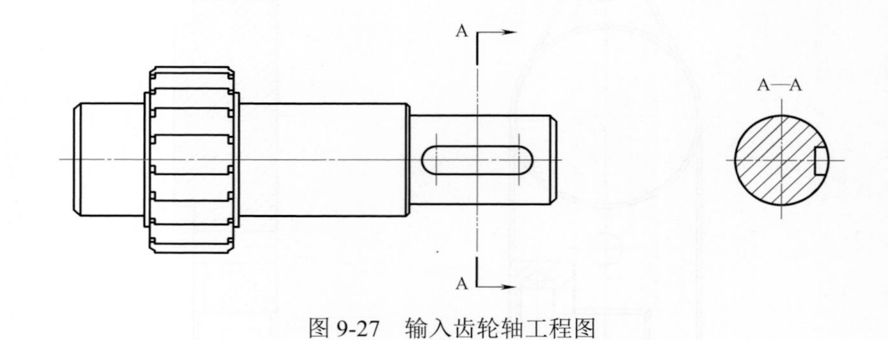

图 9-27　输入齿轮轴工程图

6. 输出齿轮轴（图 9-28）

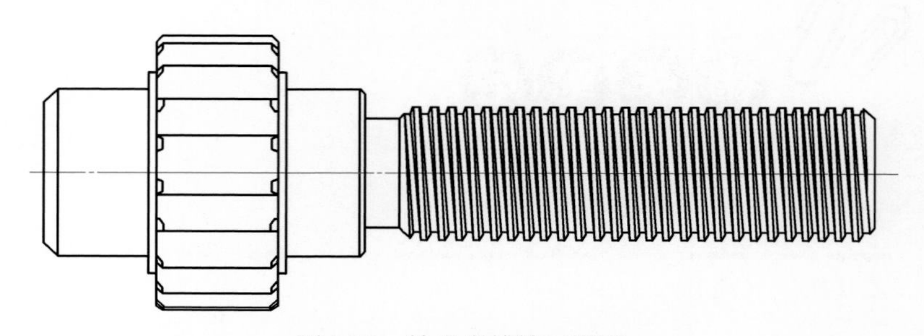

图 9-28　输出齿轮轴工程图

7. 机座（图 9-29）

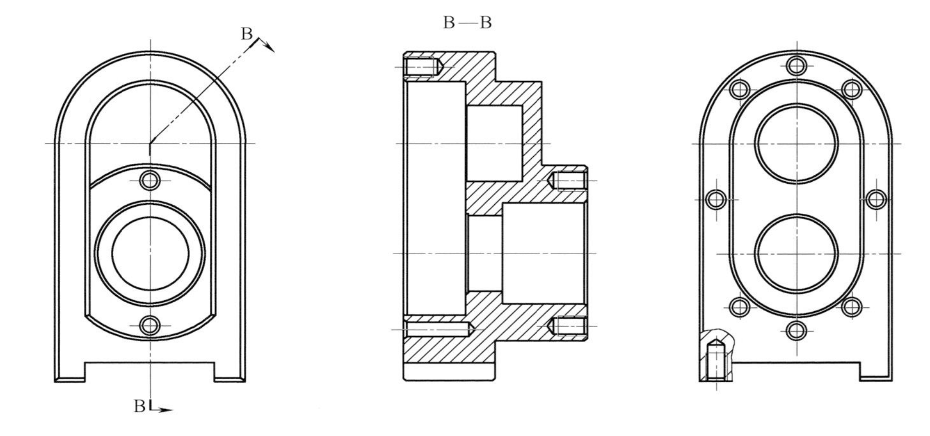

图 9-29 机座工程图

8. 机盖（图 9-30）

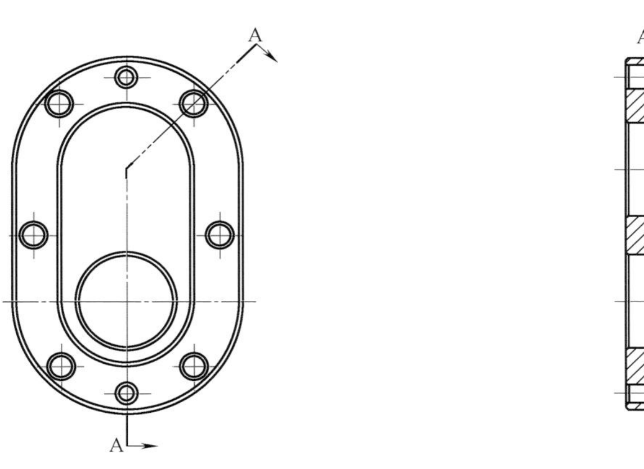

图 9-30 机盖工程图

9.1.4 齿轮螺旋机构零部件二维图样的视图表达与尺寸标注

1. 支承座（图 9-31）

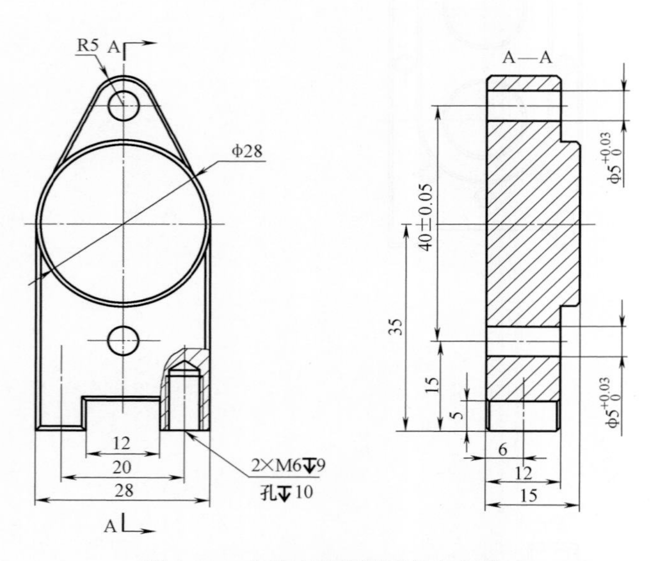

图 9-31　支承座的视图表达与标注

2. 移动滑块（图 9-32）

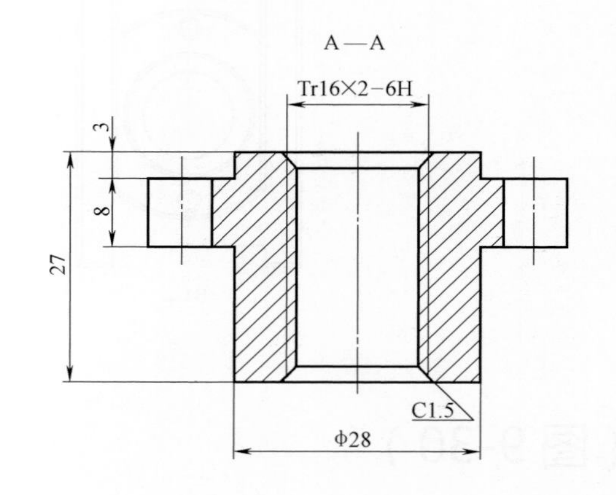

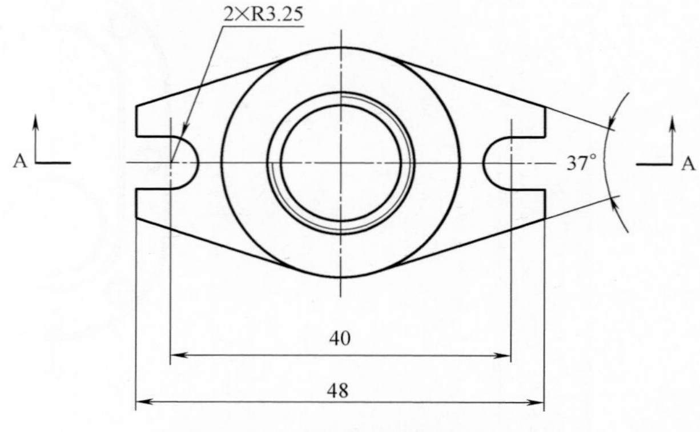

图 9-32　移动滑块的视图表达与标注

3. 端盖（图 9-33）

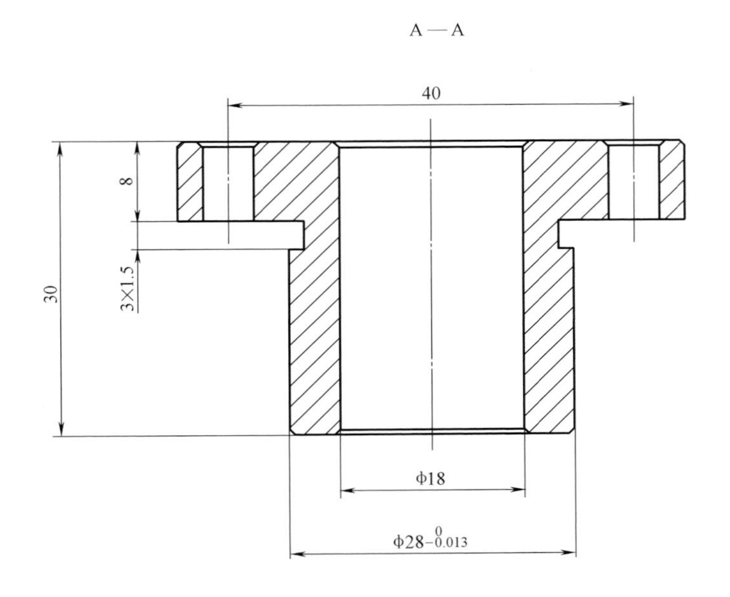

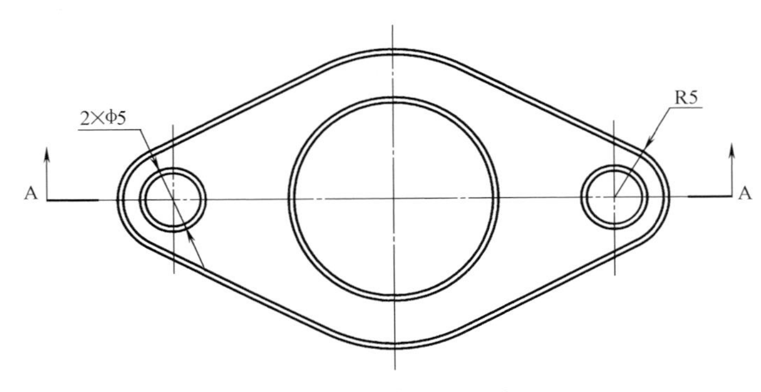

图 9-33　端盖的视图表达与标注

4. 导柱（图 9-34）

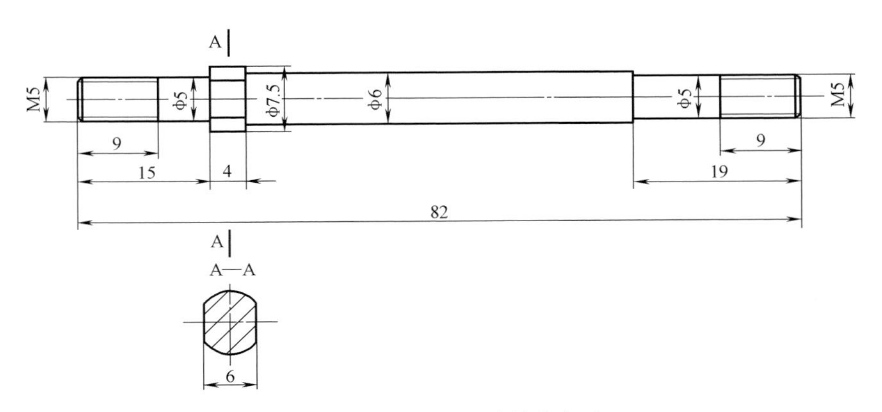

图 9-34　导柱的视图表达与标注

5. 输入齿轮轴（图 9-35）

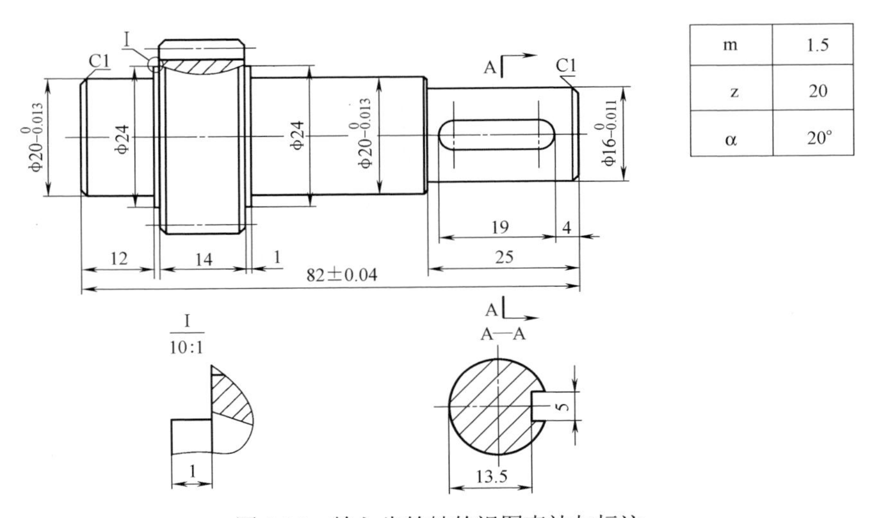

m	1.5
z	20
α	20°

图 9-35　输入齿轮轴的视图表达与标注

6. 输出齿轮轴（图 9-36）

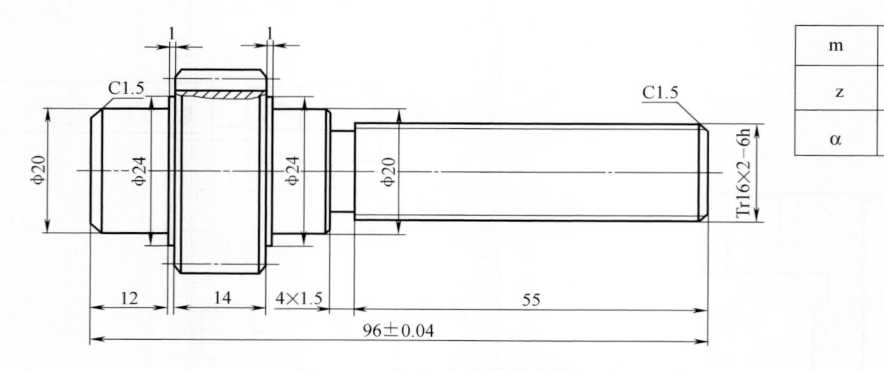

图 9-36　输出齿轮轴的视图表达与标注

7. 机座（图 9-37）

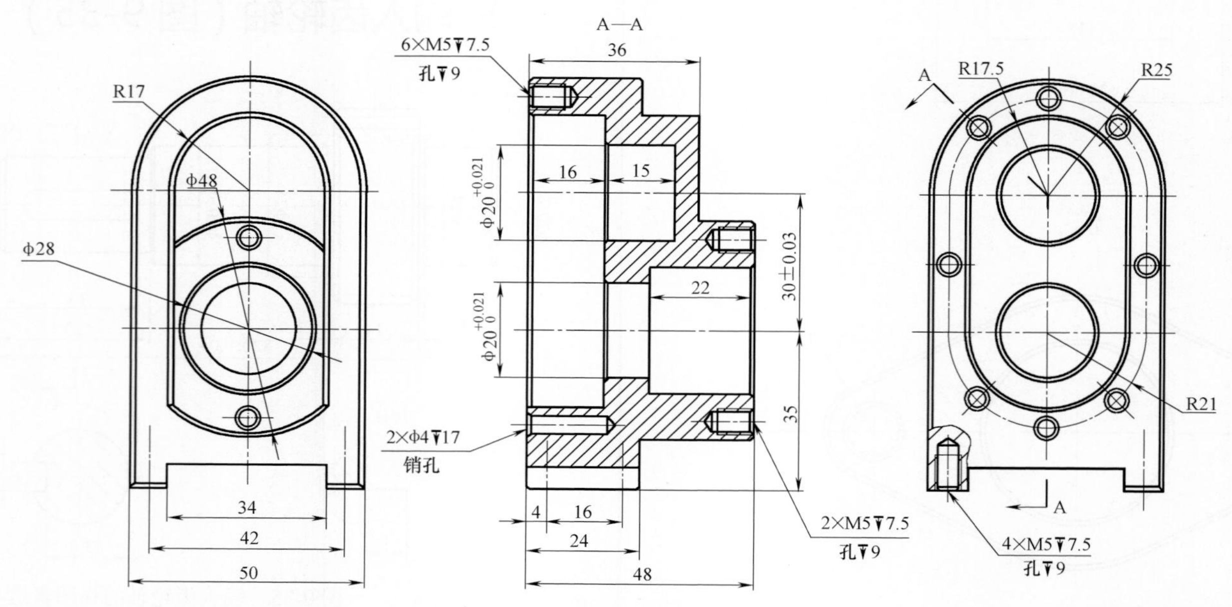

图 9-37　机座的视图表达与标注

8. 机盖（图 9-38）

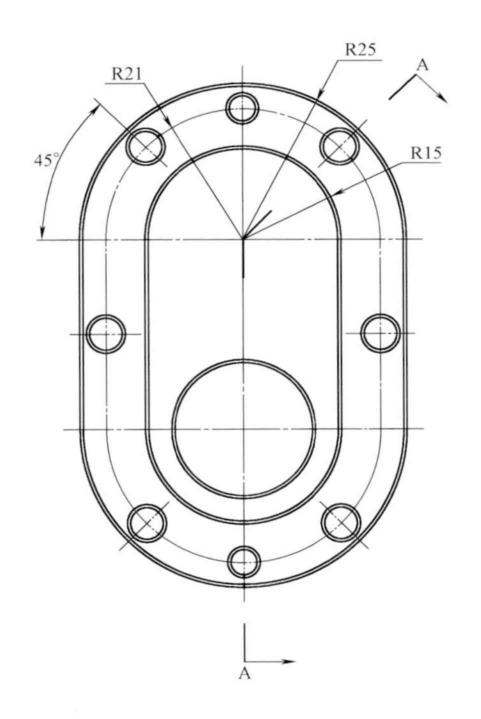

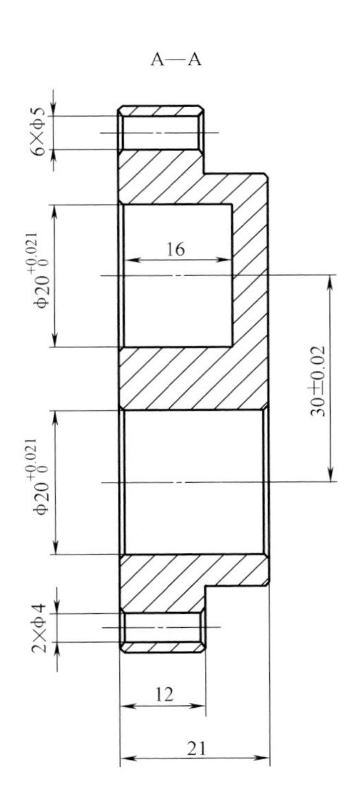

图 9-38　机盖的视图表达与标注

9.1.5 齿轮螺旋机构零部件几何公差与表面粗糙度及技术要求的书写

1. 支承座（图 9-39）

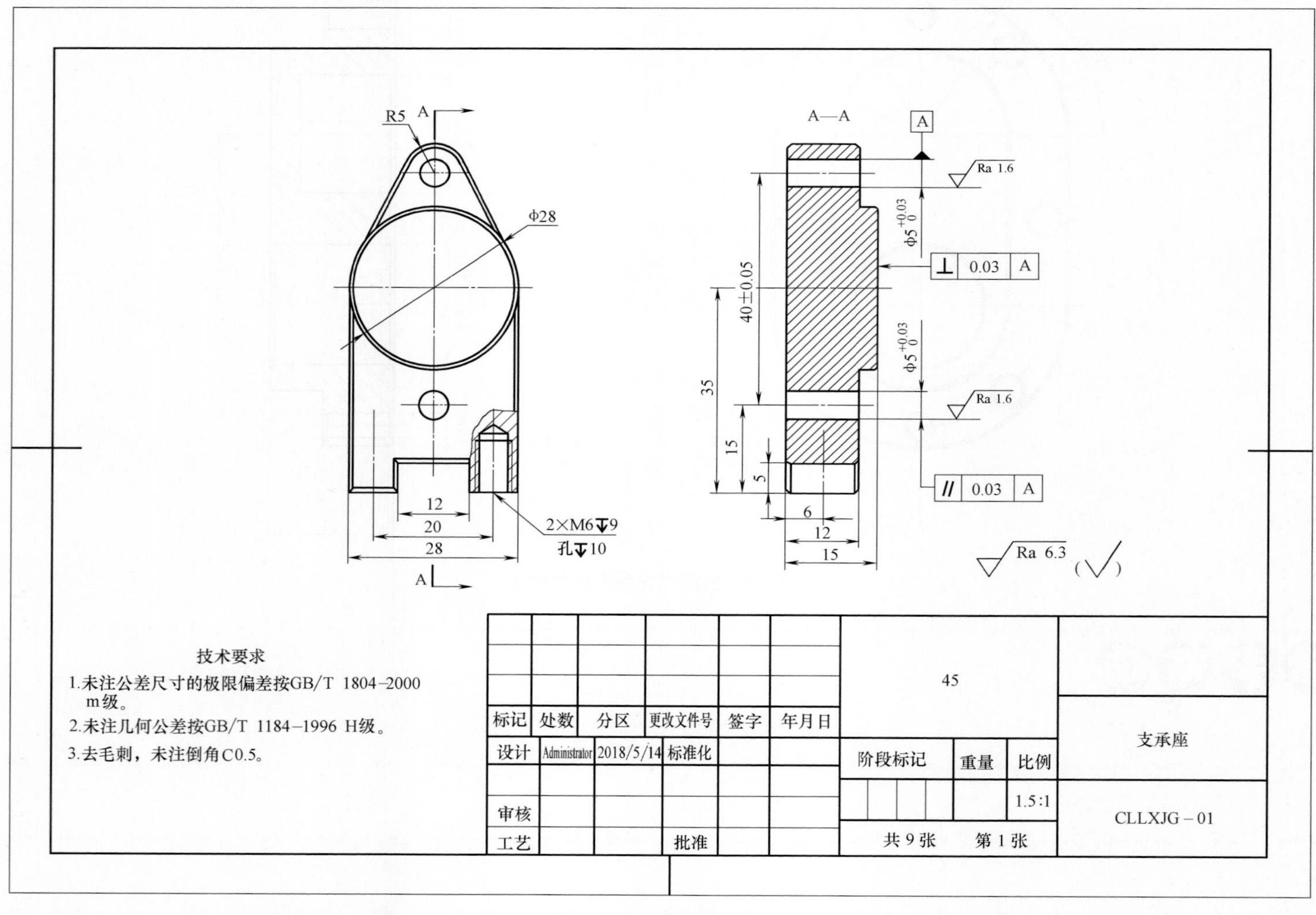

图 9-39 支承座零件图

2. 移动滑块（图 9-40）

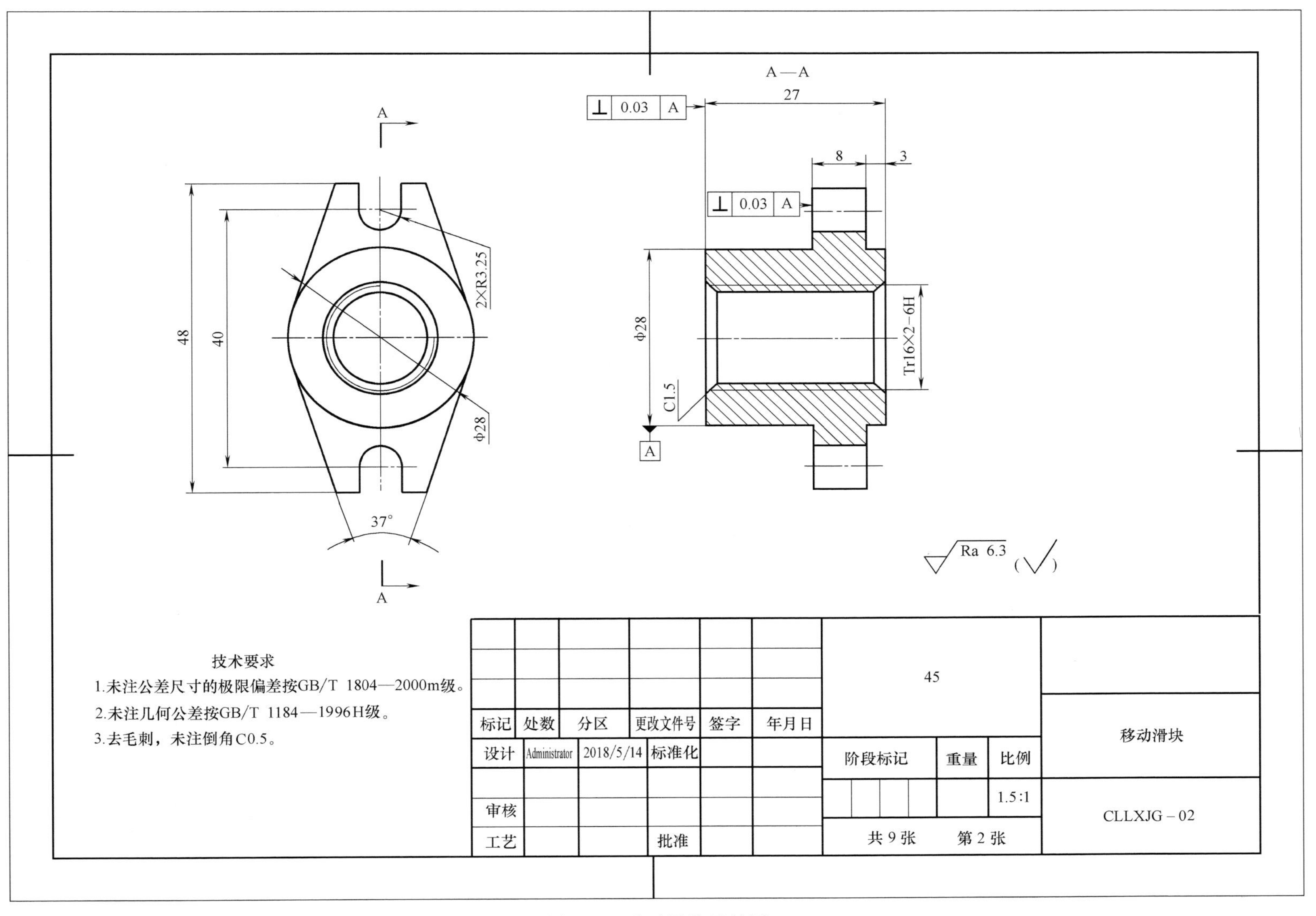

图 9-40　移动滑块零件图

3. 端盖（图 9-41）

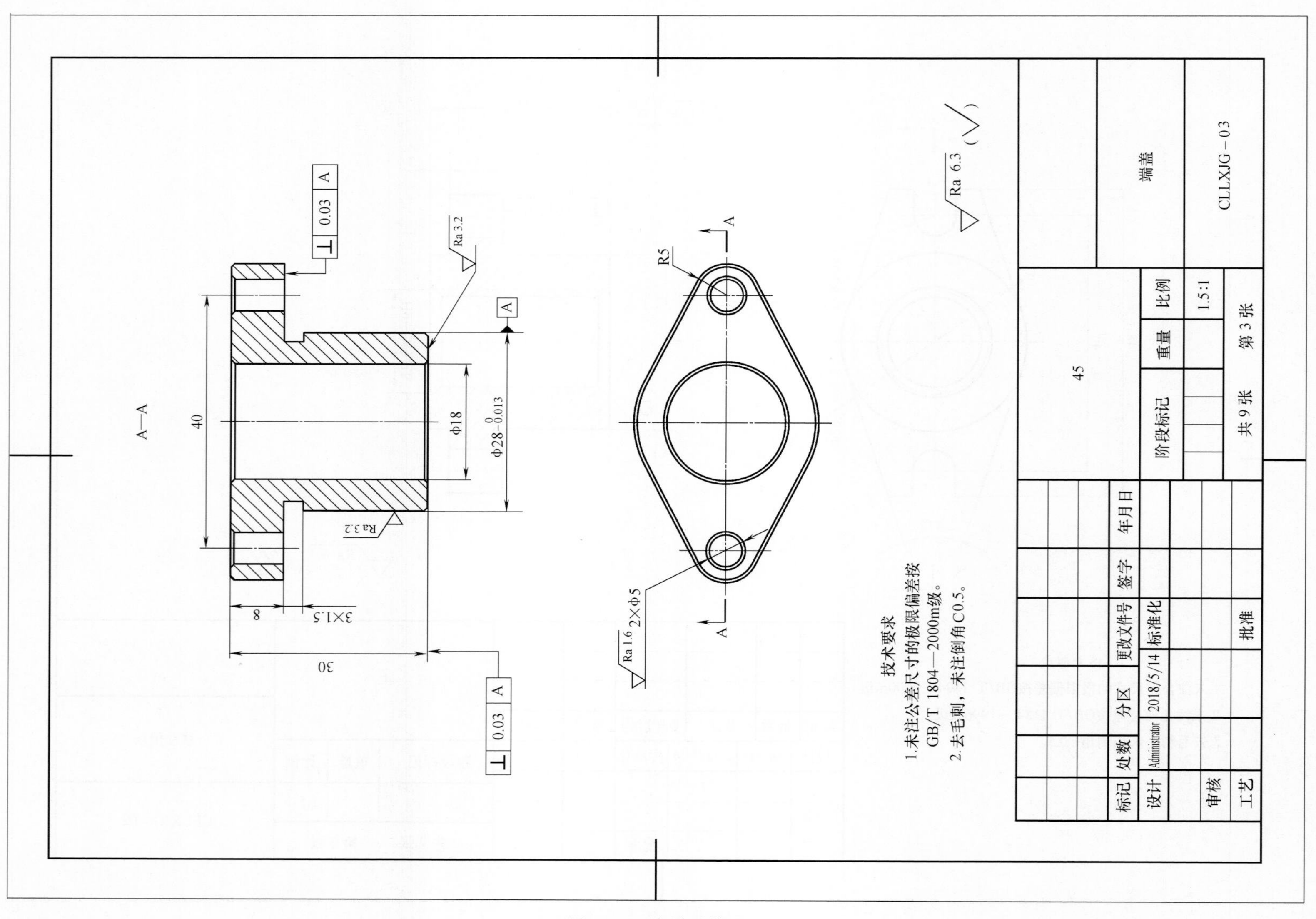

图 9-41　端盖零件图

4. 导柱（图 9-42）

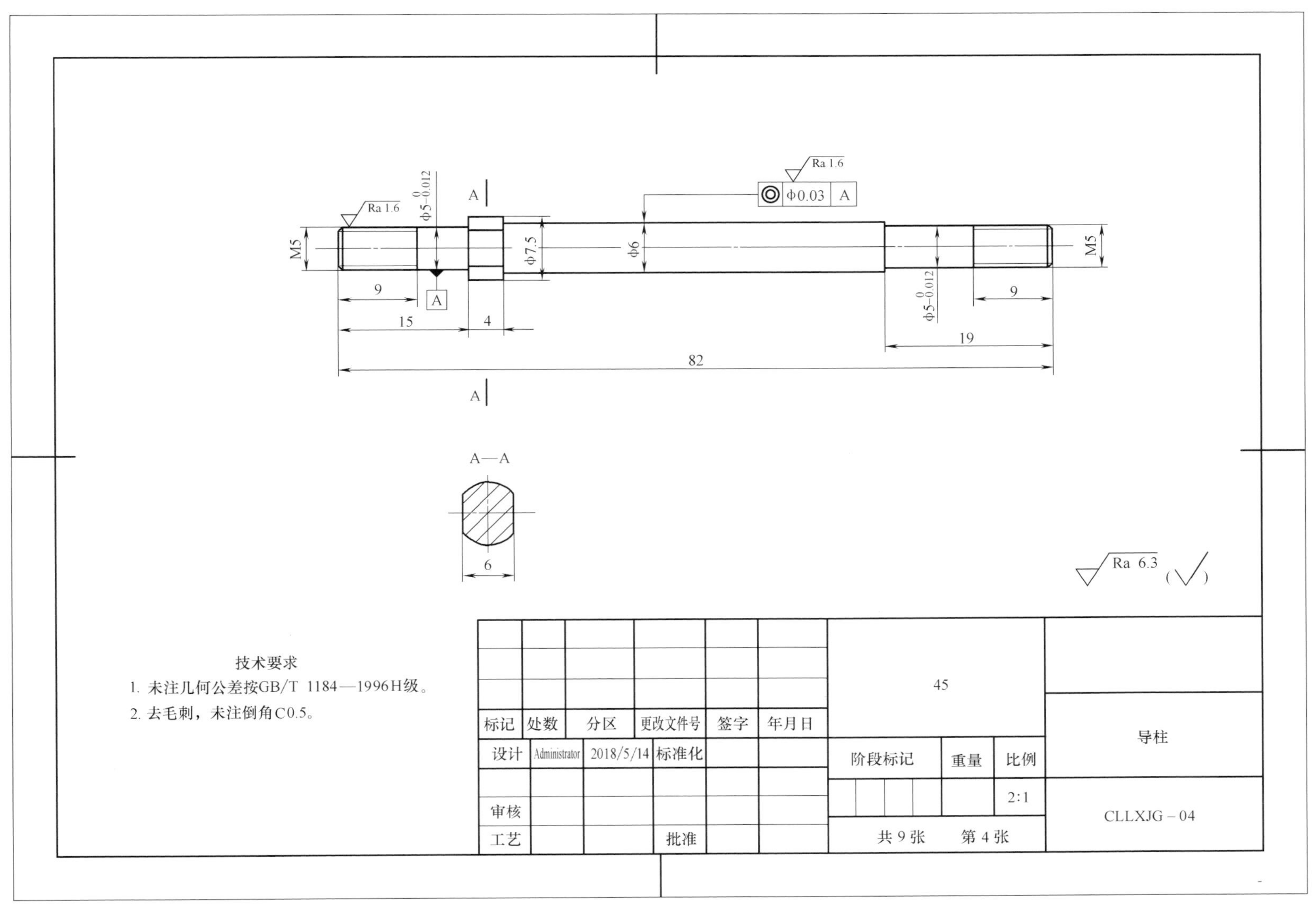

图 9-42 导柱零件图

5. 输入齿轮轴（图 9-43）

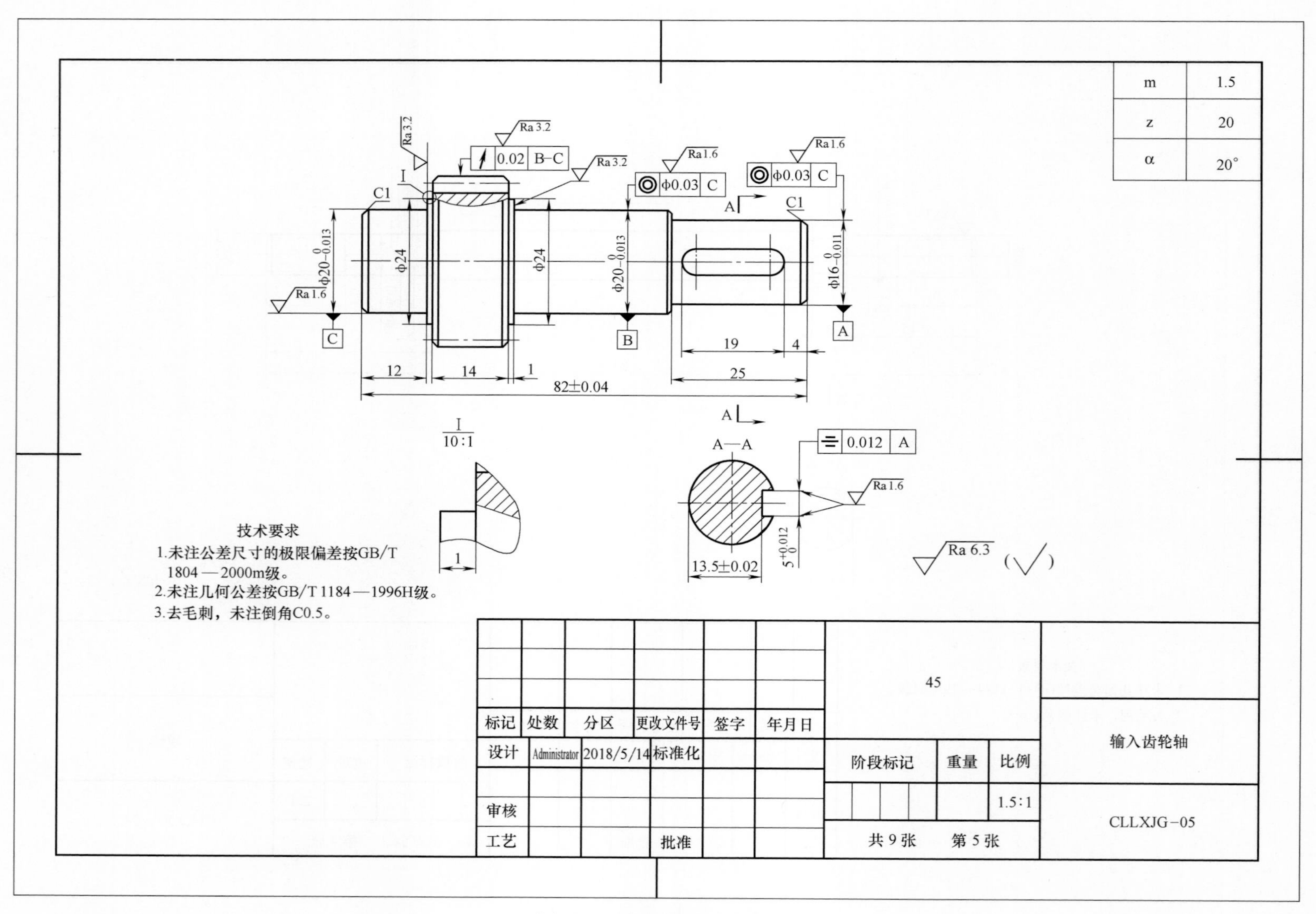

图 9-43　输入齿轮轴零件图

6. 输出齿轮轴（图 9-44）

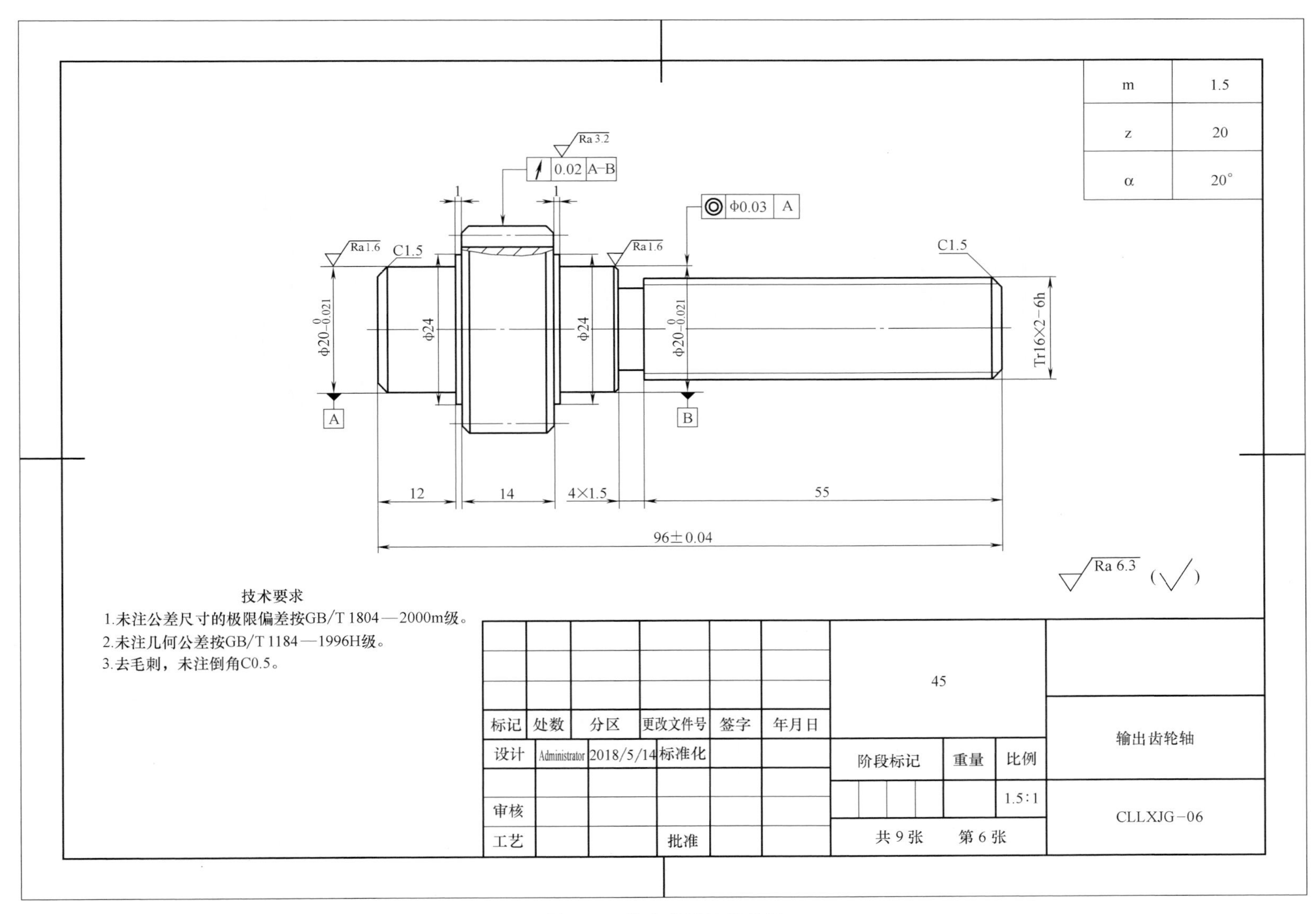

图 9-44 输出齿轮轴零件图

7. 机座（图 9-45）

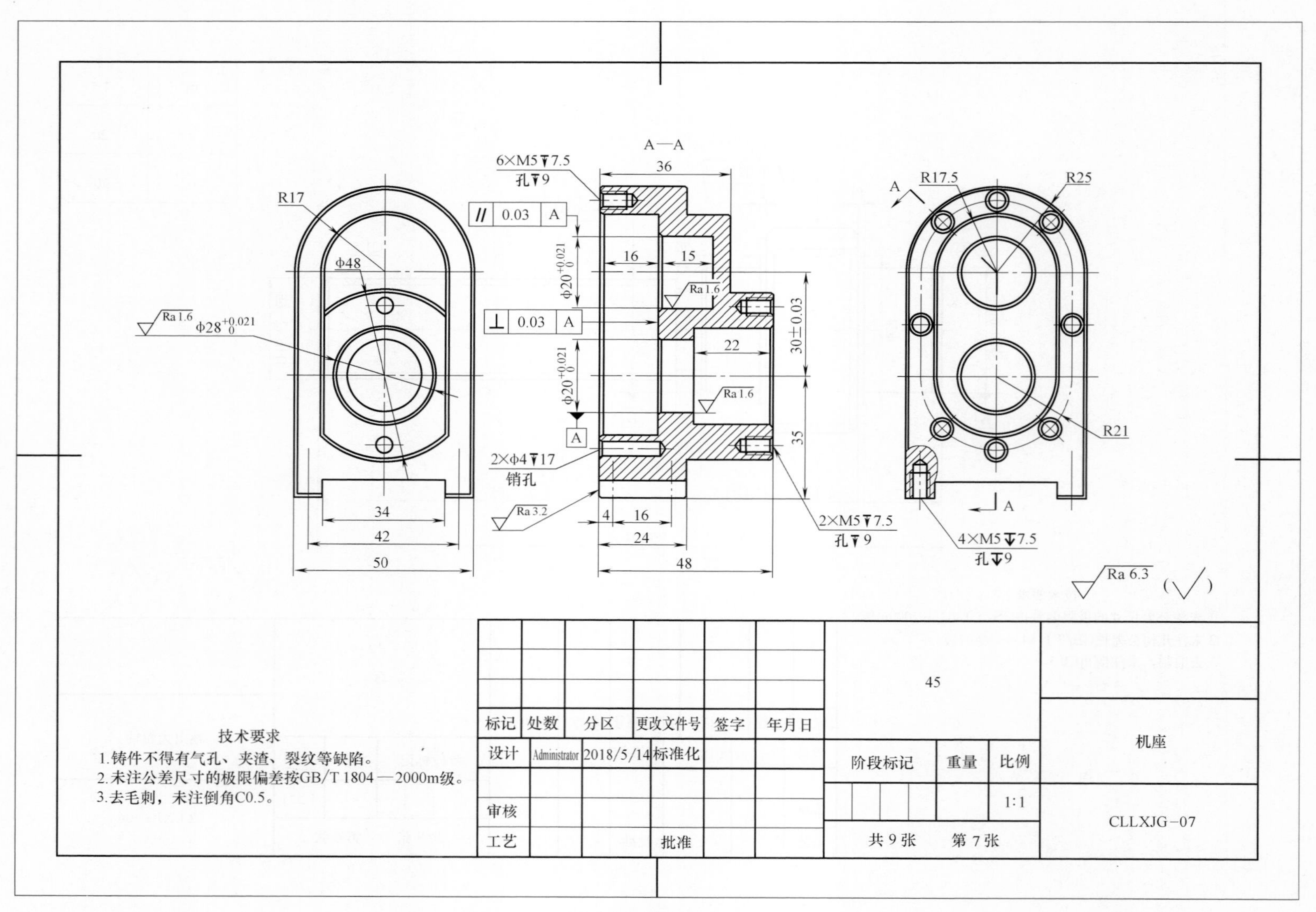

图 9-45 机座零件图

8. 机盖（图 9-46）

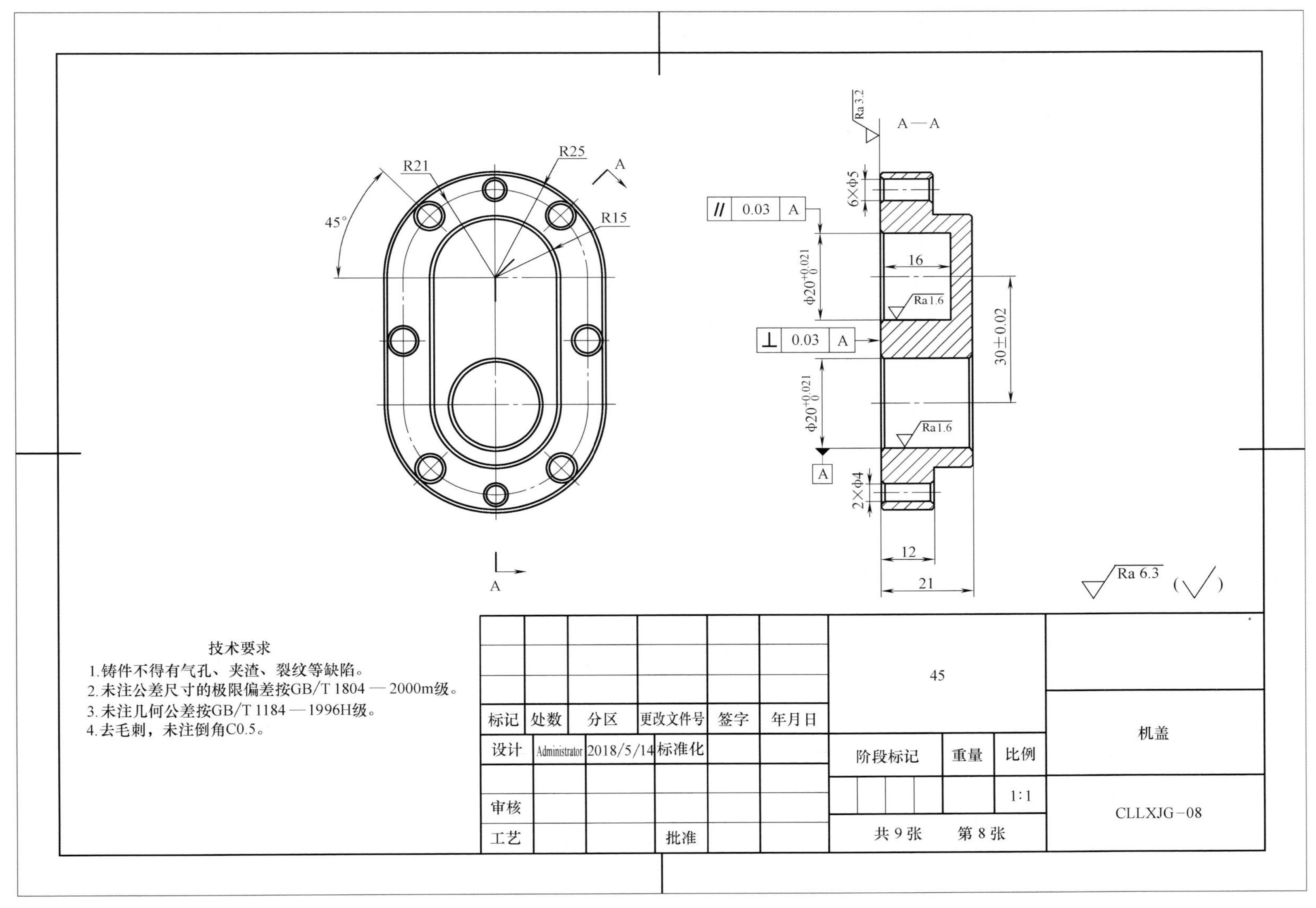

图 9-46 机盖零件图

9. 齿轮螺旋机构装配图

如图 9-47 所示，本结构的装配关系只需要两个视图即可表达清楚，具体的装配尺寸及零件明细均可由装配图简图中查得。

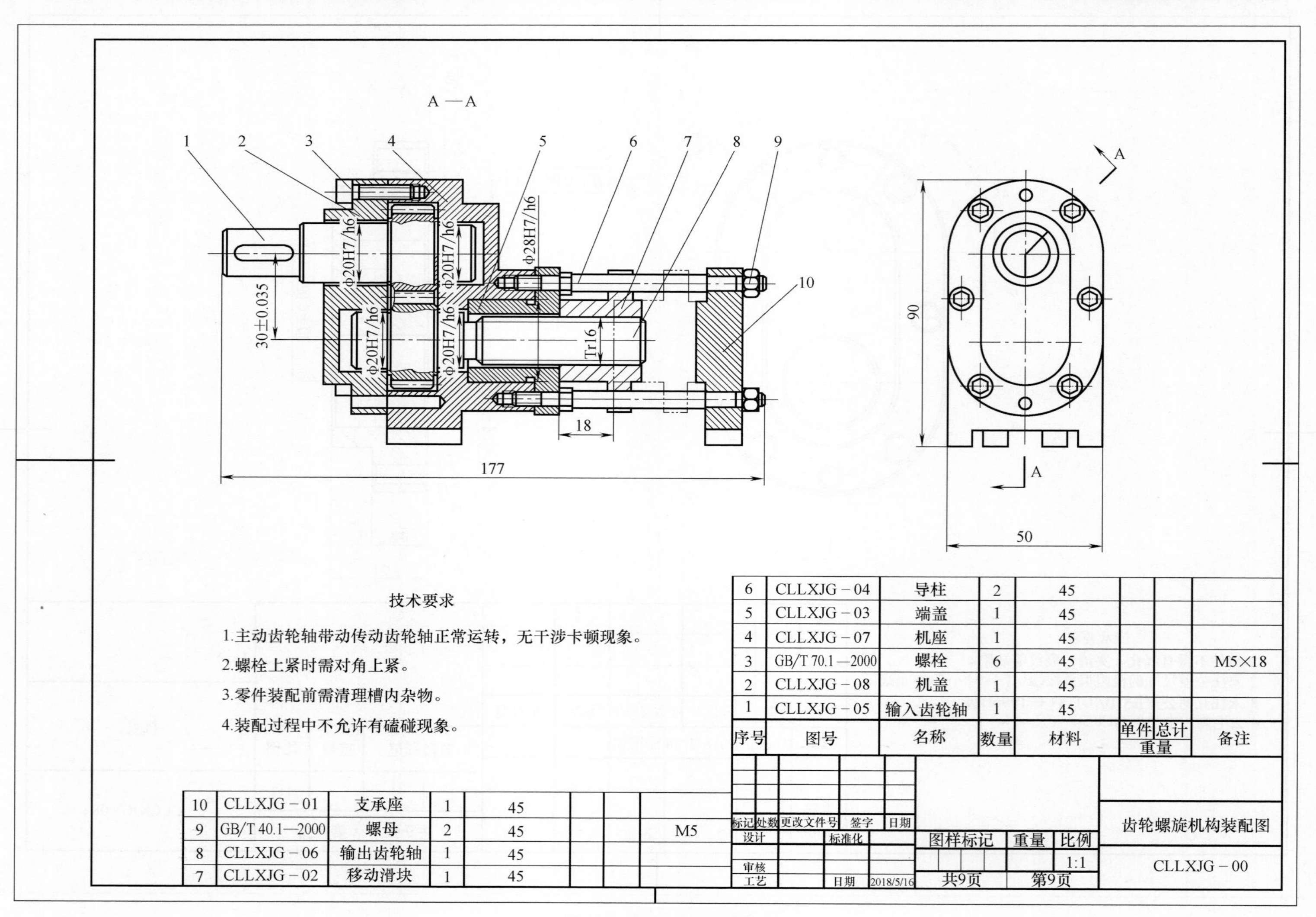

图 9-47　齿轮螺旋机构装配图

9.2 减速器的测绘

9.2.1 减速器零部件尺寸的测量与确定

1. 齿轮尺寸的测量（图 9-48 和图 9-49）

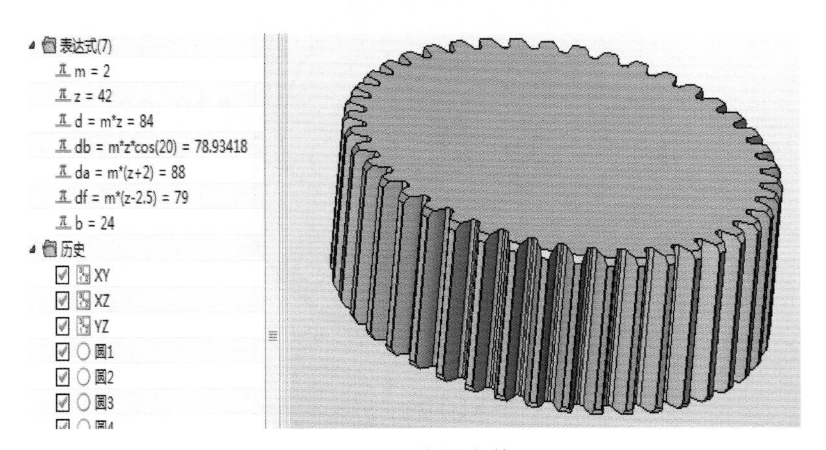

图 9-48　齿轮参数

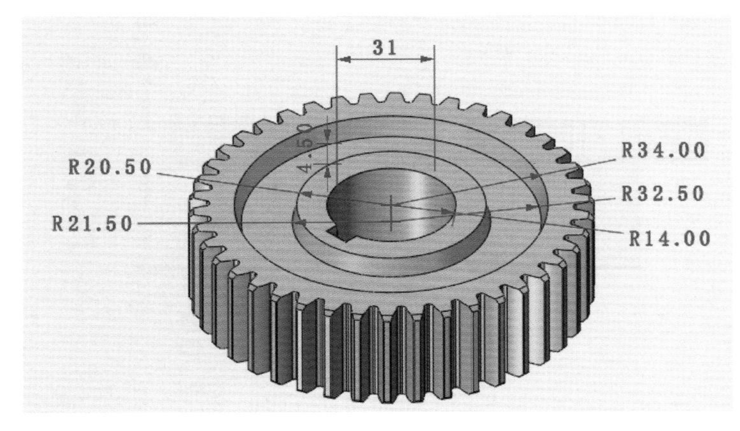

图 9-49　齿轮尺寸

2. 齿轮轴尺寸的测量（图 9-50）

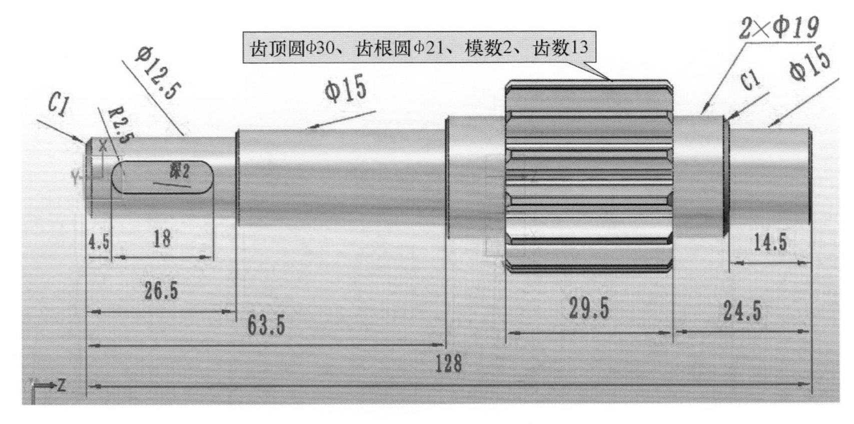

图 9-50　齿轮轴尺寸

3. 大套筒尺寸的测量（图 9-51）

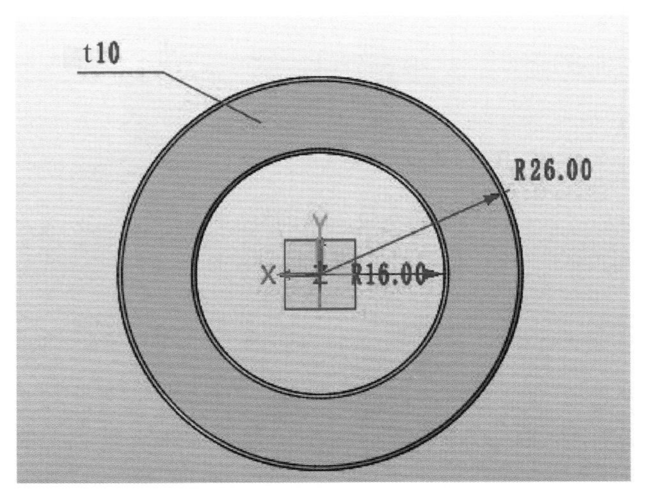

图 9-51　大套筒尺寸

4. 输出轴尺寸的测量（图 9-52）

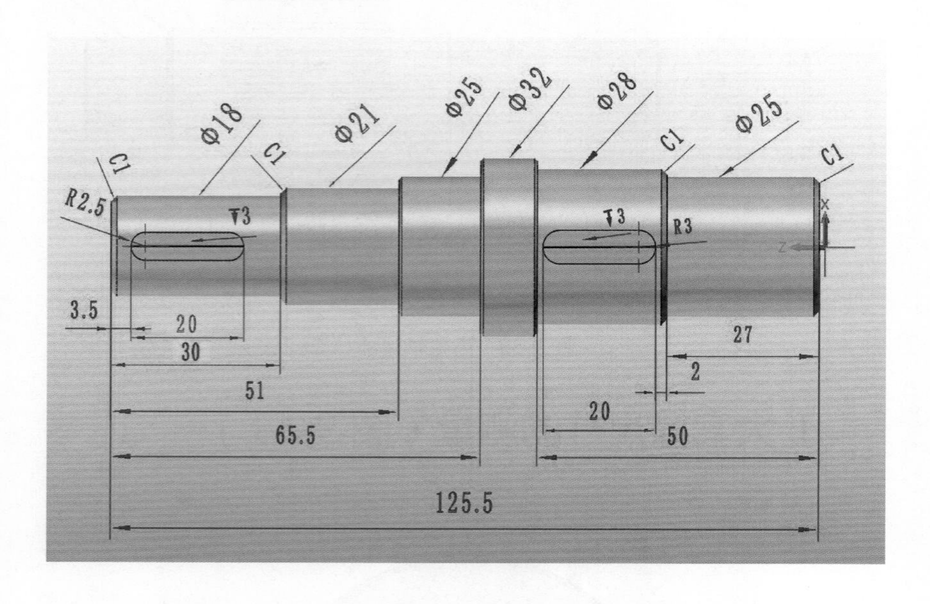

图 9-52　输出轴尺寸

5. 输出轴端盖尺寸的测量（图 9-53）

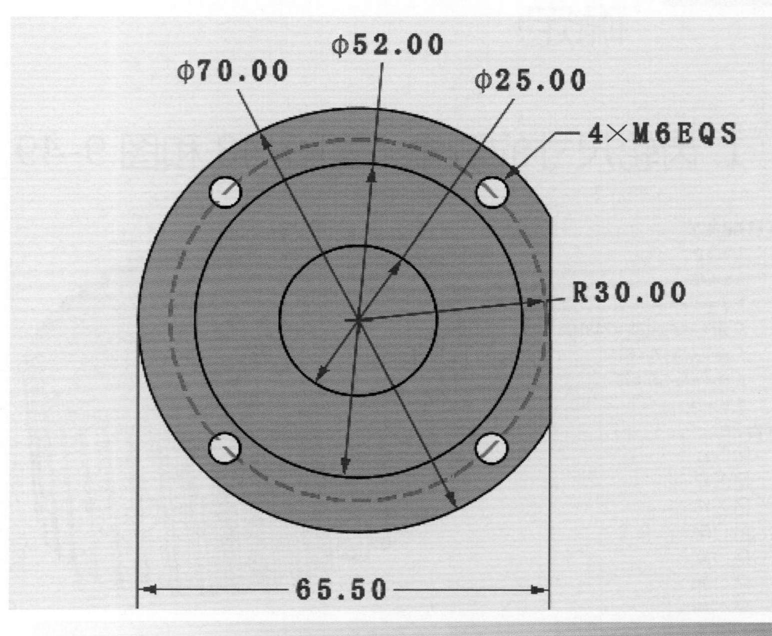

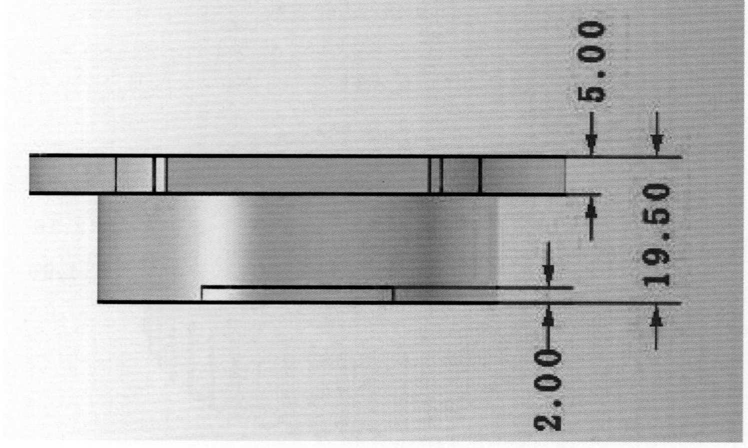

图 9-53　输出轴端盖尺寸

6. 输出轴透盖尺寸的测量（图 9-54）

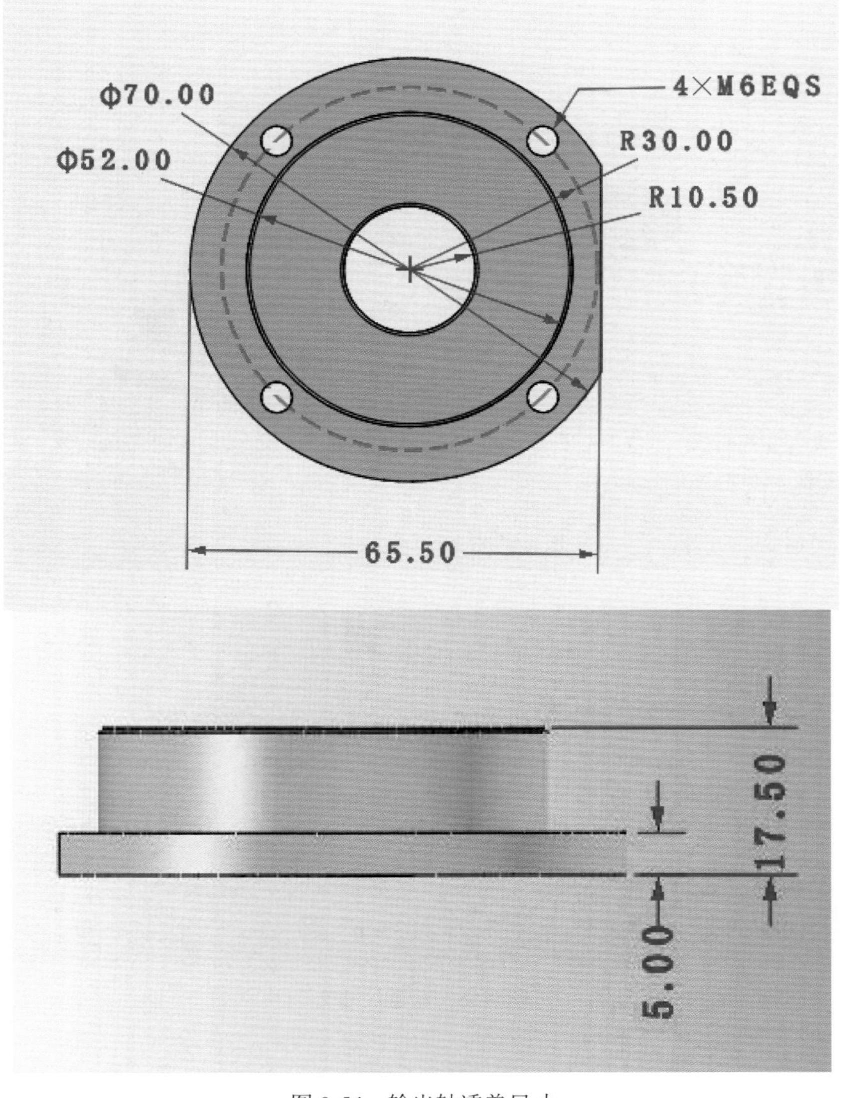

图 9-54 输出轴透盖尺寸

7. 输入轴端盖尺寸的测量（图 9-55）

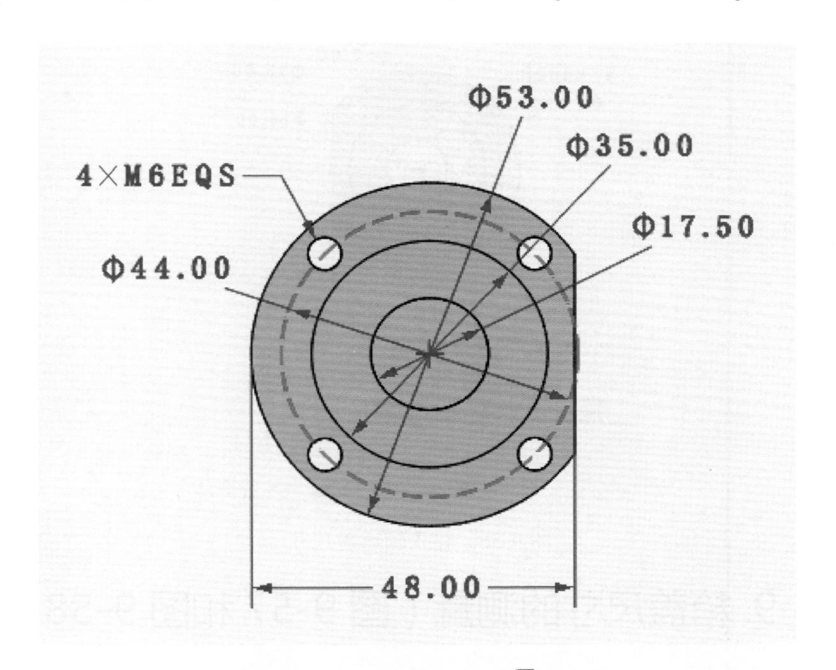

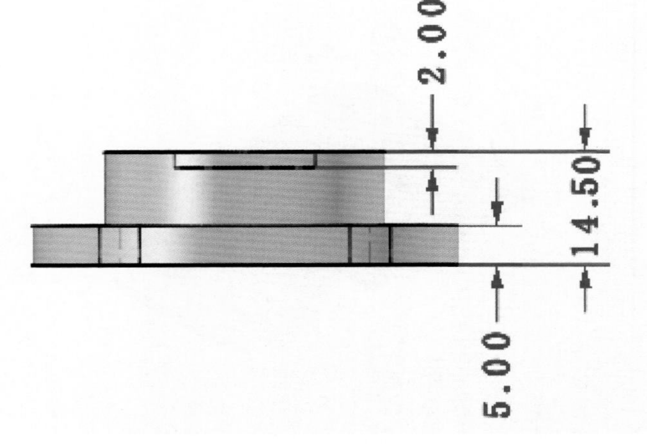

图 9-55 输入轴端盖尺寸

8. 输入轴透盖尺寸的测量（图 9-56）

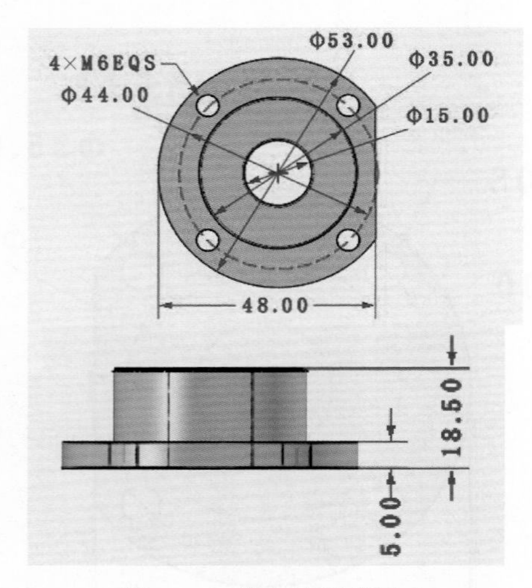

图 9-56　输入轴透盖尺寸

9. 箱盖尺寸的测量（图 9-57 和图 9-58）

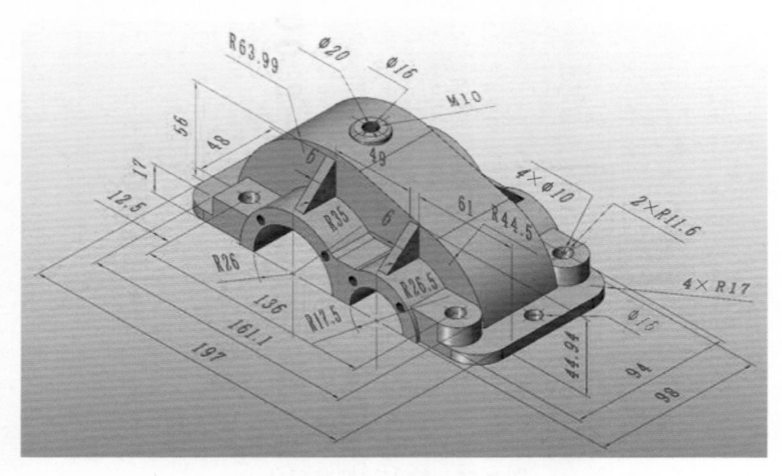

图 9-57　箱盖尺寸 1

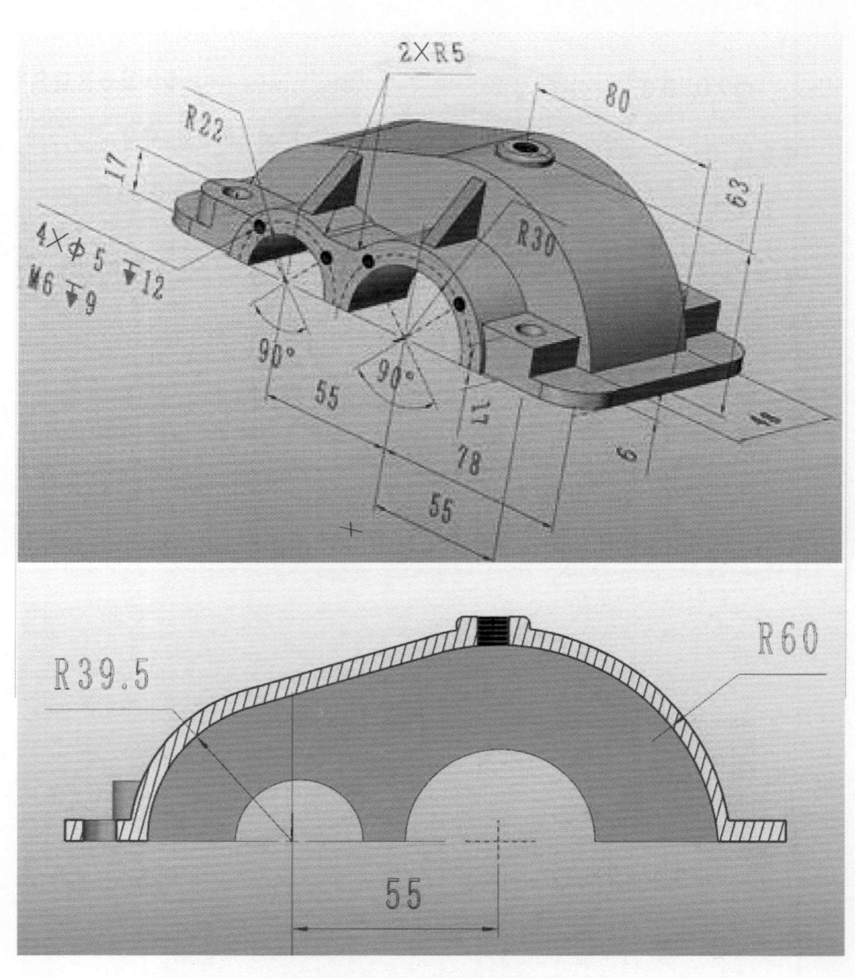

图 9-58　箱盖尺寸 2

10. 小套筒尺寸的测量（图 9-59）

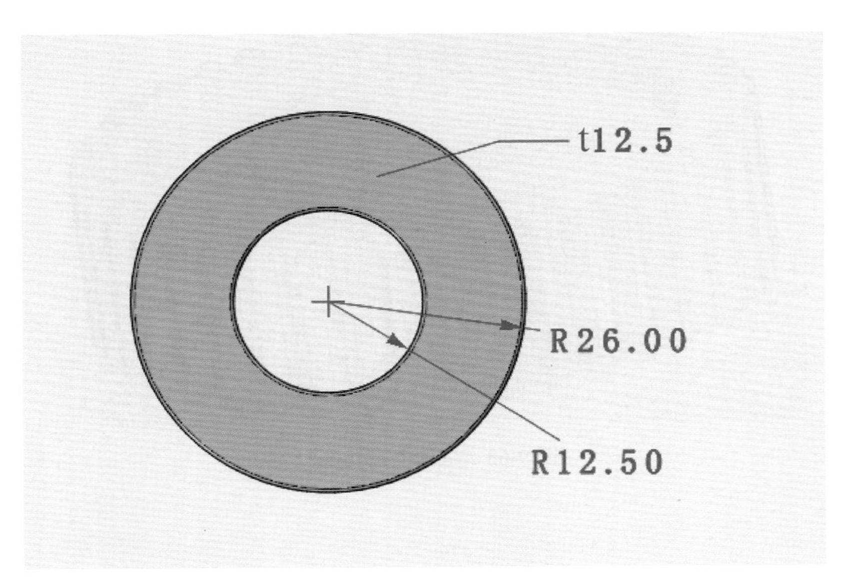

图 9-59　小套筒尺寸

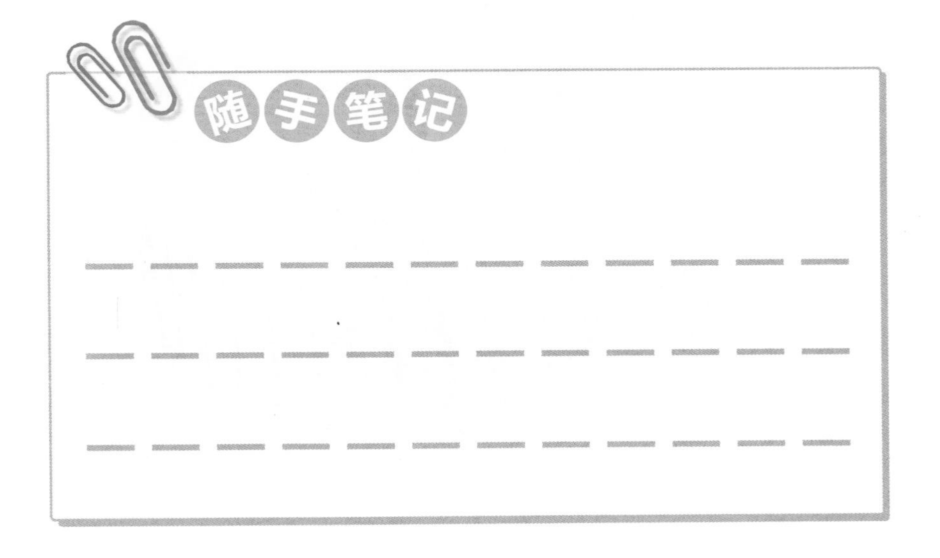

11. 箱座尺寸的测量（图 9-60 和图 9-61）

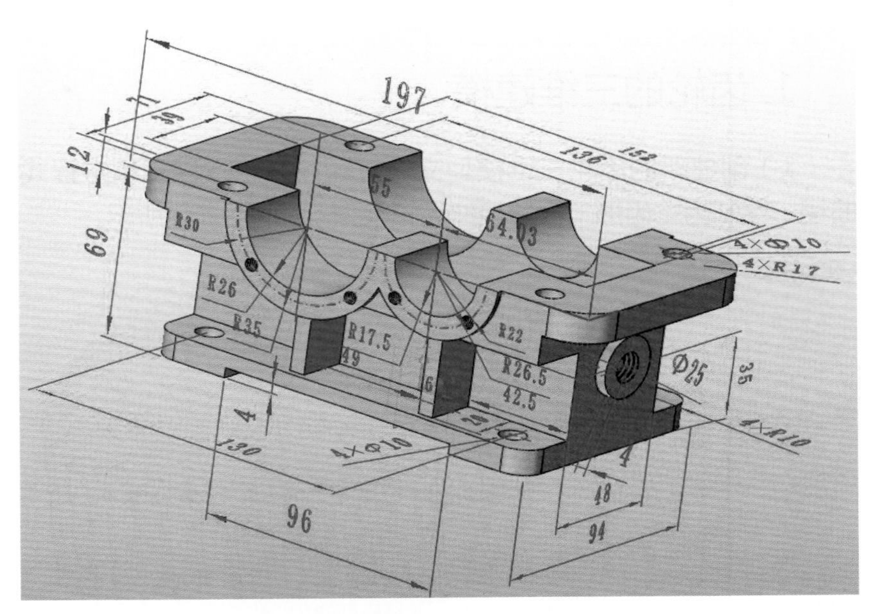

图 9-60　箱座尺寸 1

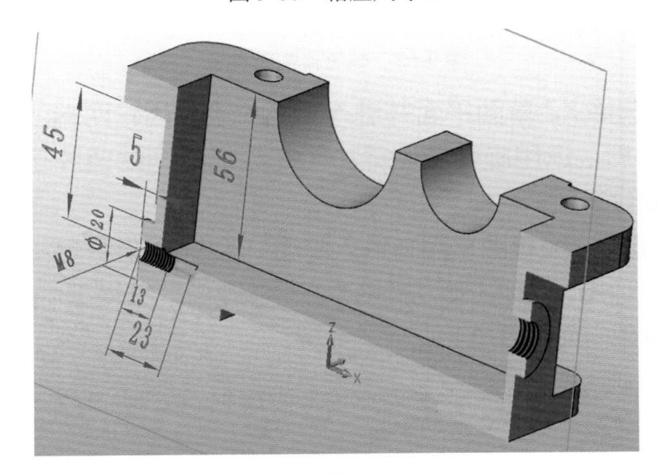

图 9-61　箱座尺寸 2

9.2.2 减速器零部件的三维建模

1. 齿轮的三维建模

1）创建新的齿轮三维模型文件，插入齿轮方程式和方程式曲线，绘制齿轮齿形，然后拉伸齿轮模型，如图 9-62 所示。

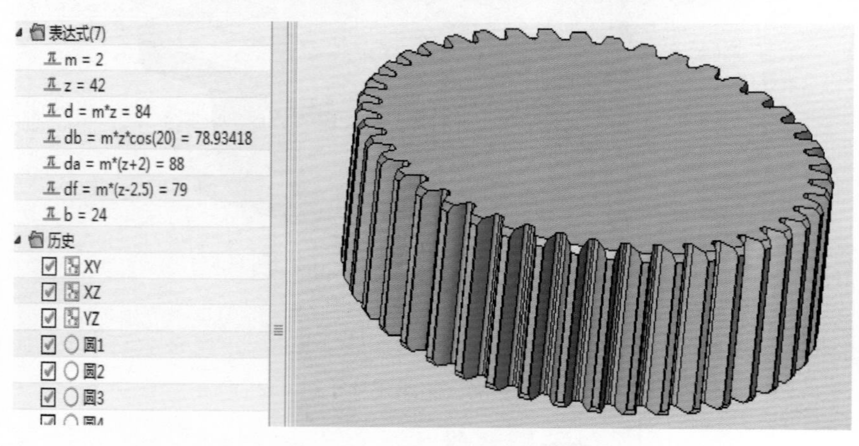

图 9-62 减速器齿轮参数

2）选择 XZ 草图平面并进入草图，绘制齿轮两端凹腔轮廓，退出草图后，运用旋转减运算功能完成齿轮两端凹腔三维模型，如图 9-63 所示。

3）选择 XY 草图平面并进入草图，绘制孔与键槽轮廓，退出草图后，运用拉伸减运算功能完成孔与键槽三维模型，最后对各个锐边倒角，如图 9-64 所示。

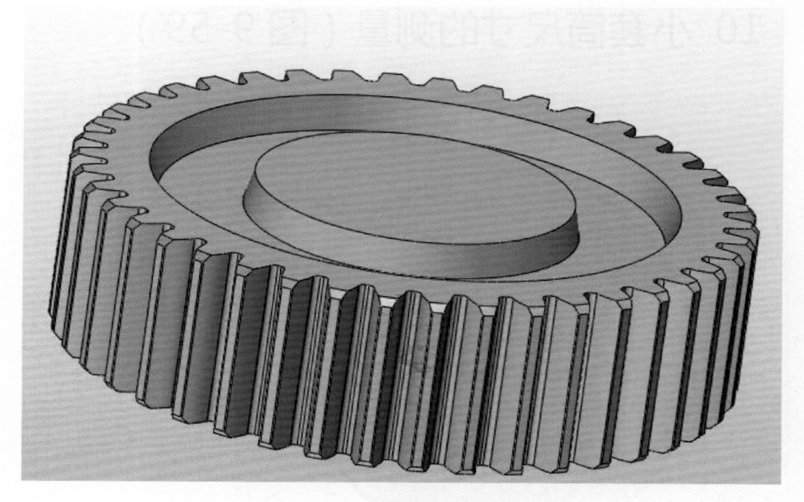

图 9-63 减速器齿轮凹腔

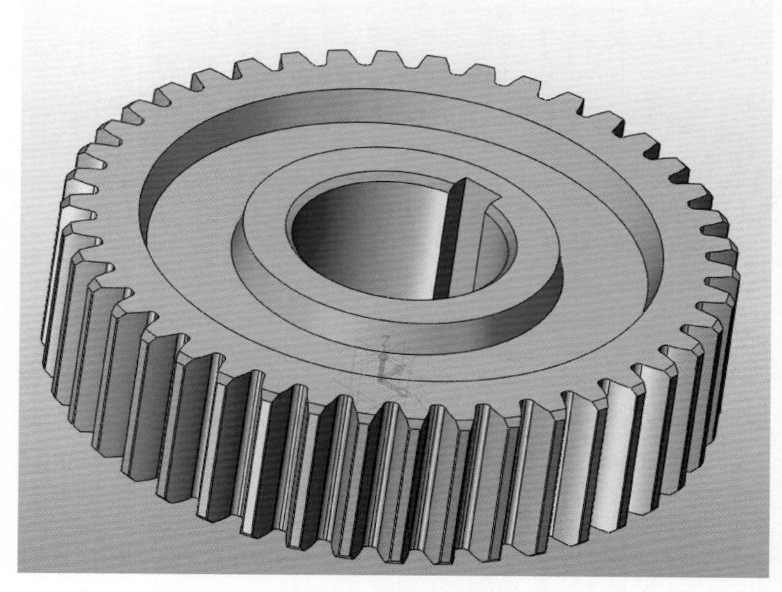

图 9-64 减速器齿轮

2. 齿轮轴的三维建模

1）创建新的齿轮轴三维模型文件，插入齿轮方程式和方程式曲线，绘制齿轮齿形，然后拉伸齿轮模型，如图 9-65 所示。

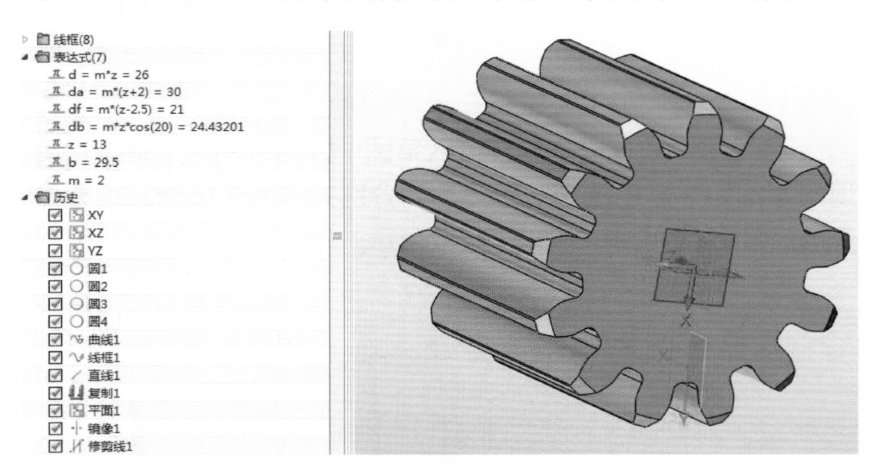

图 9-65　齿轮轴齿轮

2）单击“圆柱体”命令，在齿轮圆心拉伸ϕ24mm 台阶，两端拉伸长度各为 10mm、10.5mm，拉伸ϕ7.5mm 台阶，两端拉伸高度各为 14.5mm、37mm；拉伸ϕ12.5mm 台阶，拉伸高度为 26.5mm，如图 9-66 所示。

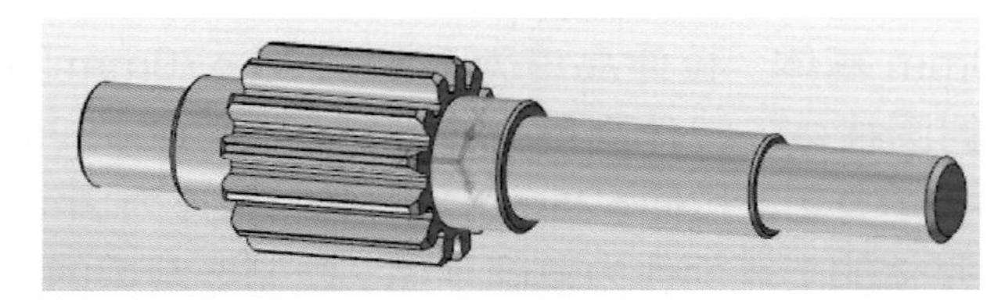

图 9-66　齿轮轴主体

3）选择 XZ 草图平面并进入草图，绘制键槽轮廓，退出草图后，运用拉伸减运算功能完成键槽三维模型，最后对各个锐边倒角，如图 9-67 所示。

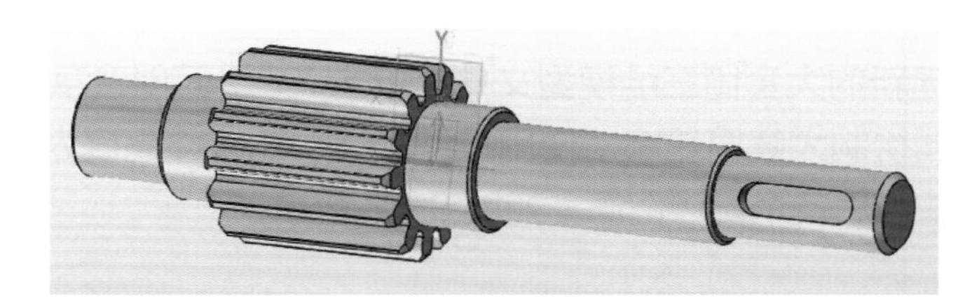

图 9-67　齿轮轴

随手笔记

3. 大套筒三维建模

创建新的大套筒三维模型文件，单击 XY 平面创建草图平面，进入草图绘制大套筒轮廓，使用拉伸基体功能拉伸高度为 10mm 的模型，最后各个锐边倒角，如图 9-68 所示。

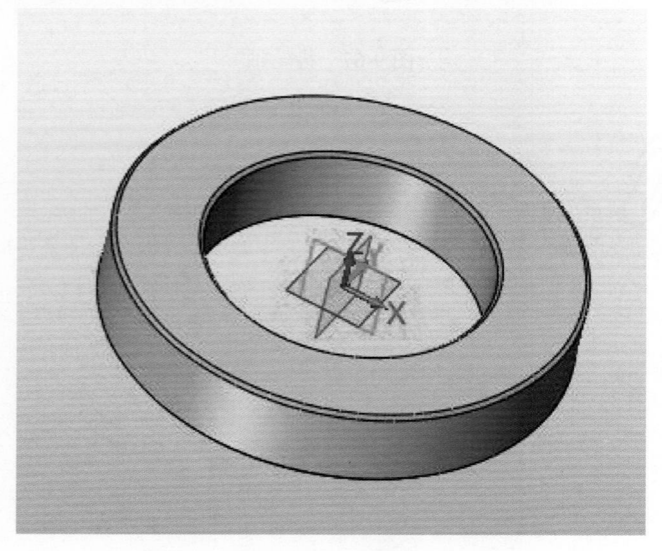

图 9-68 大套筒

4. 输出轴三维建模

1）创建新的输出轴三维模型文件，单击“圆柱体”命令，拉伸 ϕ25mm 台阶，拉伸高度为 27mm，以 ϕ25mm 圆心拉伸 ϕ28mm 的台阶，拉伸高度为 23mm，拉伸 ϕ32mm 的台阶，拉伸高度为 10mm，拉伸 ϕ25mm 的台阶，拉伸高度为 14.5mm；拉伸ϕ21mm 的台阶，拉伸高度为 21mm；拉伸ϕ18mm 的台阶，拉伸高度为 30mm，如图 9-69 所示。

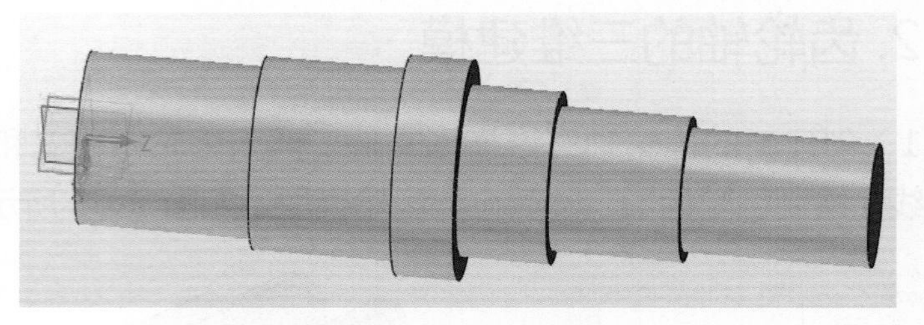

图 9-69 输出轴主体

2）创建 XZ 草图平面并进入草图，分别绘制两个键槽轮廓，退出草图后，运用拉伸减运算功能分别完成两个键槽三维模型，最后对各个锐边倒角，如图 9-70 所示。

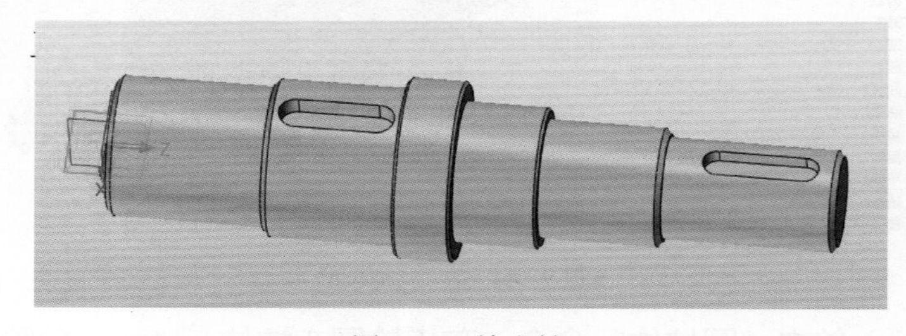

图 9-70 输出轴

5. 输出轴端盖的三维建模

创建新的输出轴端盖三维模型文件，单击“圆柱体”命令，拉伸 ϕ70mm 基体，拉伸高度为 5mm；以 ϕ70mm 圆心拉伸 ϕ52mm 的圆柱体，拉伸高度为 14.5mm；再以 ϕ52mm 圆心运用拉伸减运算功能拉伸 ϕ25mm 圆柱体，深度为 2mm。选择 ϕ70mm 基体的上表面作为草图平面，绘制要裁剪的部分，以及 4 个 M6 螺纹通孔轮廓，然后退出草图界面，运用拉伸减运算功能进行裁剪，完成拉伸；单击“孔”→“螺纹孔”命令，拉伸 M6 螺纹通孔，最后各锐边倒角，如图 9-71 所示。

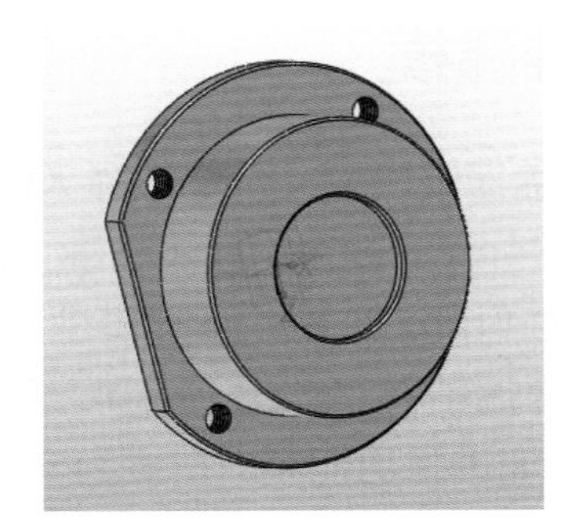

图 9-71　输出轴端盖

6. 输出轴透盖的三维建模

创建新的输出轴透盖三维模型文件，单击“圆柱体”命令，拉伸 ϕ70mm 基体，拉伸高度为 5mm；以 ϕ70mm 圆心拉伸 ϕ52mm 圆柱体，拉伸高度为 12.5mm；再以 ϕ52mm 圆心运用拉伸减运算功能切出 R10.5mm 通孔。选择 ϕ70mm 基体的上表面作为草图平面，绘制要裁剪的部分，以及 4 个 M6 螺纹通孔轮廓，退出草图界面；运用拉伸减运算功能进行裁剪，单击“孔”→“螺纹孔”命令，拉伸 M6 螺纹通孔，最后各锐边倒角，如图 9-72 所示。

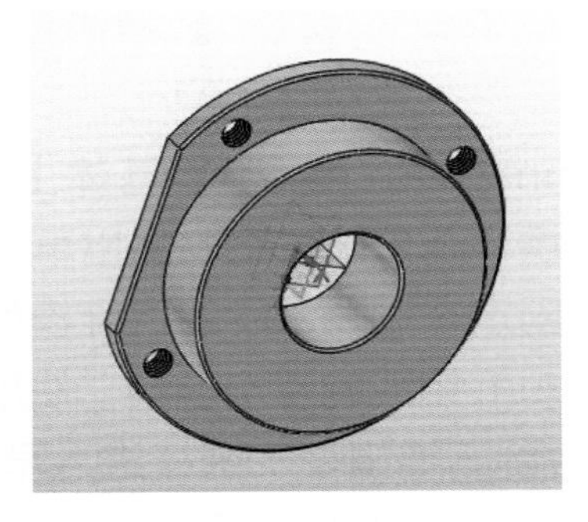

图 9-72　输出轴透盖

7. 输入轴端盖三维建模

创建新的输入轴端盖三维模型文件，单击“圆柱体”命令，拉伸 ϕ53mm 基体，拉伸高度为 5mm，以 ϕ53mm 圆心拉伸 ϕ35mm 圆柱体，拉伸高度为 9.5mm；再以 ϕ35mm 圆心运用拉伸减运算功能拉伸 ϕ17.5mm 台阶，深度为 2mm。选择 ϕ53mm 基体的上表面作为草图平面，绘制要裁剪的部分，以及 4 个 M6 螺纹通孔轮廓，然后退出草图界面；运用拉伸减运算功能进行裁剪，单击“孔”→“螺纹孔”命令，拉伸 M6 螺纹通孔，最后各锐边倒角，如图 9-73 所示。

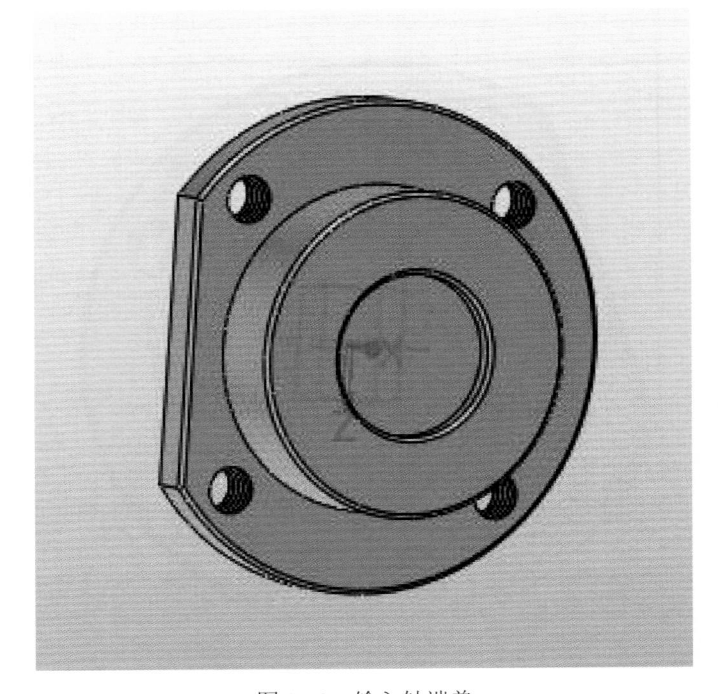

图 9-73　输入轴端盖

8. 输入轴透盖三维建模

创建新的输入轴透盖三维模型文件，单击“圆柱体”命令，拉伸 ϕ53mm 基体，拉伸高度为 5mm；以 ϕ53mm 圆心拉伸 ϕ35mm 圆柱体，拉伸高度为 13.5mm；再以 ϕ35mm 圆心运用拉伸减运算功能拉伸 ϕ15mm 通孔。选择 ϕ53mm 基体的上表面创建草图平面，绘制要裁剪的部分，以及 4 个 M6 螺纹通孔轮廓，然后退出草图界面，运用拉伸减运算功能进行裁剪，单击“孔”→“螺纹孔”命令，拉伸 M6 螺纹通孔，最后各锐边倒角，如图 9-74 所示。

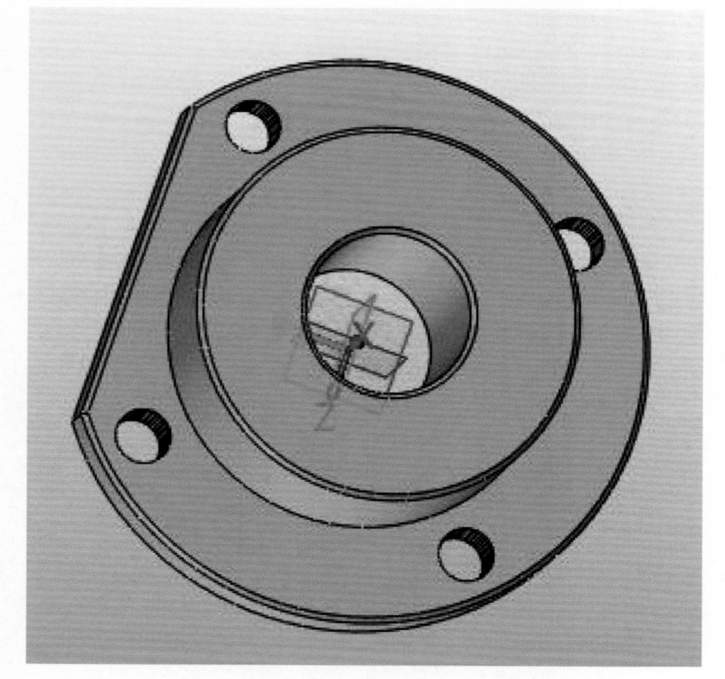

图 9-74　输入轴透盖

9. 箱盖三维建模

1）创建新的箱盖三维模型文件，选择 XY 草图平面并进入草图，绘制 197mm×94mm×6mm 基体轮廓，退出草图后，运用拉伸功能完成高度为 6mm 的基体三维模型；选择 XZ 草图平面并进入草图，绘制两端轴孔台阶 R35mm、R26.5mm 的圆，退出草图后，运用拉伸加运算功能完成宽度为 97mm 对称轴孔台阶的三维模型。

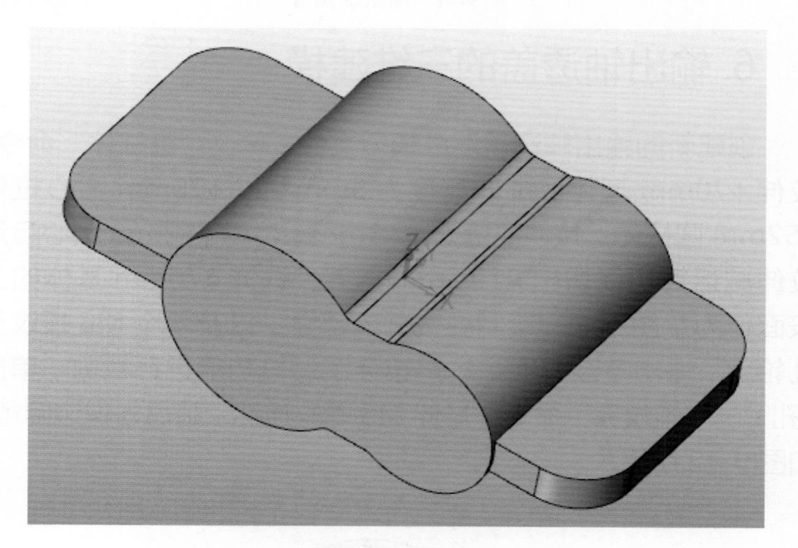

图 9-75　箱盖 1

2）选择 197mm×94mm×6mm 基体上表面作为草图平面，绘制安装固定螺钉孔台阶轮廓，退出草图后，使用拉伸加运算功能完成安装固定螺钉孔台阶的三维模型；进入草图，绘制 R60mm、R44.5mm 组成的轮廓凸台，使用拉伸对称功能完成 24mm 宽度的凸台三维模型，继续进入草图绘制 R26mm、R17.5mm 轮廓，使用拉伸减运算功能完成切除 R26mm、

R17.5mm 的轴槽；选择 XZ 基准平面作为草图平面，绘制侧面修剪轮廓，退出草图后，使用拉伸减运算功能对模型切除多余的下半部分，如图 9-76 所示。

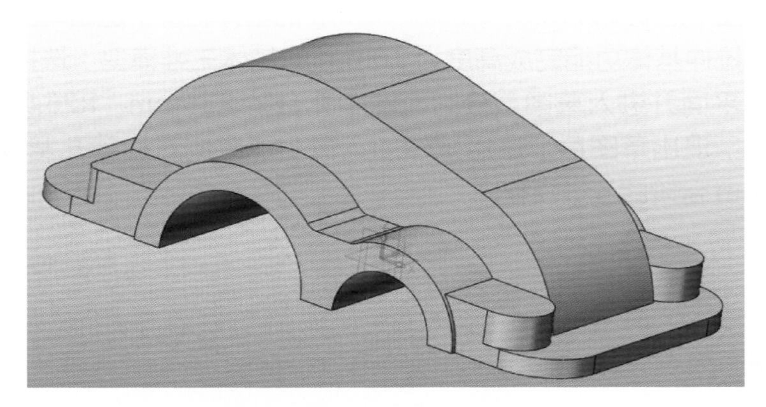

图 9-76 箱盖 2

3）单击 XZ 平面创建草图平面并进入草图，分别绘制 R53mm、R37.5mm 组成的型腔轮廓，退出草图后，使用拉伸减运算功能完成对称拉伸宽度为 39mm 的型腔，如图 9-77 所示。

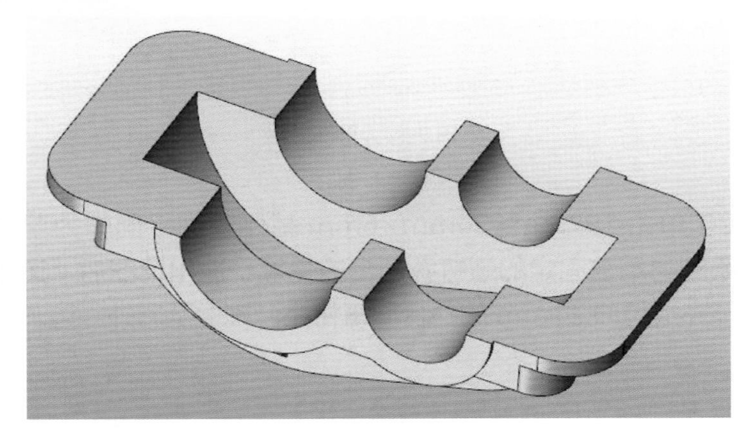

图 9-77 箱盖 3

4）单击 YZ 平面创建草图平面，分别绘制 R35mm、R26.5mm 圆弧两边对称的加强筋轮廓，退出草图后，使用拉伸加运算功能的边拉伸形式完成厚度为 6mm 的加强筋，如图 9-78 所示。

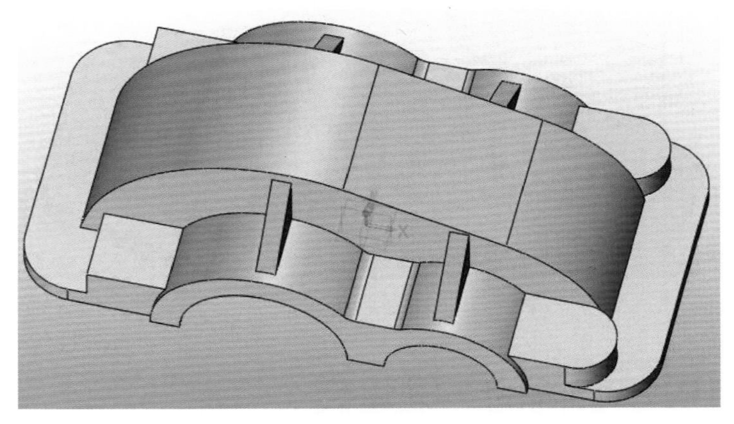

图 9-78 箱盖 4

5）创建箱盖顶部的窥视孔台阶及 M10 螺纹通孔，如图 9-79 所示。

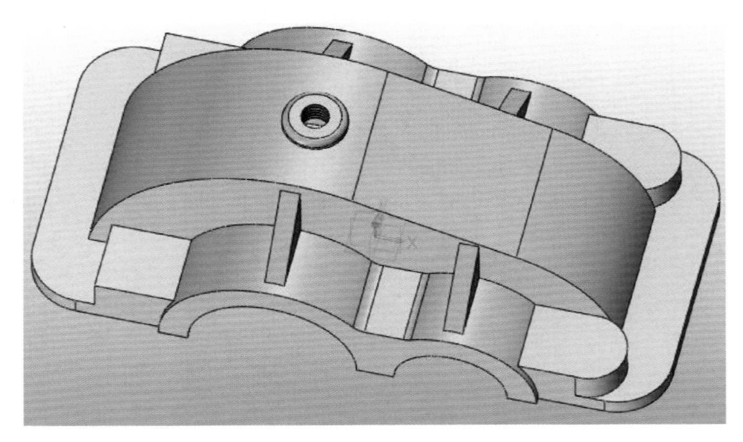

图 9-79 箱盖 5

6）继续创建箱盖上的 4×ϕ10mm 通孔、左右两侧 4×M6 螺纹孔，然后将锐边倒角，如图 9-80 所示。

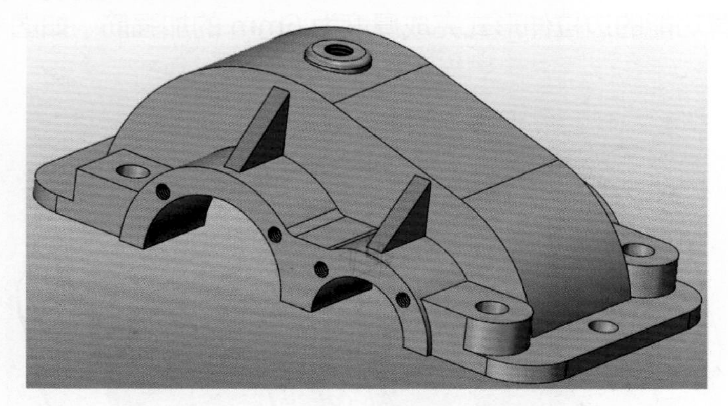

图 9-80　箱盖 6

10. 小套筒的三维建模

创建新的小套筒三维模型文件，单击 XY 平面创建草图平面，进入草图绘制小套筒轮廓，使用拉伸基体功能拉伸高度为 12.5mm 小套筒，最后各个锐边倒角，如图 9-81 所示。

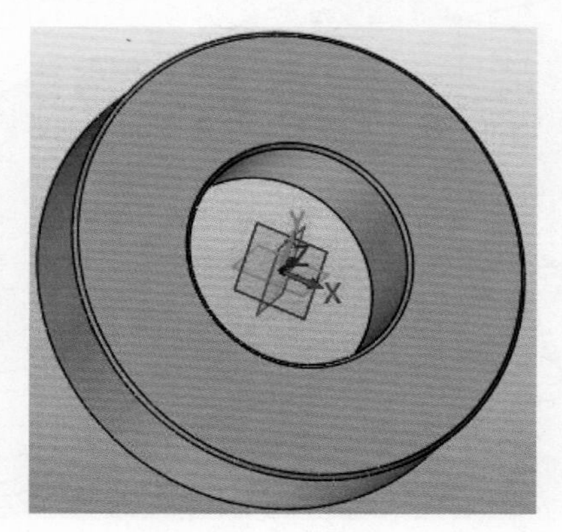

图 9-81　小套筒

11. 箱座的三维建模

1）创建新的箱体机座三维模型文件，创建 XY 草图平面并进入草图，绘制 197mm×94mm×6mm 的基体轮廓，退出草图后，运用拉伸基体功能完成高度为 16mm 的基体三维模型；选择 XZ 草图平面并进入草图，绘制两端轴孔台阶 R35mm、R26.5mm 的圆，退出草图后，运用拉伸加运算功能完成对称轴孔宽度为 97mm 台阶的三维模型。

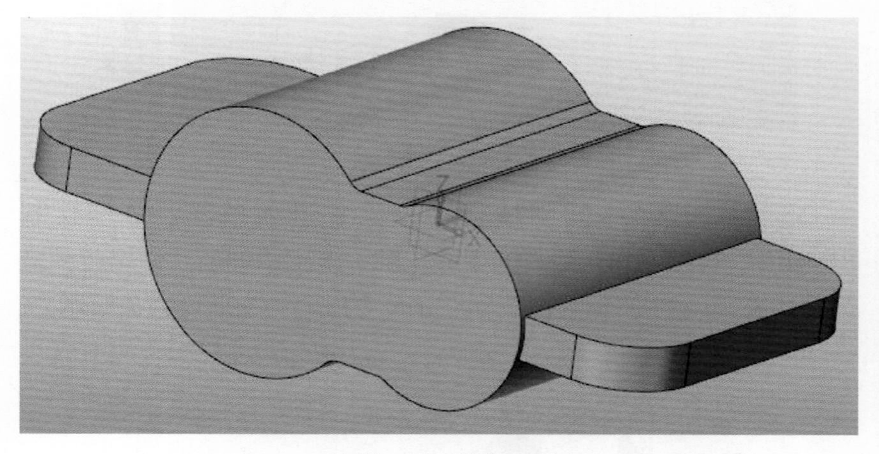

图 9-82　箱座 1

2）单击 197mm×94mm×6mm 基体背面平面作为草图平面，绘制与箱盖固定的螺钉孔凸台的轮廓，退出草图后，运用拉伸功能完成拉伸 11mm 的凸台，再将凸台镜像至另外一边。

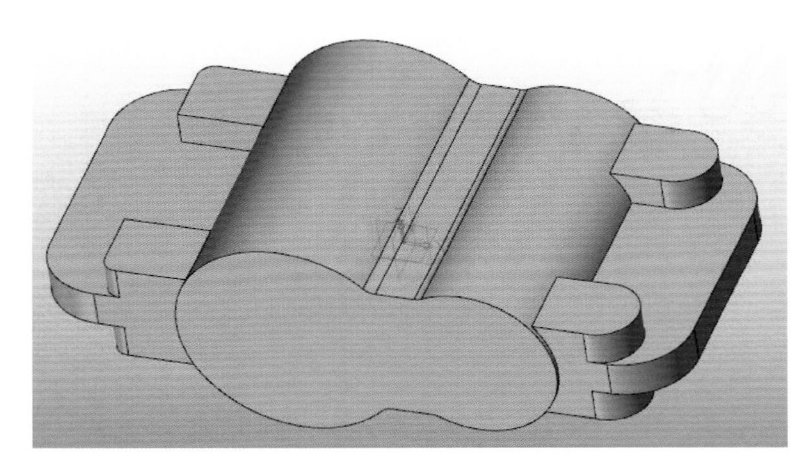

图 9-83 箱座 2

3）以 XZ 基准平面作为草绘平面，绘制修剪曲线，使用拉伸减运算功能对模型切除多余的上半部分；绘制箱座的底座和加强筋，如图 9-84 所示。

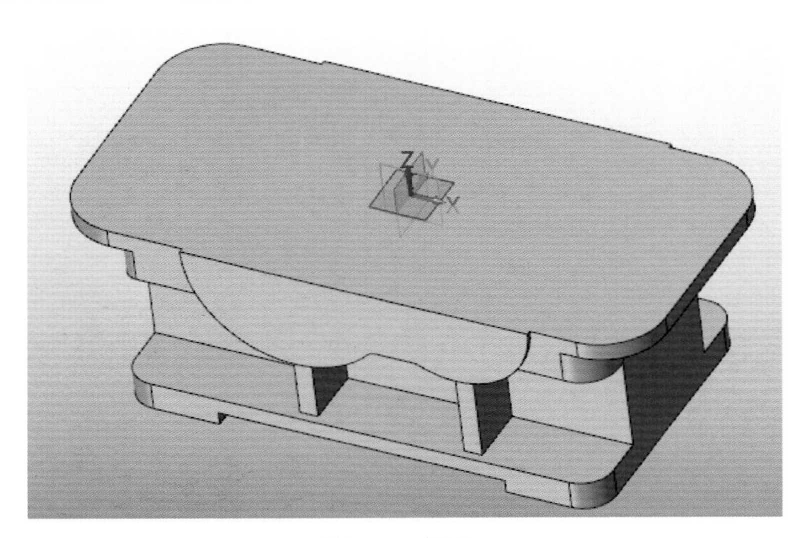

图 9-84 箱座 3

4）以 XZ 基准平面作为草绘平面，绘制内腔修剪曲线，使用拉伸减运算功能对模型切除内腔。 以 XZ 基准平面作为草绘平面，绘制 ϕ52mm、ϕ35mm 两个圆，使用拉伸减运算功能切除 ϕ52mm、ϕ35mm 两个轴孔，如图 9-85 所示。

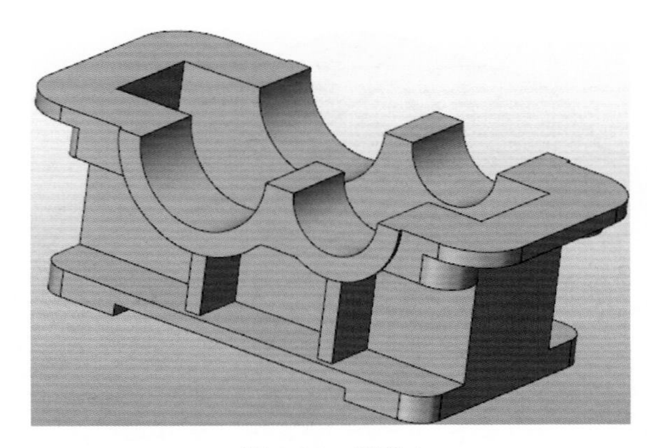

图 9-85 箱座 4

5）创建放油孔及螺纹通孔，将箱座与箱盖的配合面打孔 4x ϕ10mm 螺纹通孔；左右两侧打孔 4×M6 螺纹孔；将箱座底面打孔 4×ϕ10mm 螺纹通孔，将锐边倒圆角，如图 9-86 所示。

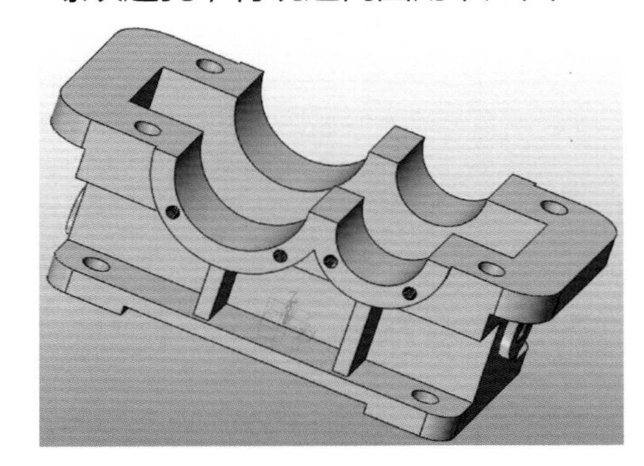

图 9-86 箱座 5

12. 减速器的三维装配

导入各个零件三维模型，并按照实际运动原理利用同心、重合、平衡等约束功能完成减速器的三维装配，如图 9-87 所示。

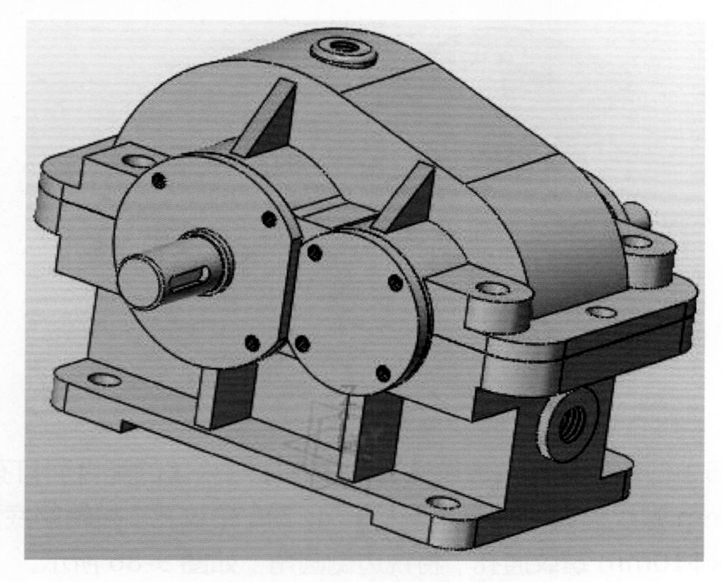

图 9-87　减速器的三维装配

9.2.3 减速器零部件工程图的导出

1. 齿轮（图 9-88）

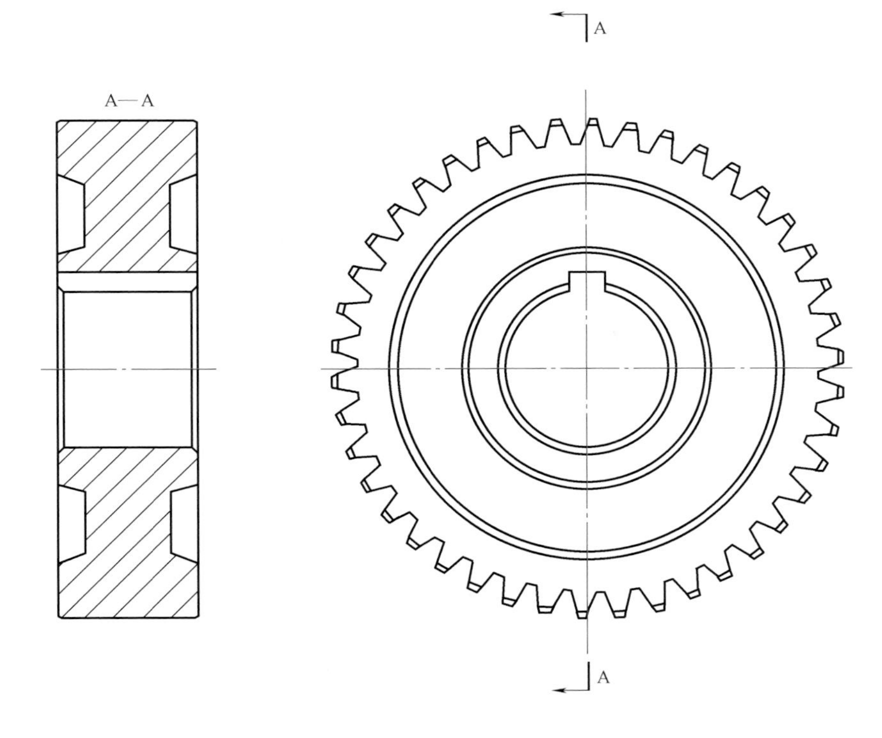

图 9-88　齿轮工程图

2. 齿轮轴（图 9-89）

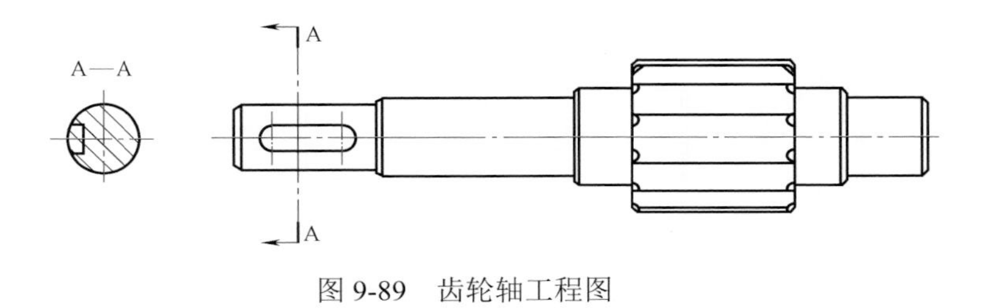

图 9-89　齿轮轴工程图

3. 大套筒（图 9-90）

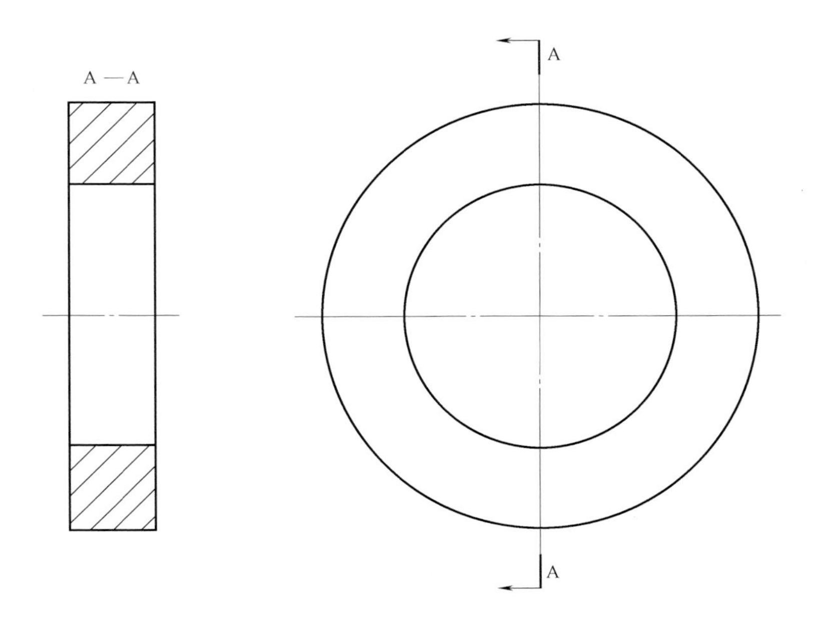

图 9-90　大套筒工程图

4. 输出轴（图 9-91）

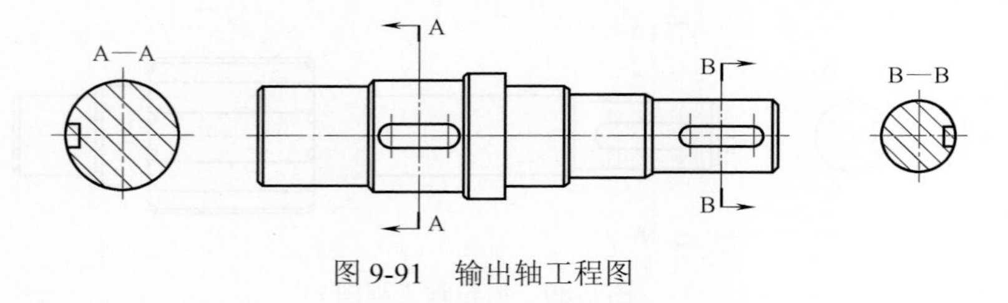

图 9-91　输出轴工程图

5. 输出轴端盖（图 9-92）

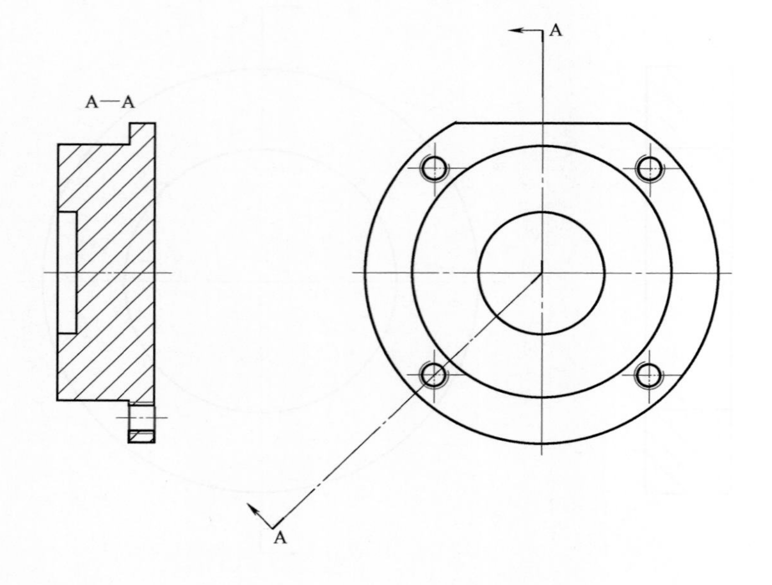

图 9-92　输出轴端盖工程图

6. 输出轴透盖（图 9-93）

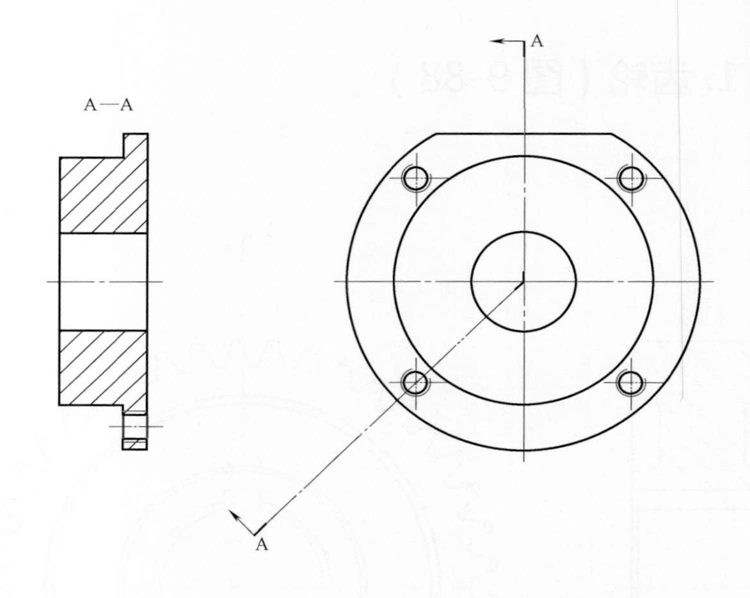

图 9-93　输出轴透盖工程图

7. 输入轴端盖（图 9-94）

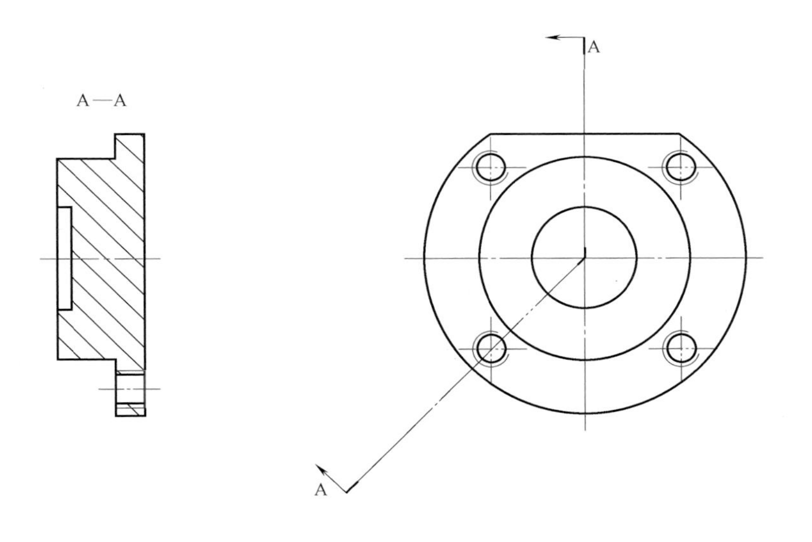

图 9-94　输入轴端盖工程图

8. 输入轴透盖（图 9-95）

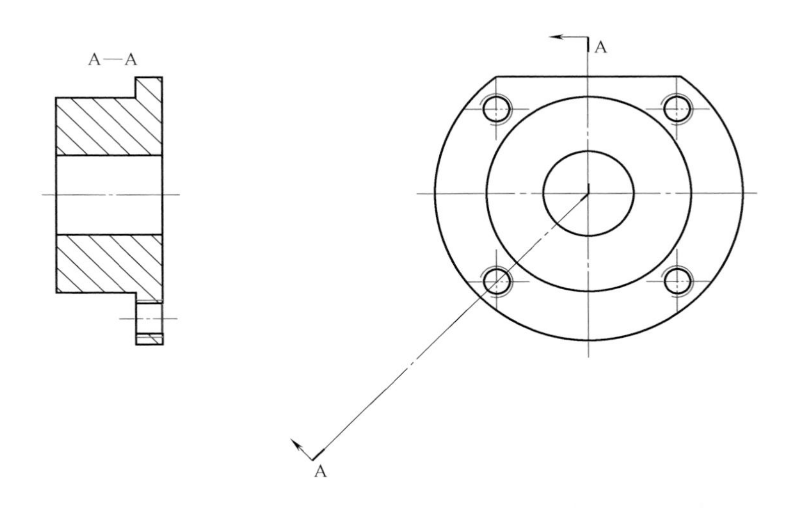

图 9-95　输入轴透盖工程图

9. 箱盖（图 9-96）

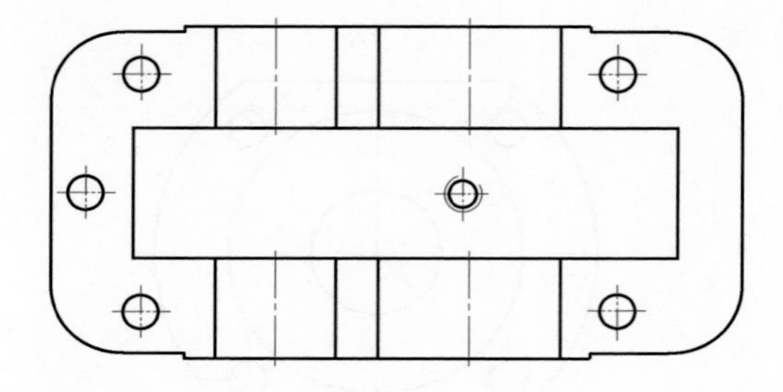

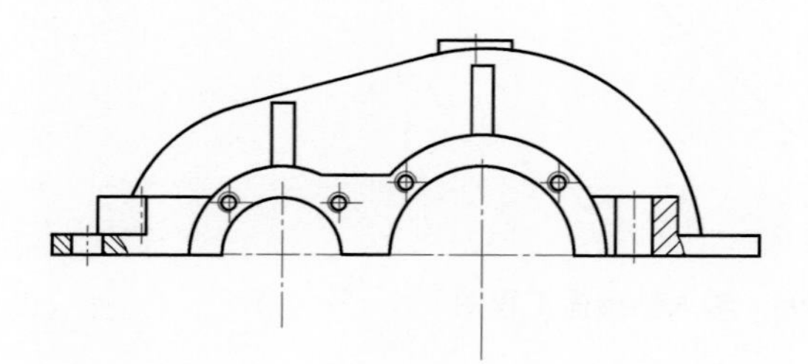

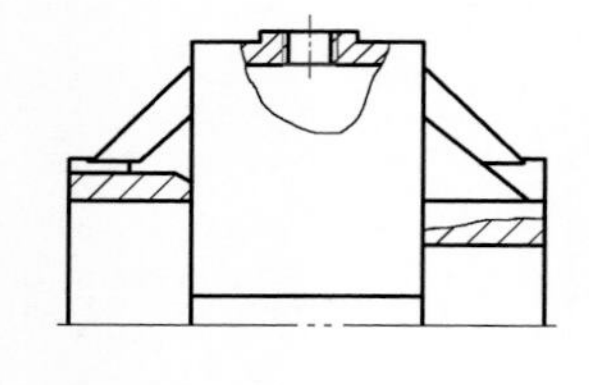

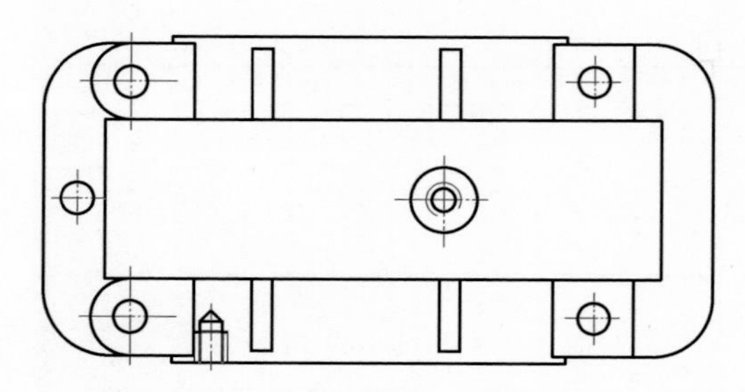

图 9-96　箱盖工程图

10. 小套筒（图 9-97）

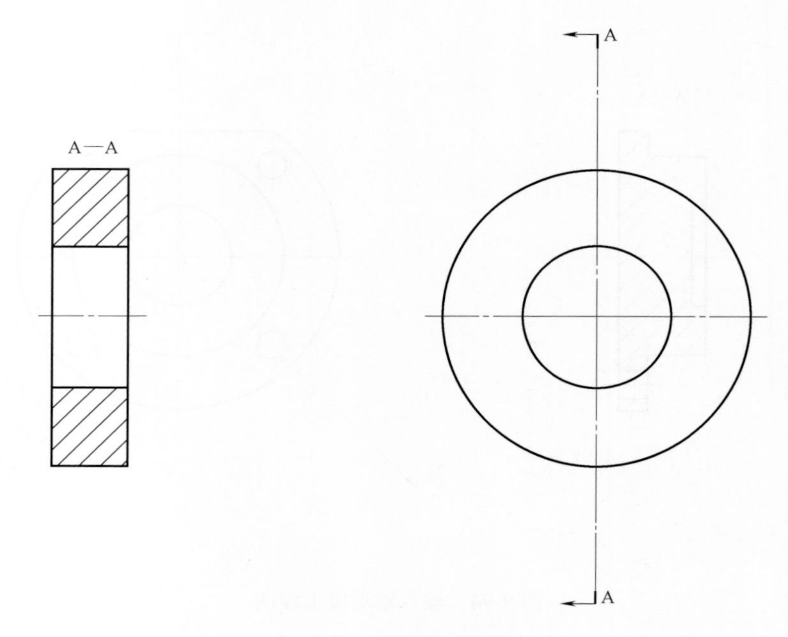

图 9-97　小套筒工程图

11. 箱座（图 9-98）

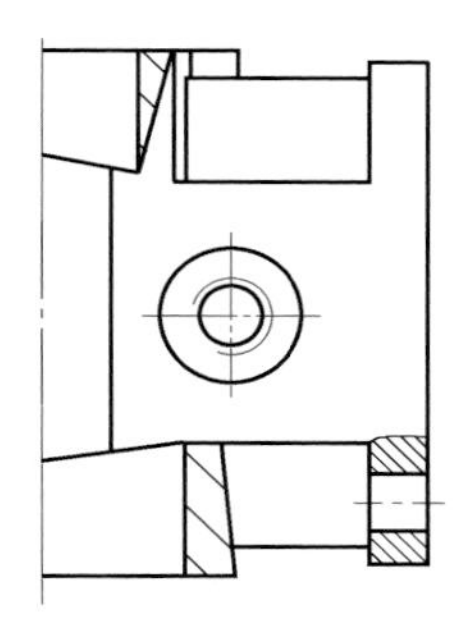

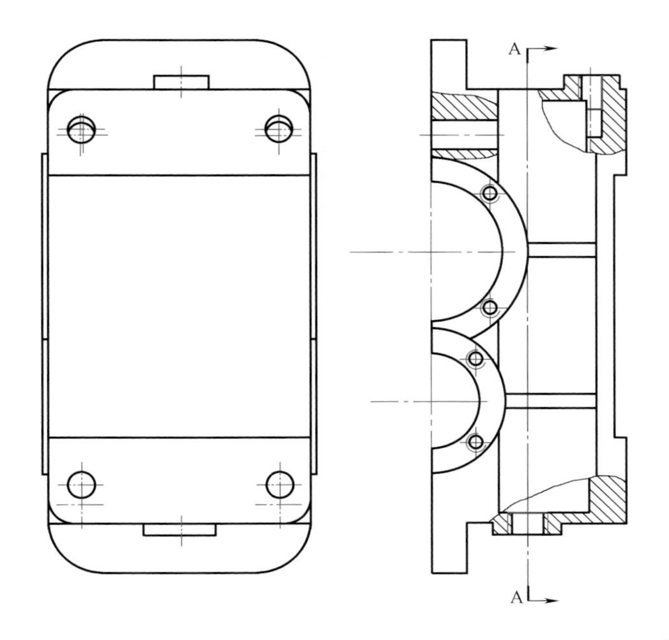

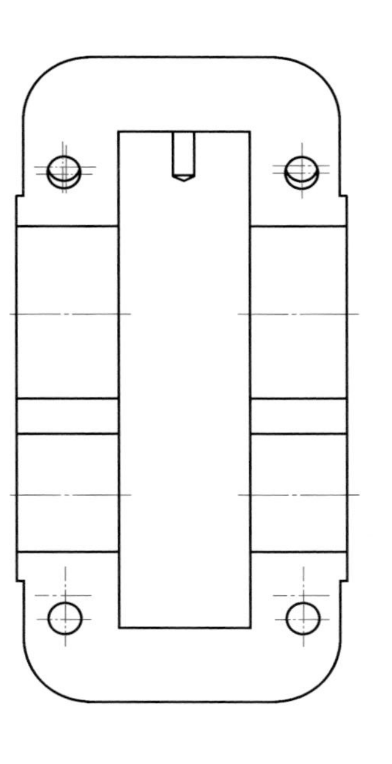

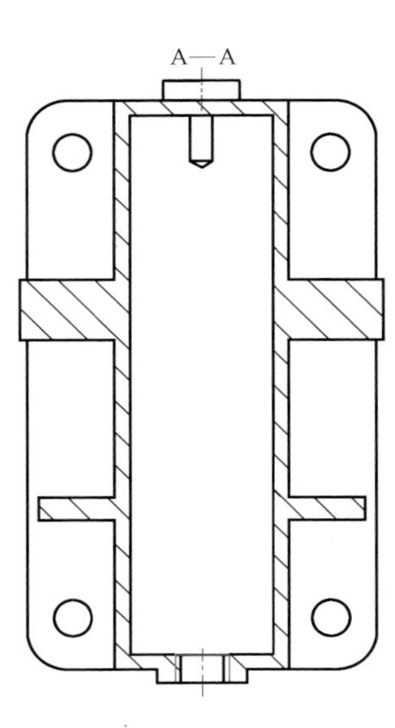

图 9-98　箱座工程图

9.2.4 减速器零部件二维图样的视图表达与尺寸标注

1. 齿轮（图 9-99）

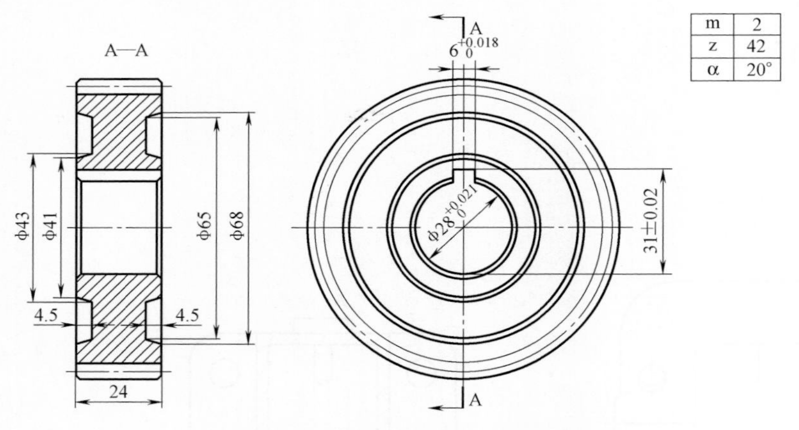

图 9-99　齿轮的视图表达与标注

2. 齿轮轴（图 9-100）

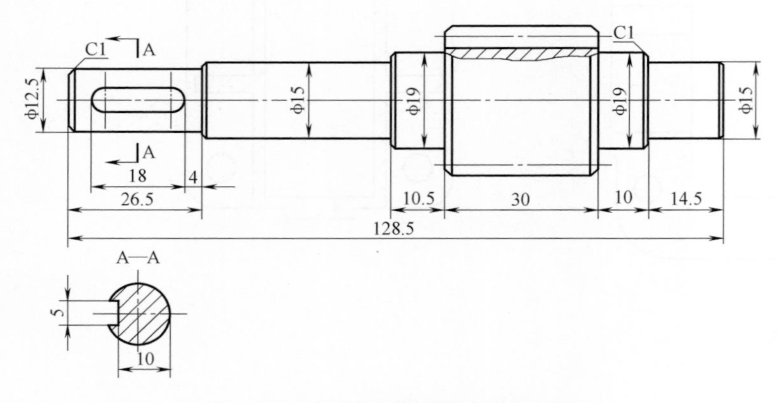

图 9-100　齿轮轴的视图表达与标注

3. 大套筒（图 9-101）

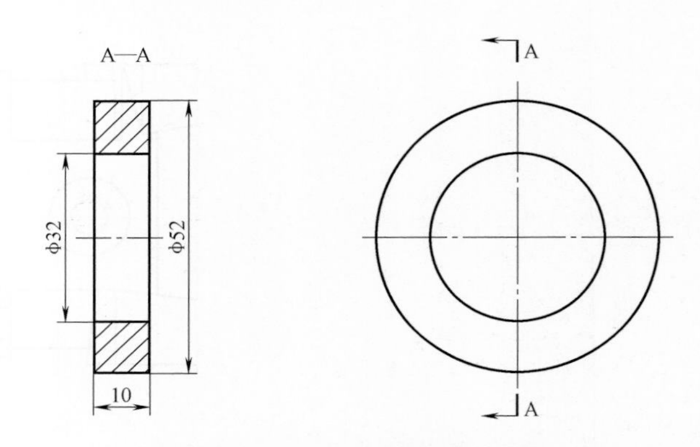

图 9-101　大套筒的视图表达与标注

4. 输出轴（图 9-102）

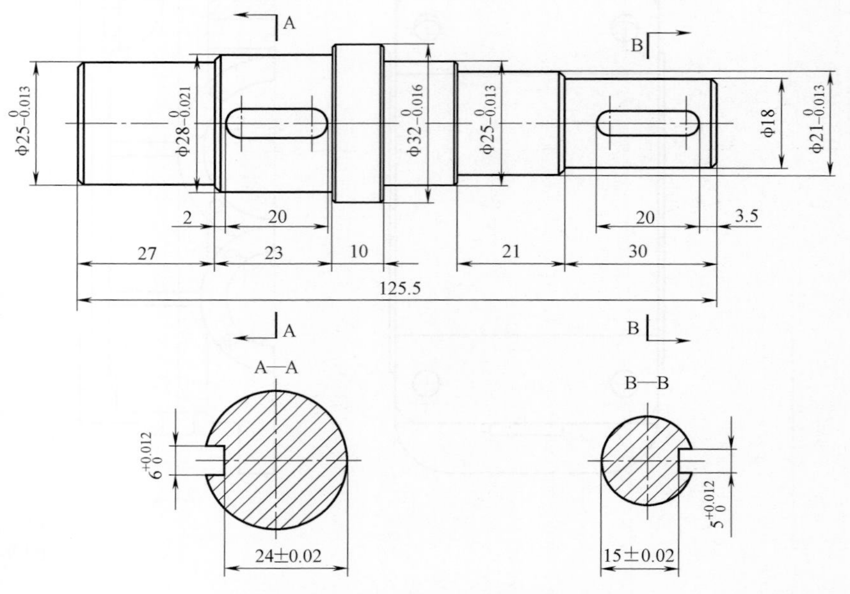

图 9-102　输出轴的视图表达与标注

5. 输出轴端盖（图 9-103）

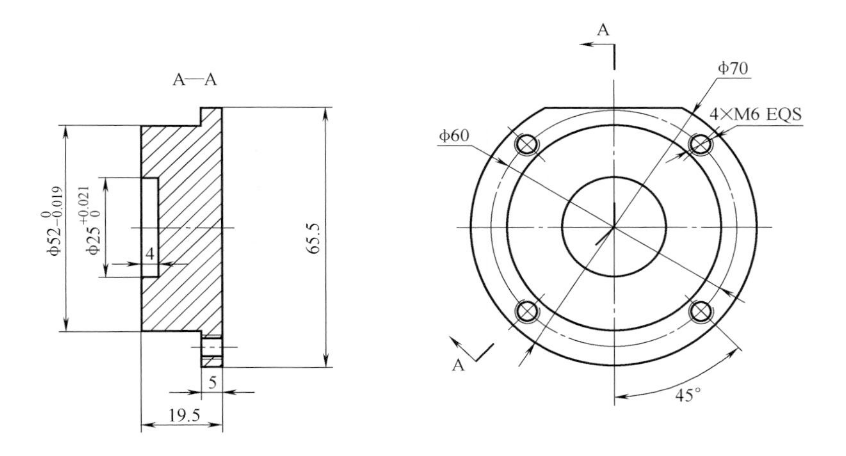

图 9-103　输出轴端盖的视图表达与标注

6. 输出轴透盖（图 9-104）

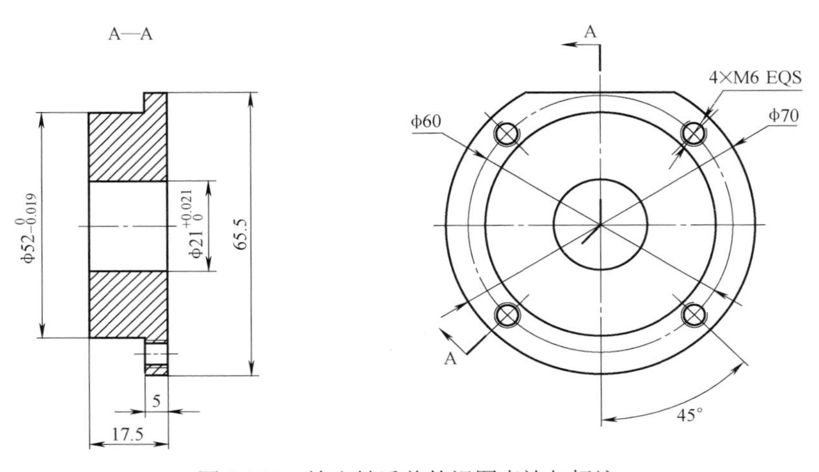

图 9-104　输出轴透盖的视图表达与标注

7. 输入轴端盖（图 9-105）

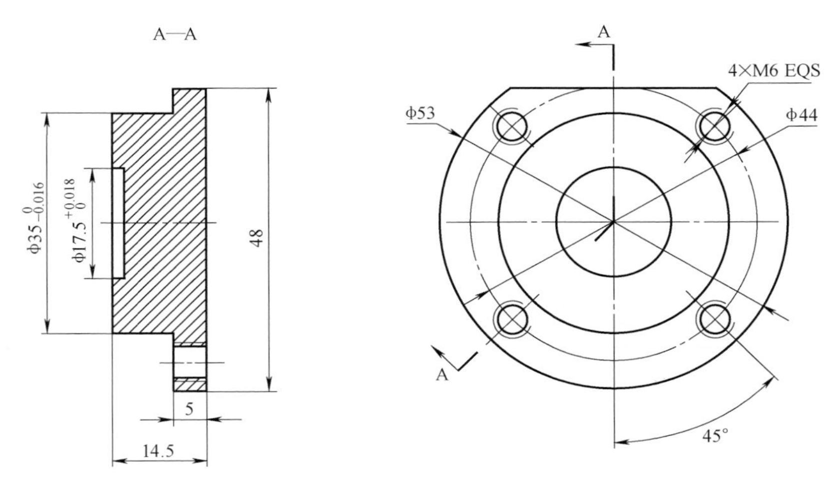

图 9-105　输入轴端盖的视图表达与标注

8. 输入轴透盖（图 9-106）

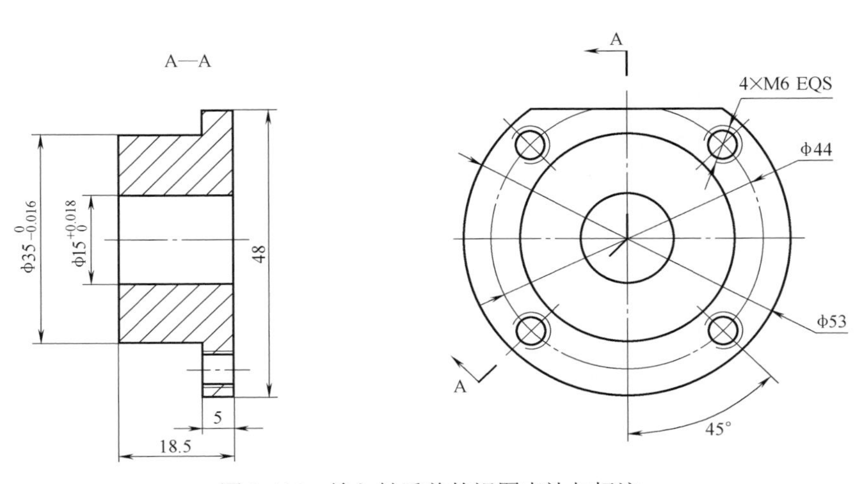

图 9-106　输入轴透盖的视图表达与标注

9. 箱盖（图 9-107）

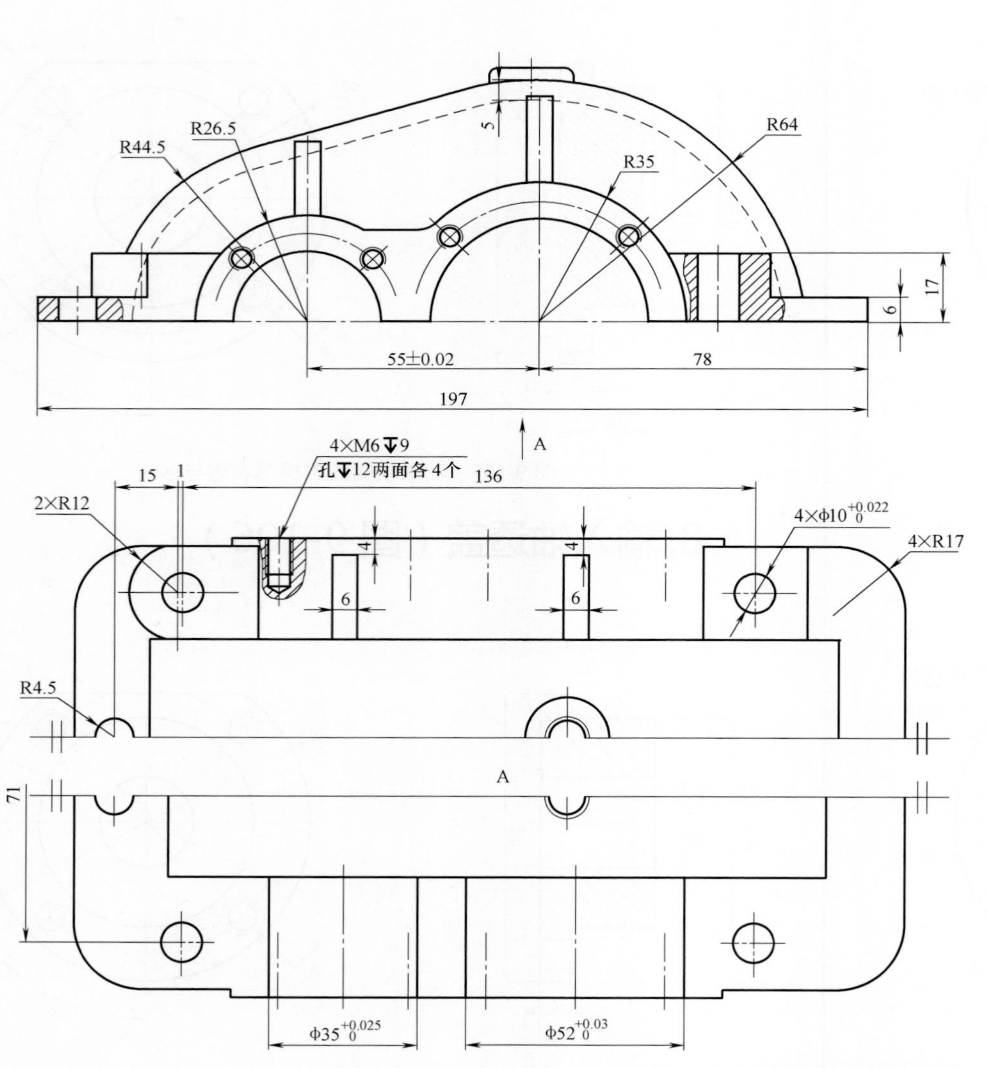

图 9-107　箱盖的视图表达与标注

10. 小套筒（图 9-108）

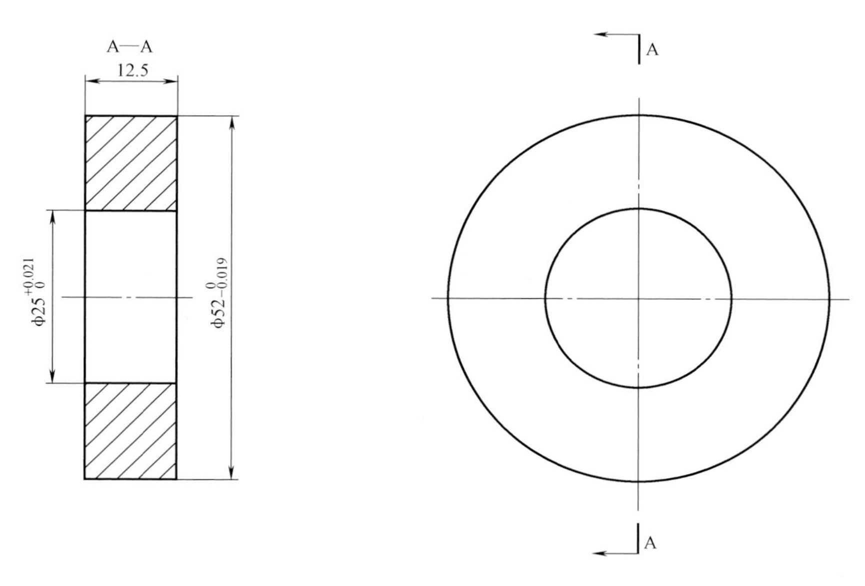

图 9-108　小套筒的视图表达与标注

11. 箱座（图 9-109）

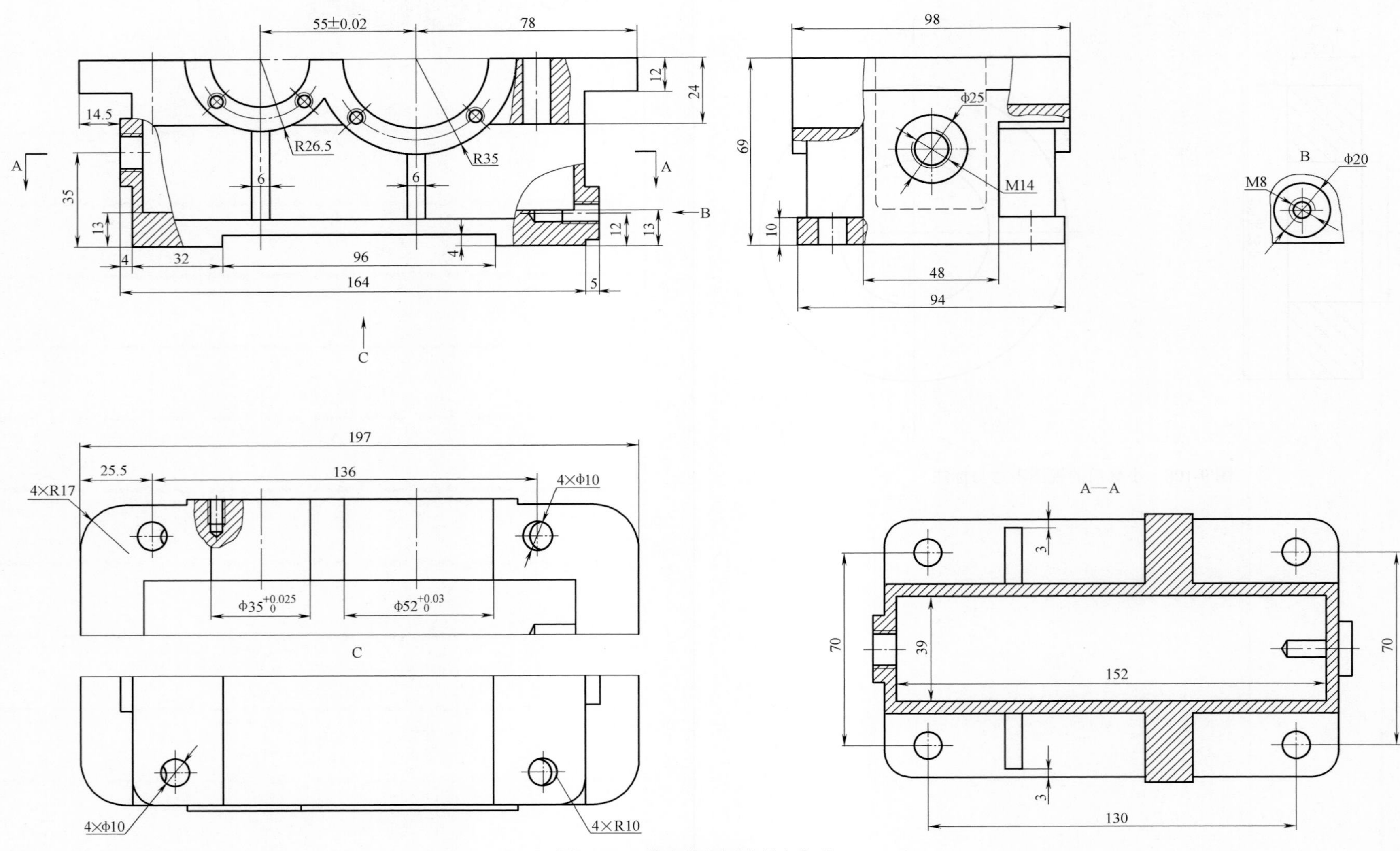

图 9-109　箱座的视图表达与标注

9.2.5 减速器零部件几何公差与表面粗糙度及技术要求的书写

1. 齿轮（图 9-110）

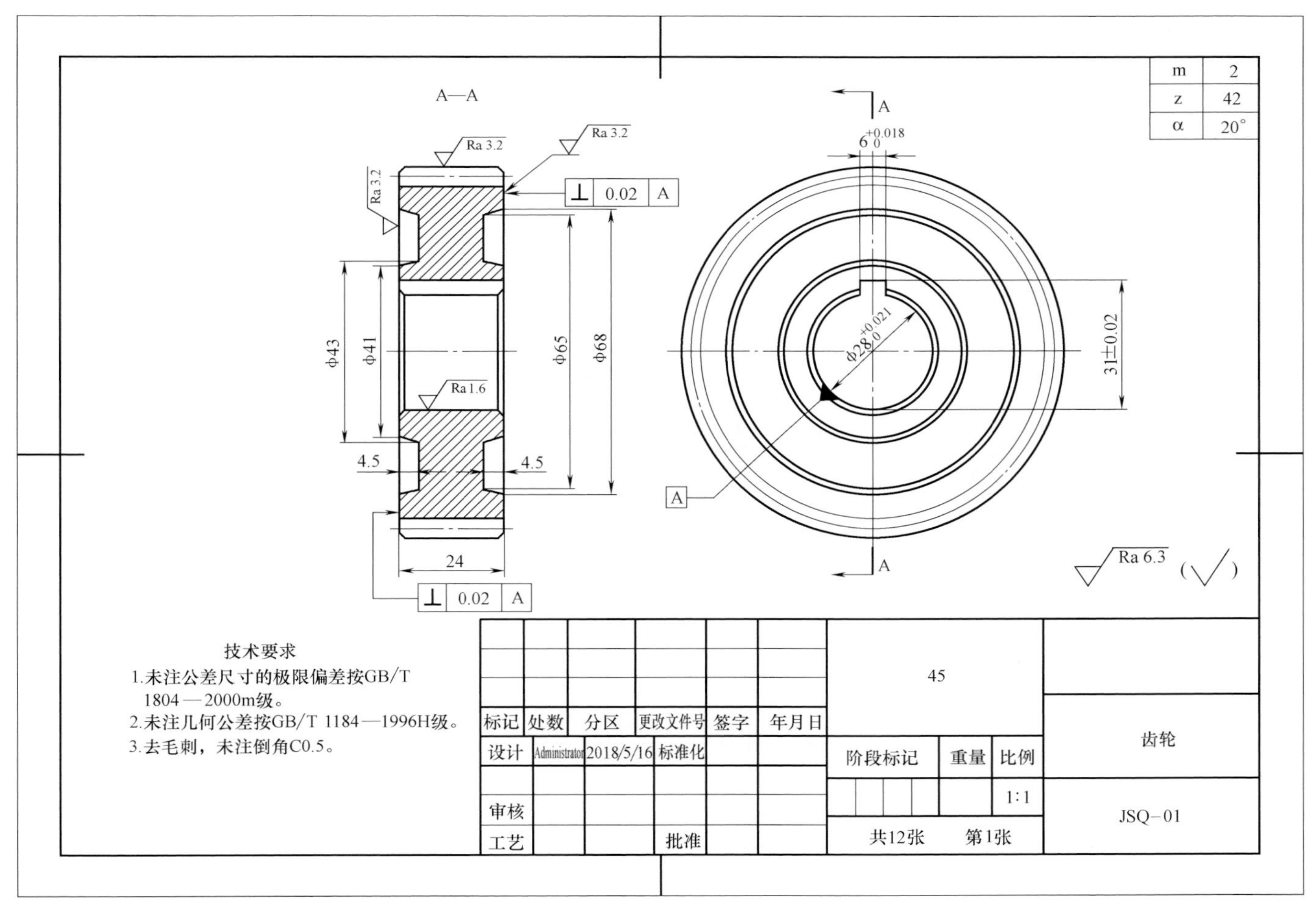

图 9-110 齿轮零件图

2. 齿轮轴（图 9-111）

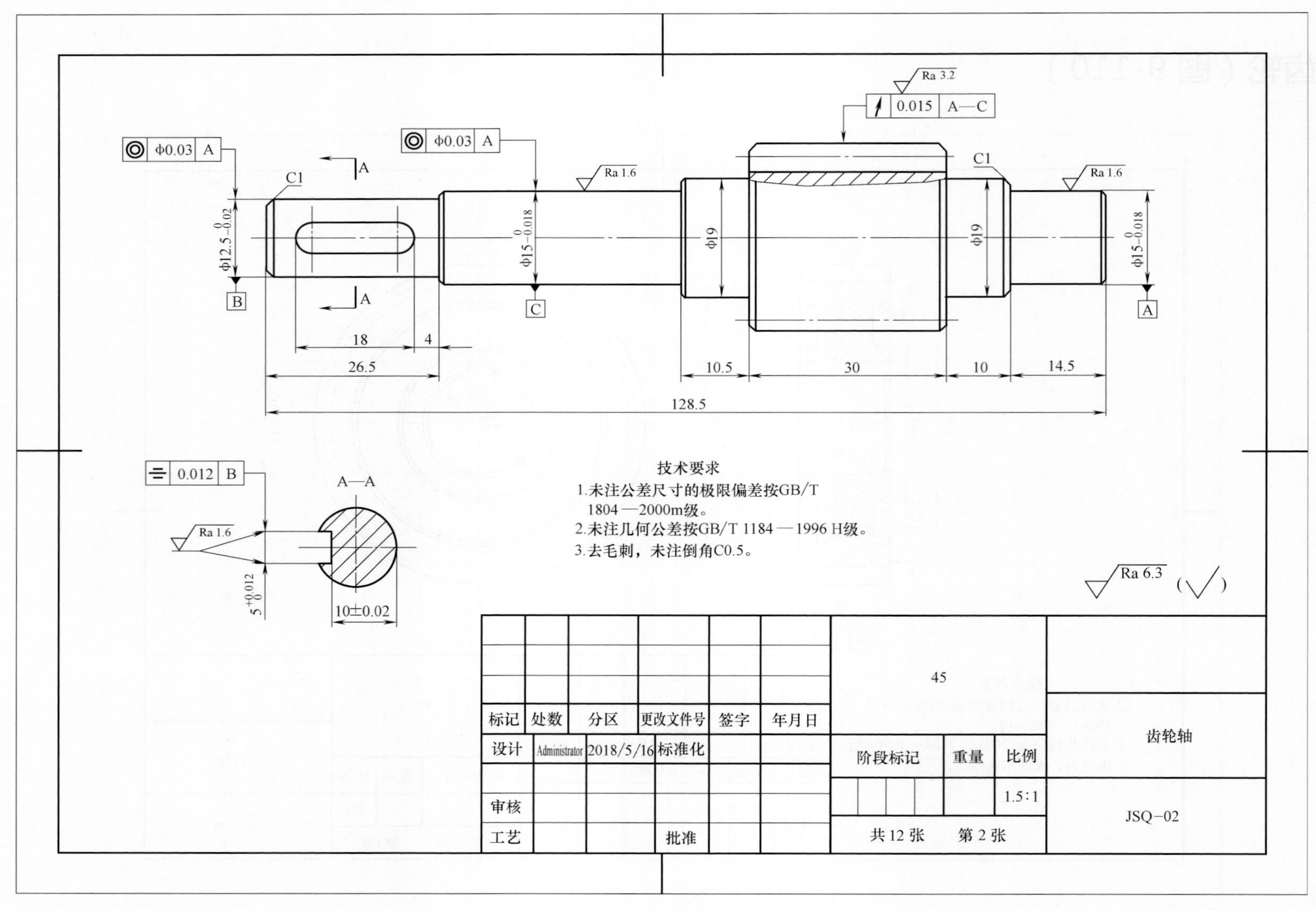

图 9-111　齿轮轴零件图

3. 大套筒（图 9-112）

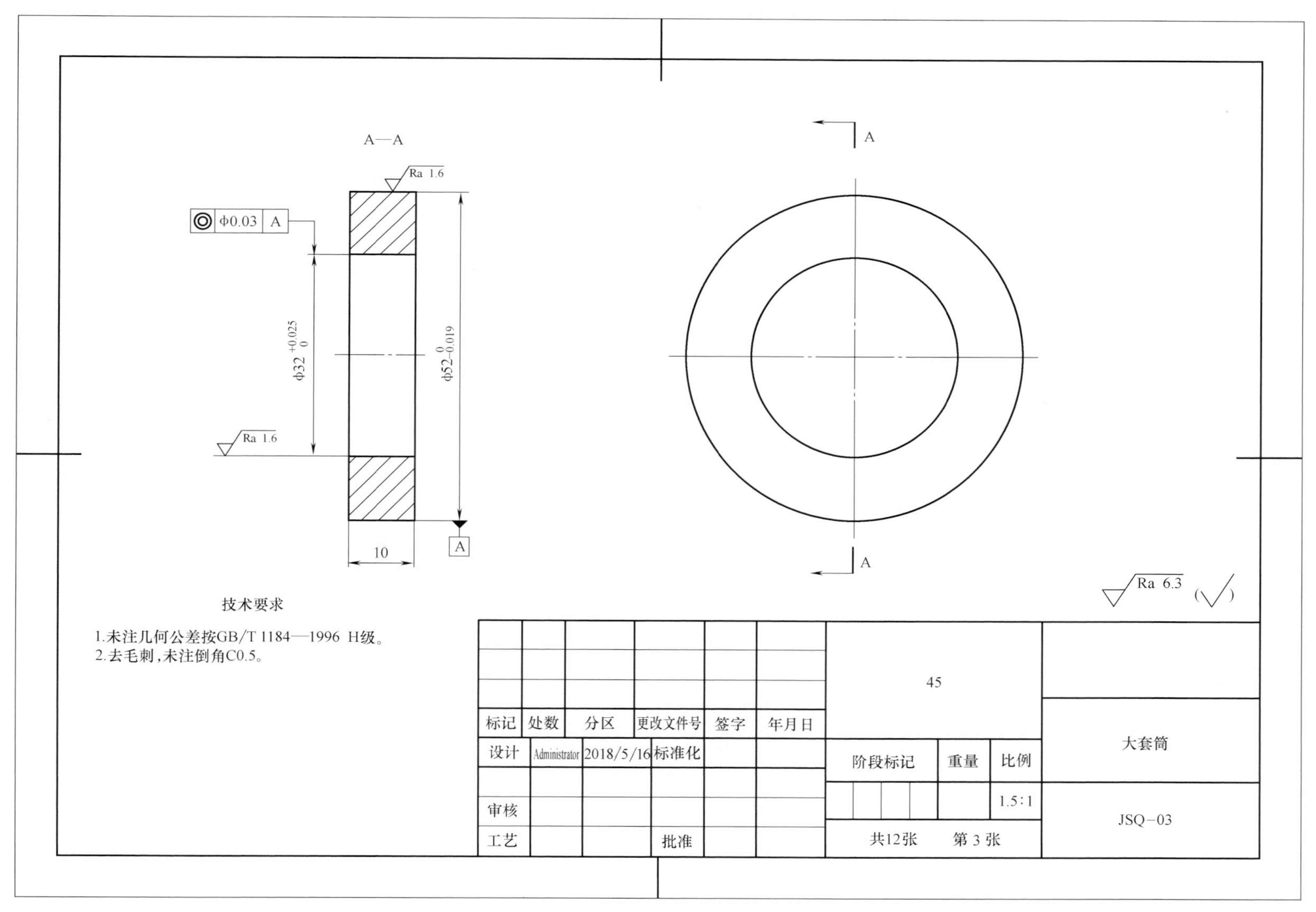

图 9-112　大套筒零件图

4. 输出轴（图 9-113）

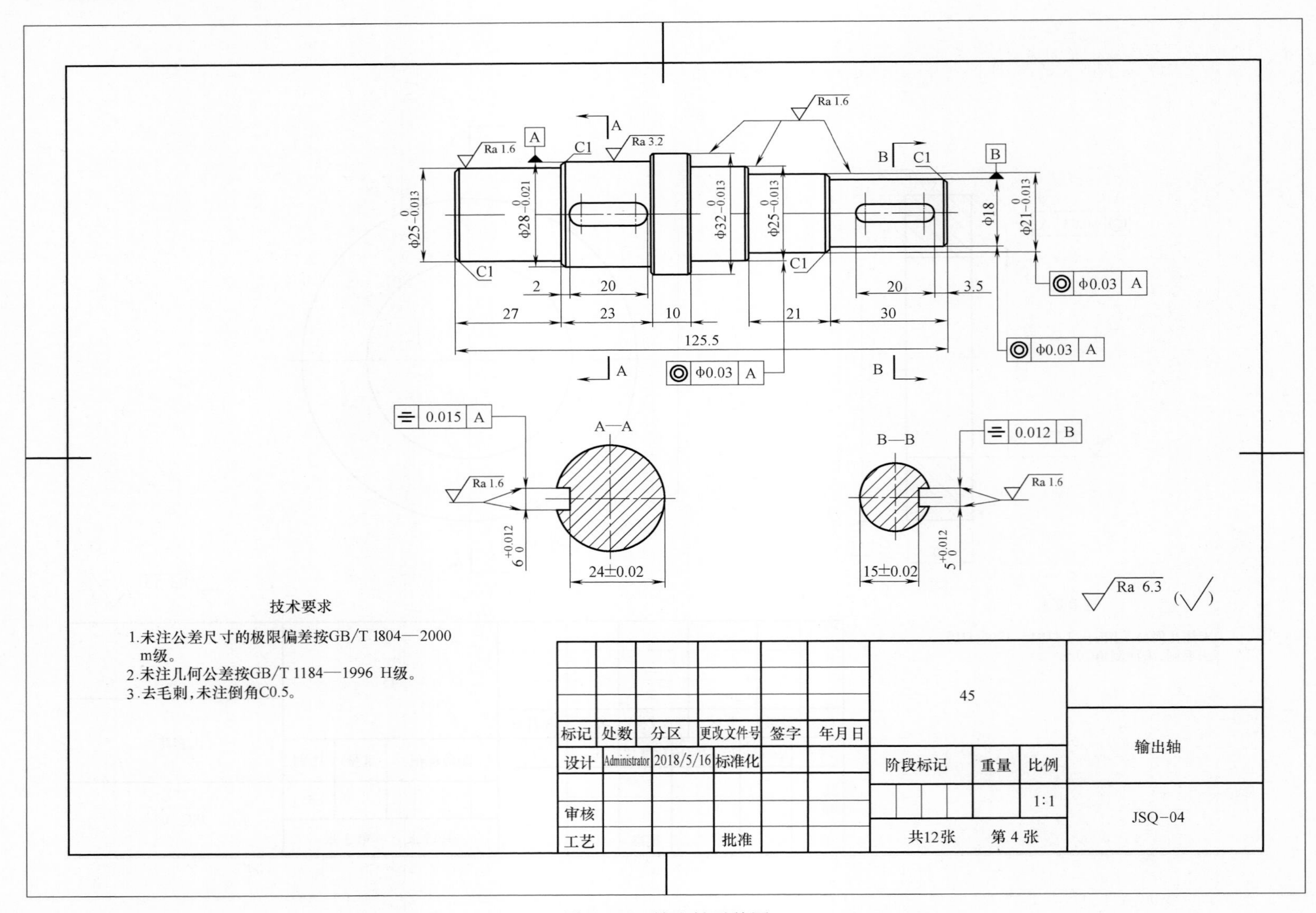

图 9-113 输出轴零件图

5. 输出轴端盖（图 9-114）

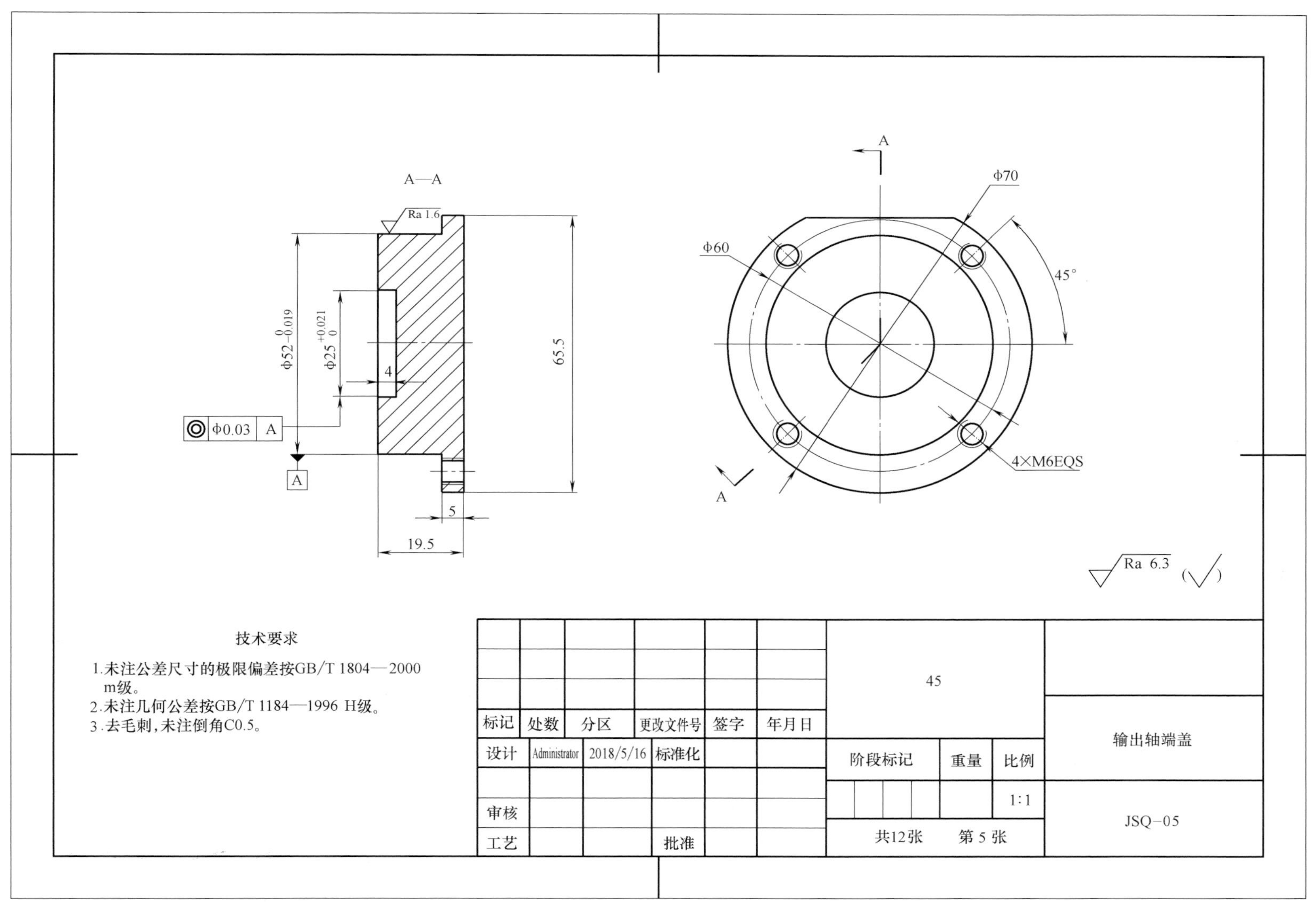

图 9-114 输出轴端盖零件图

6. 输出轴透盖（图 9-115）

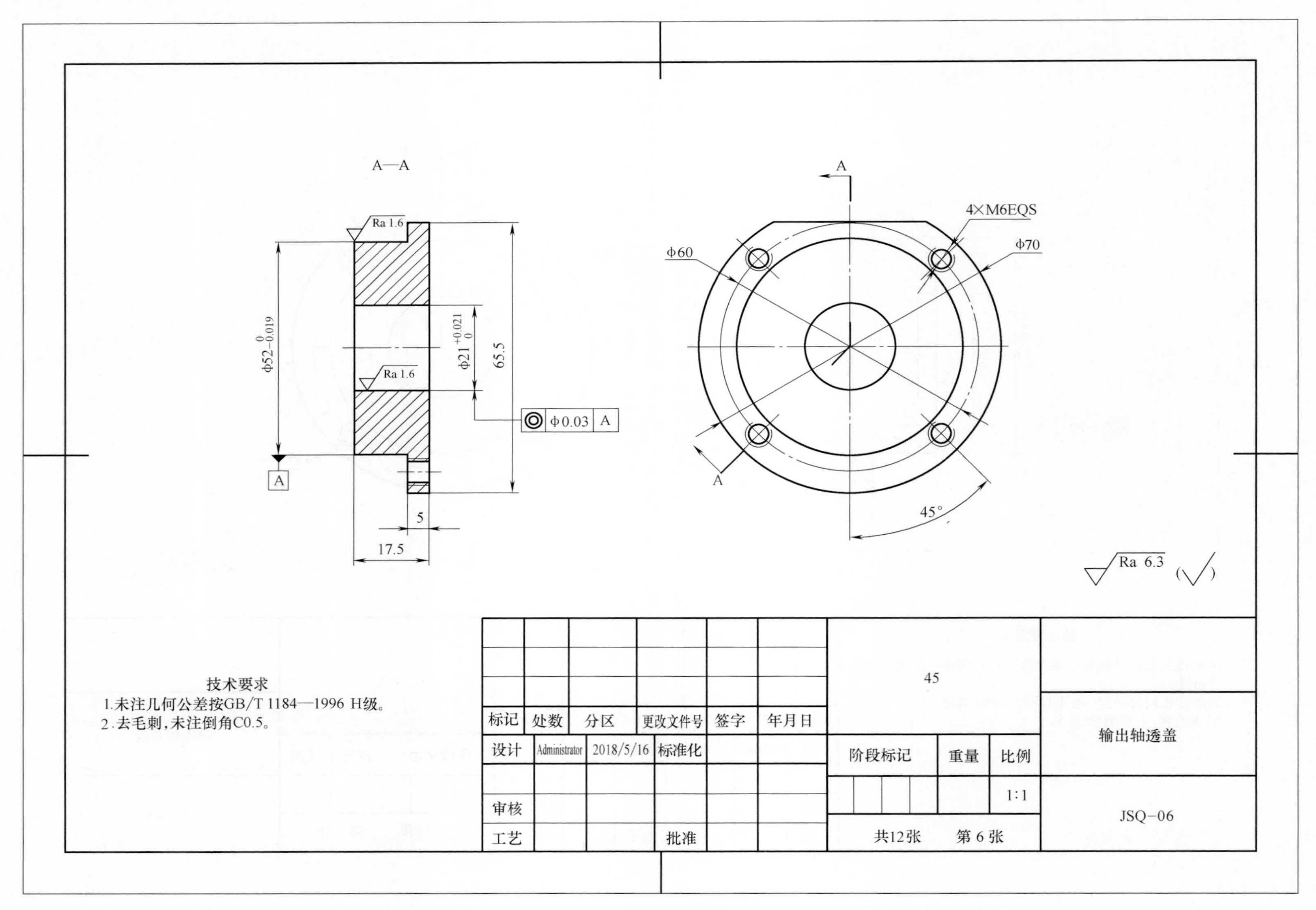

图 9-115 输出轴透盖零件图

7. 输入轴端盖（图 9-116）

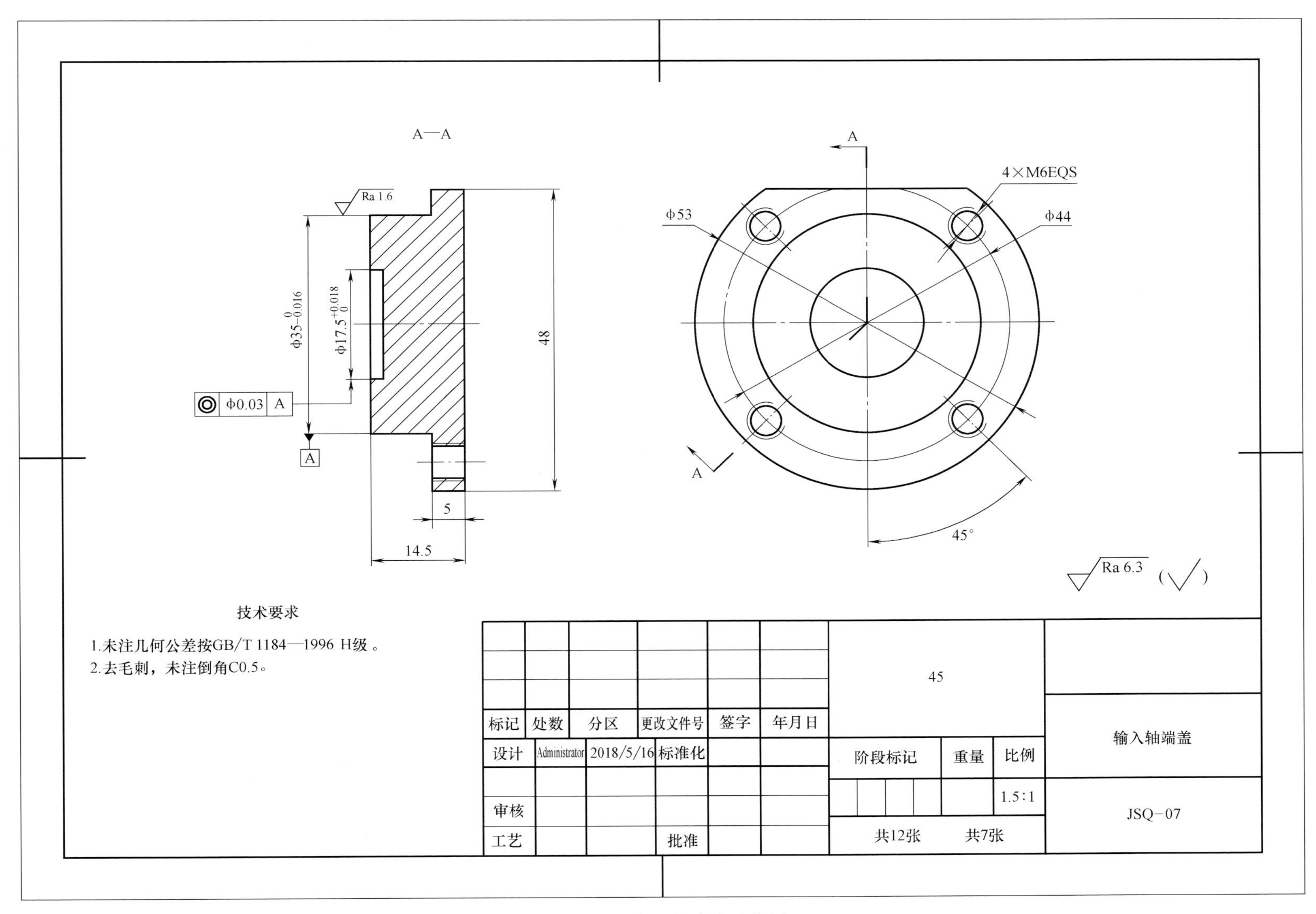

图 9-116 输入轴端盖零件图

8. 输入轴透盖（图 9-117）

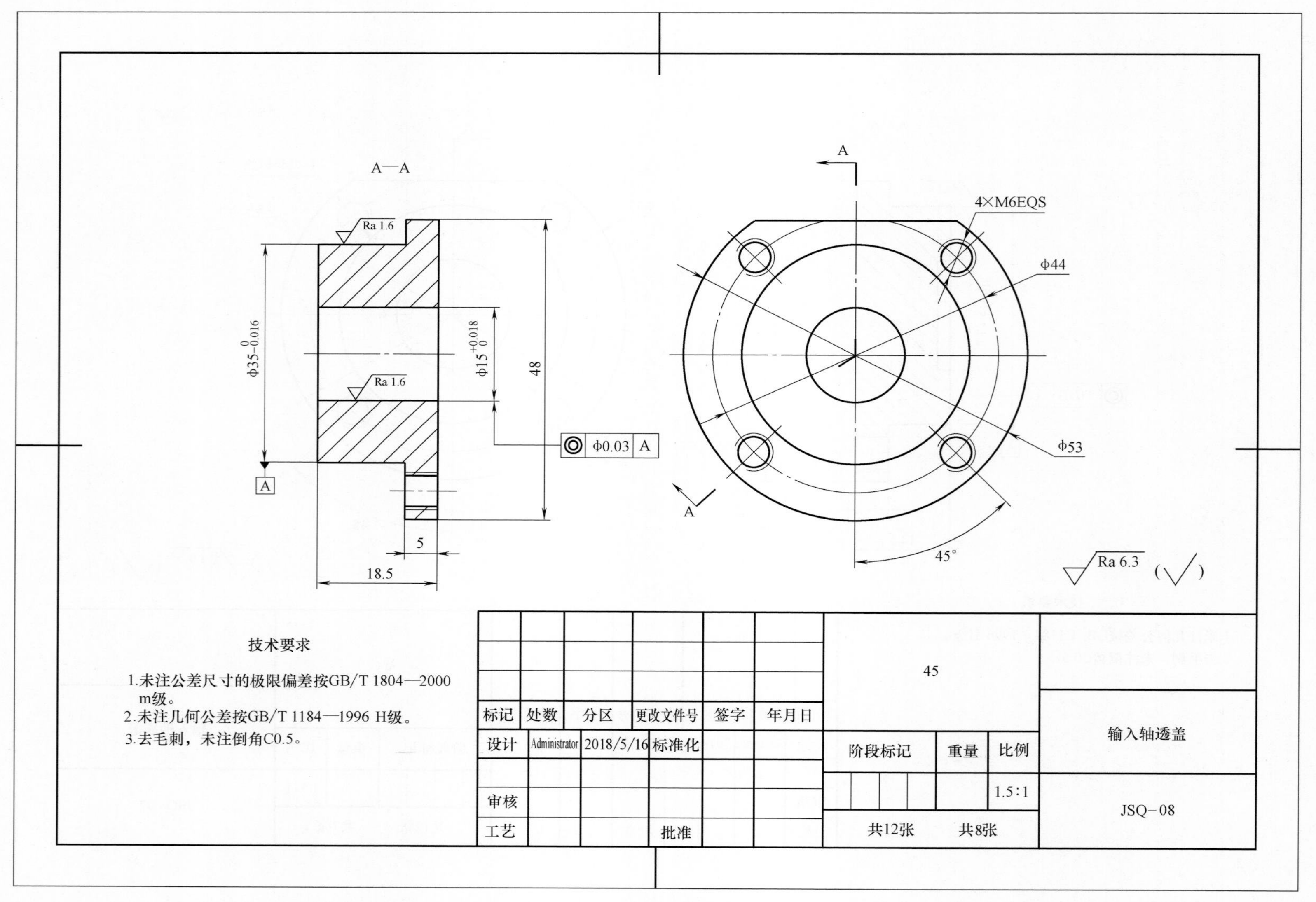

图 9-117　输入轴透盖零件图

9. 箱盖（图 9-118）

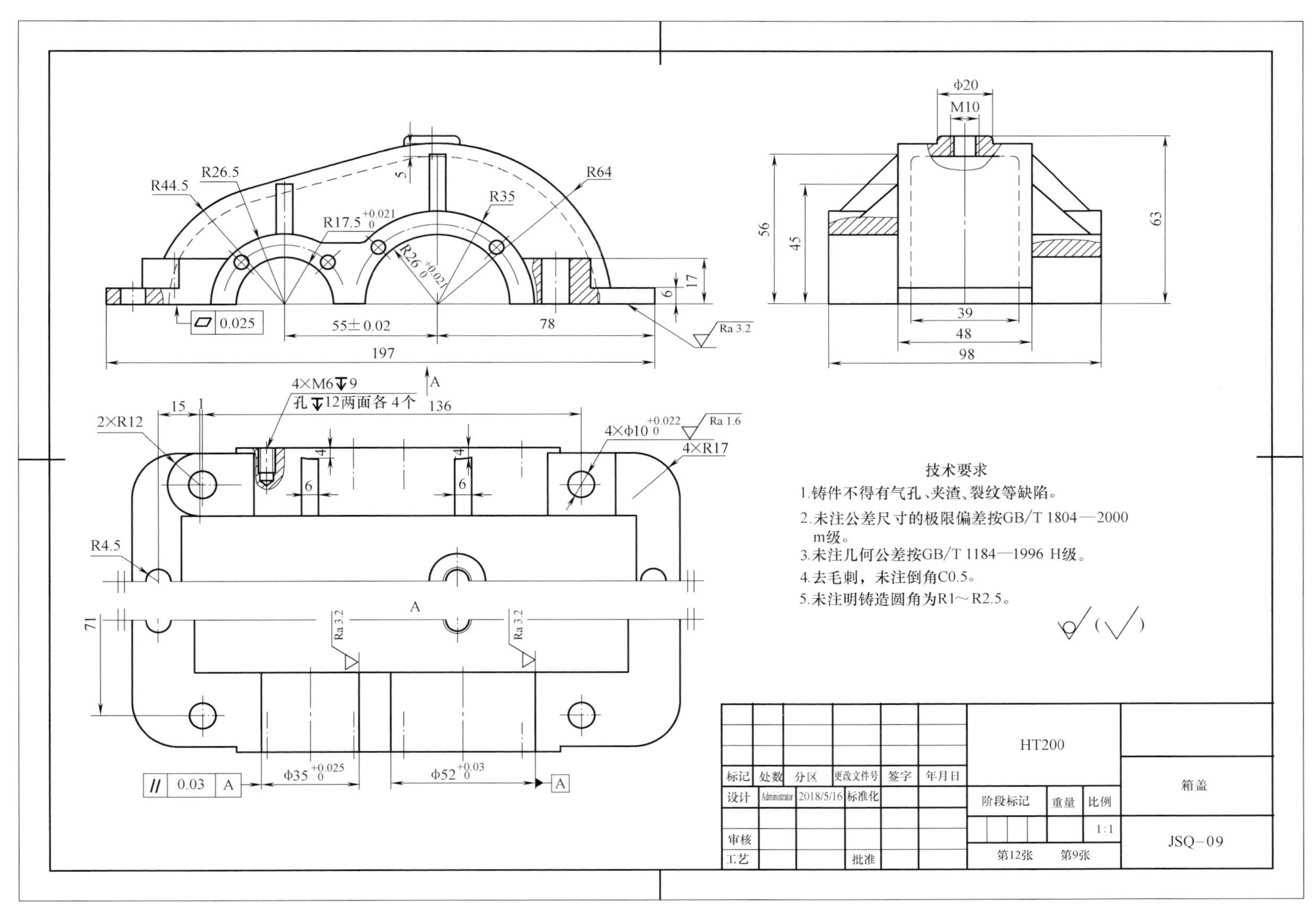

图 9-118 箱盖零件图

10. 小套筒（图 9-119）

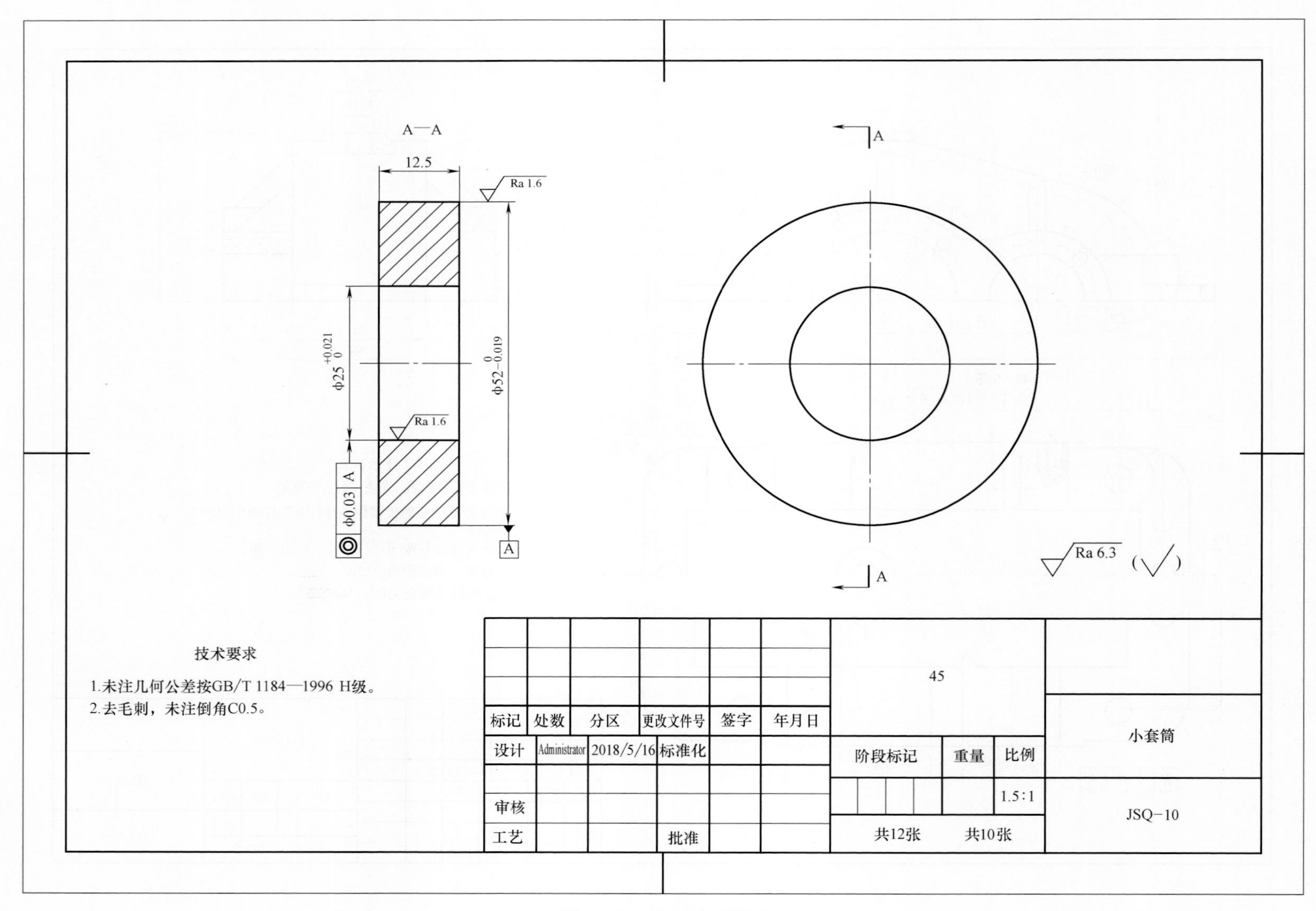

图 9-119　小套筒零件图

11. 箱座（图 9-120）

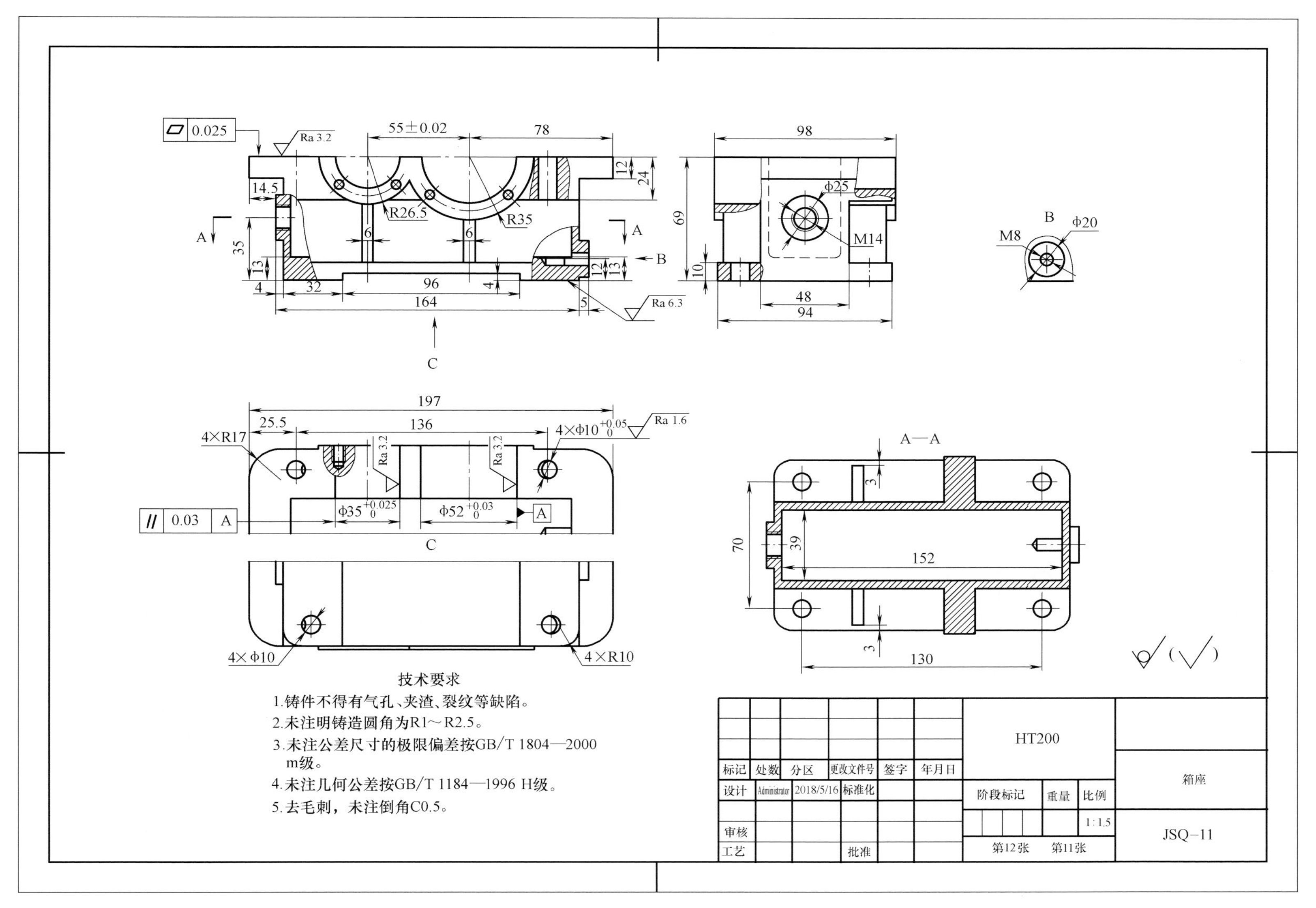

图 9-120　箱座零件图

9.2.6 减速器二维装配图的绘制

如图 9-121 所示，减速器结构复杂，因此需要三个视图才能完全表达各个零部件间的装配关系。

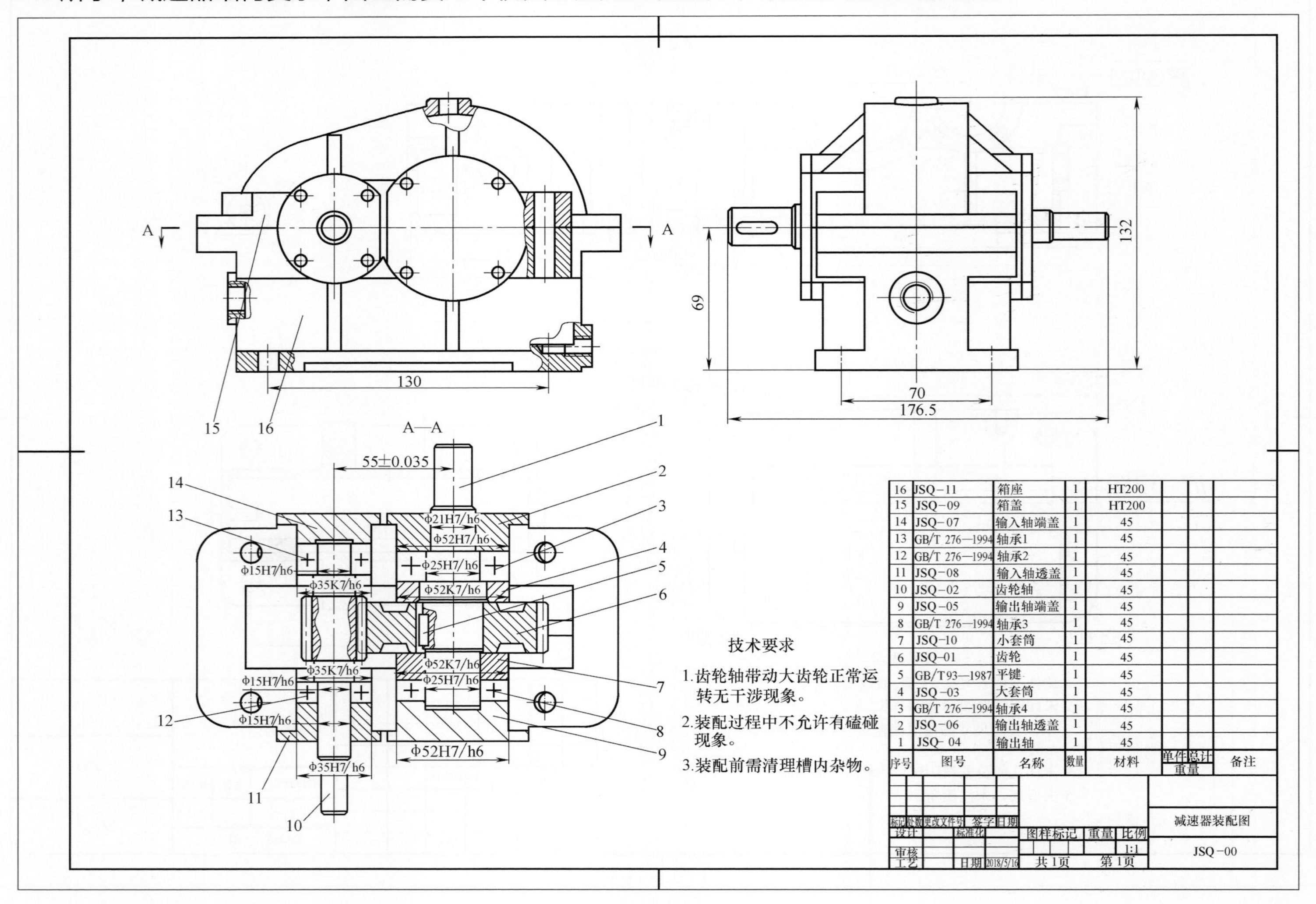

序号	图号	名称	数量	材料	单件重量	总计重量	备注
16	JSQ-11	箱座	1	HT200			
15	JSQ-09	箱盖	1	HT200			
14	JSQ-07	输入轴端盖	1	45			
13	GB/T 276—1994	轴承1	1	45			
12	GB/T 276—1994	轴承2	1	45			
11	JSQ-08	输入轴透盖	1	45			
10	JSQ-02	齿轮轴	1	45			
9	JSQ-05	输出轴端盖	1	45			
8	GB/T 276—1994	轴承3	1	45			
7	JSQ-10	小套筒	1	45			
6	JSQ-01	齿轮	1	45			
5	GB/T93—1987	平键	1	45			
4	JSQ-03	大套筒	1	45			
3	GB/T 276—1994	轴承4	1	45			
2	JSQ-06	输出轴透盖	1	45			
1	JSQ-04	输出轴	1	45			

图 9-121　减速器的装配图

9.3 节流阀的测绘

9.3.1 节流阀零部件尺寸的测量与确定

1. 端盖尺寸的测量（图 9-122）

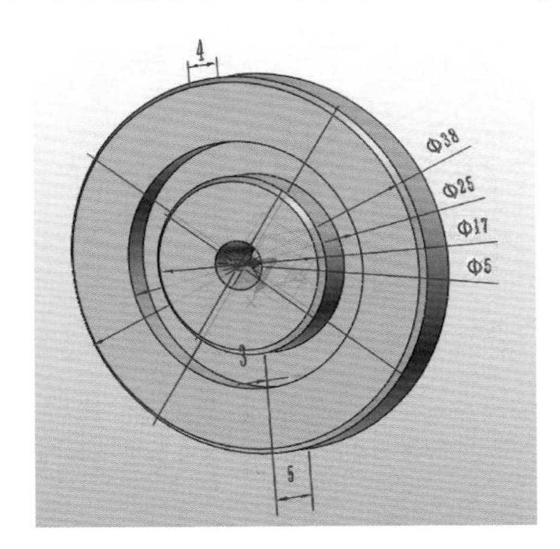

图 9-122 端盖尺寸

2. 阀套尺寸的测量（图 9-123 和图 9-124）

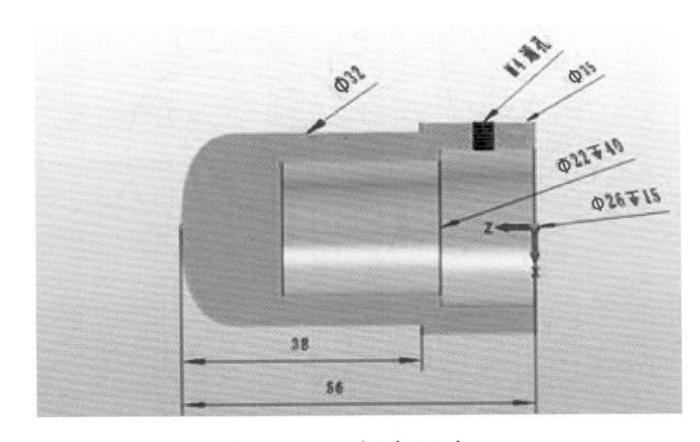

图 9-123 阀套尺寸 1

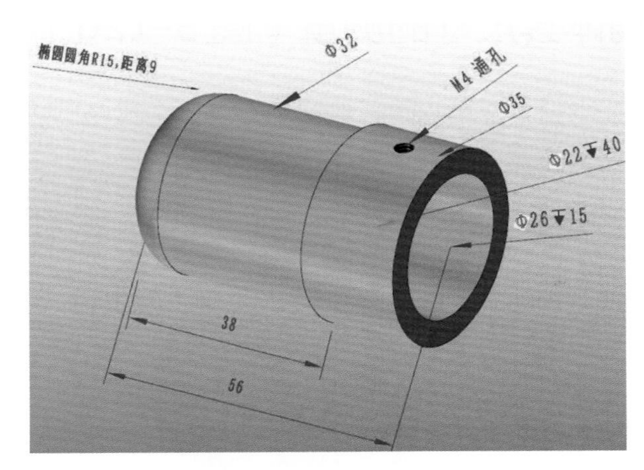

图 9-124 阀套尺寸 2

3. 阀盖尺寸的测量（图 9-125）

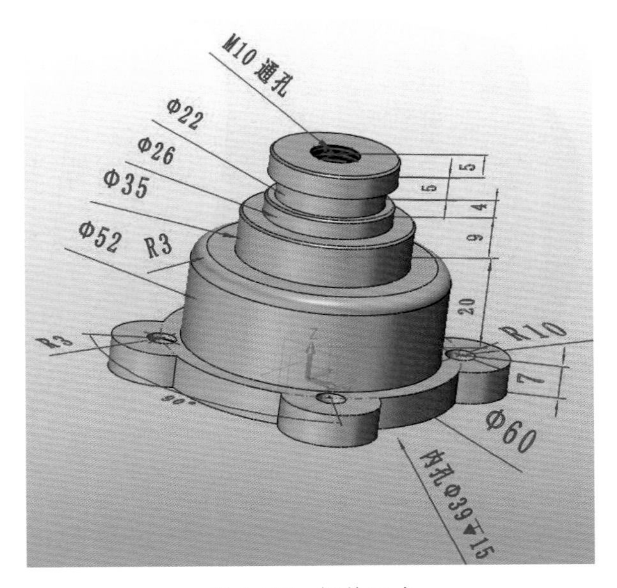

图 9-125 阀盖尺寸

4. 阀体套尺寸的测量（图 9-126）

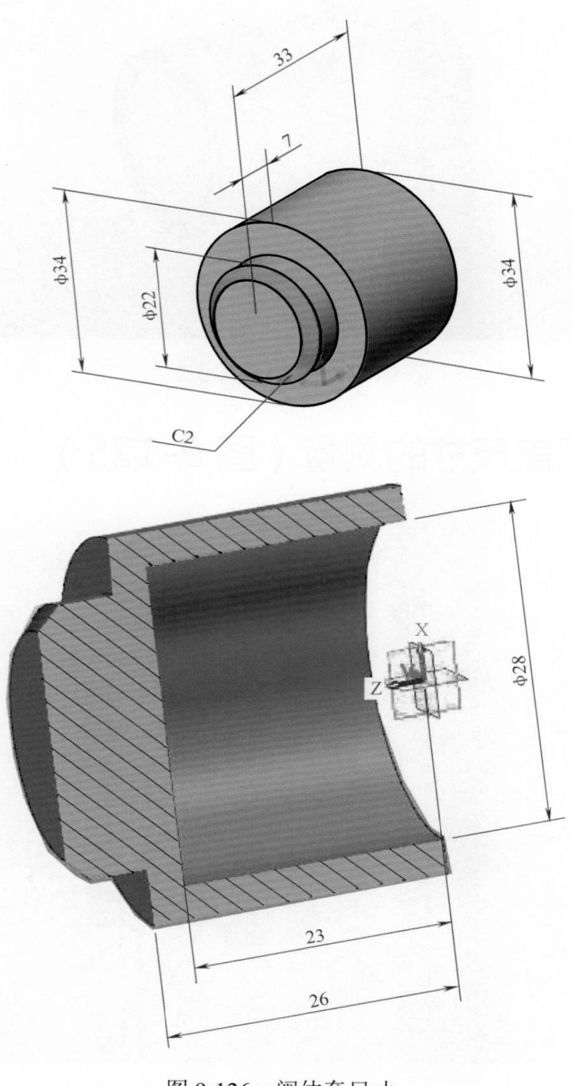

图 9-126　阀体套尺寸

5. 阀体尺寸的测量（图 9-127 ~图 9-129）

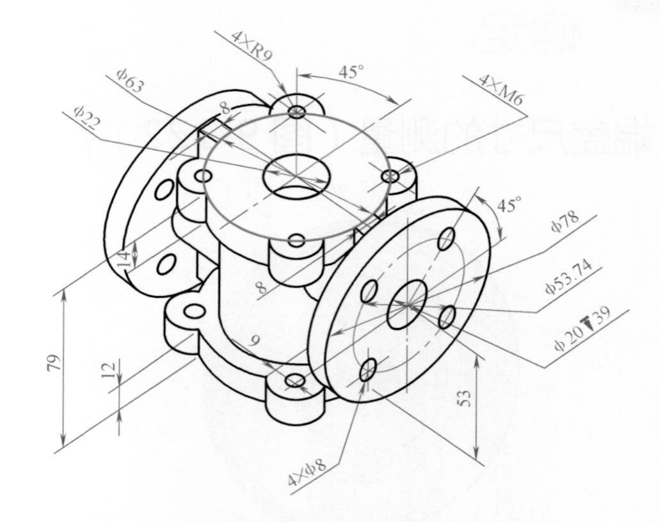

图 9-127　阀体尺寸 1

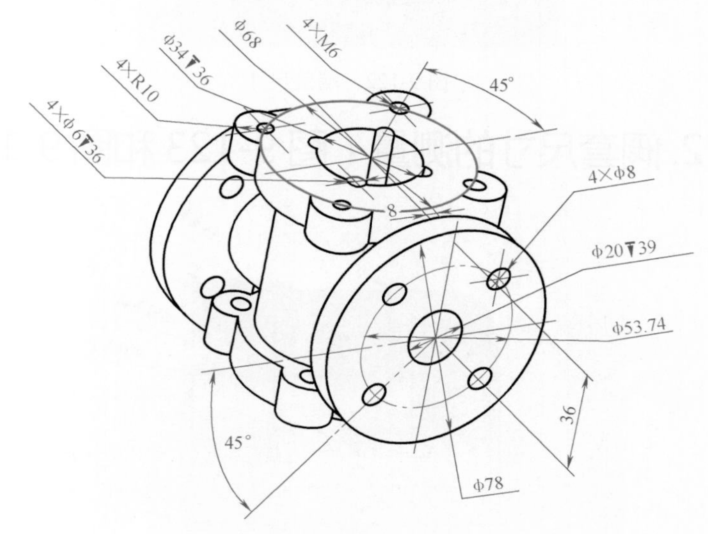

图 9-128　阀体尺寸 2

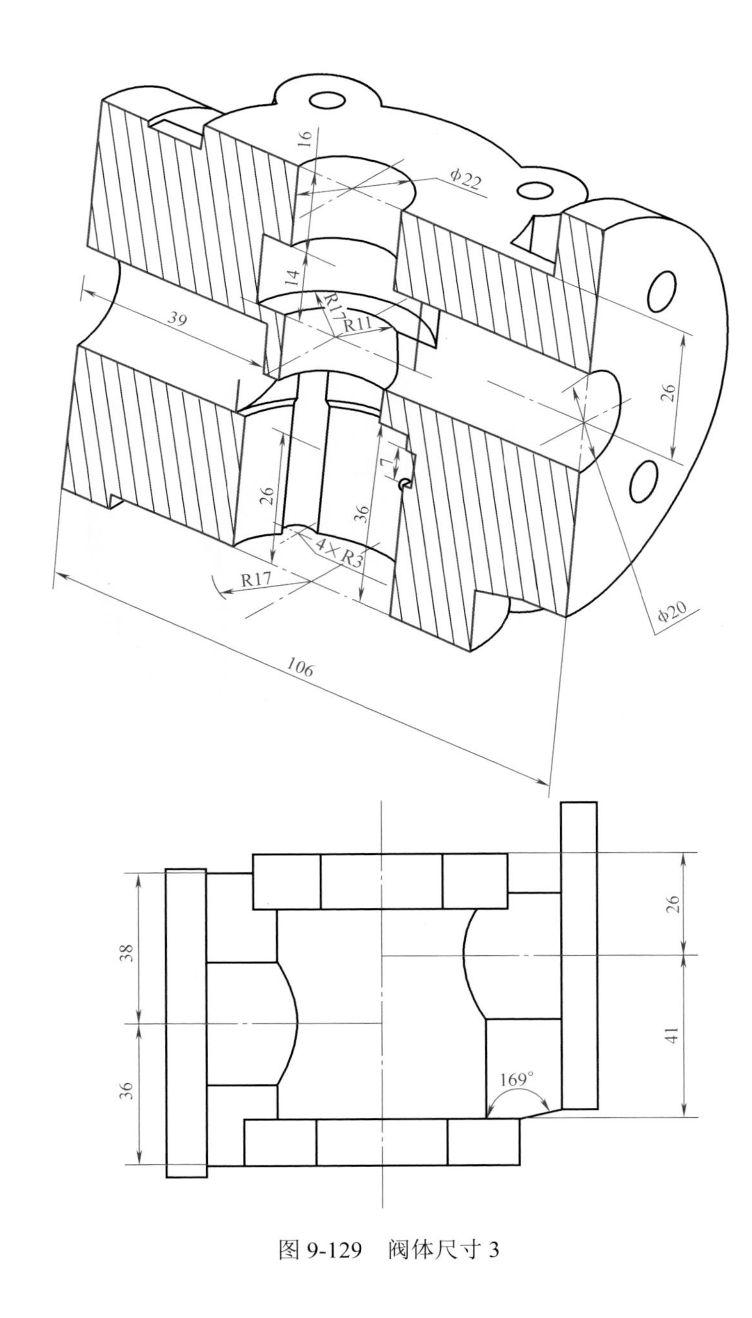

图 9-129 阀体尺寸 3

9.3.2 节流阀零部件的三维建模

1. 端盖的三维建模

创建新的端盖三维模型文件，单击“圆柱体”命令，拉伸ϕ38mm圆柱体高度为5mm；选择圆柱端面作为草图平面并进入草图，绘制圆柱的两个同心圆ϕ25mm、ϕ18mm轮廓，退出草图后，运用拉伸减运算功能切除深度为3mm的圆凹槽三维模型；拉伸ϕ5mm通孔，拉伸ϕ18mm台阶，拉伸高度为1mm；最后对各个锐边倒角，如图9-130所示。

图9-130 端盖

2. 阀套的三维建模

创建新的阀套三维模型文件，单击“圆柱体”命令，拉伸ϕ35mm圆柱体，拉伸高度为18mm；拉伸ϕ32mm圆柱体，拉伸高度为38mm；拉伸减运算切除ϕ26mm圆柱孔，切除深度为15mm；拉伸减运算切除ϕ22mm圆柱孔，切除深度为40mm;打螺纹孔M4；最后倒椭圆圆角R15mm，距离9mm，如图9-45所示。

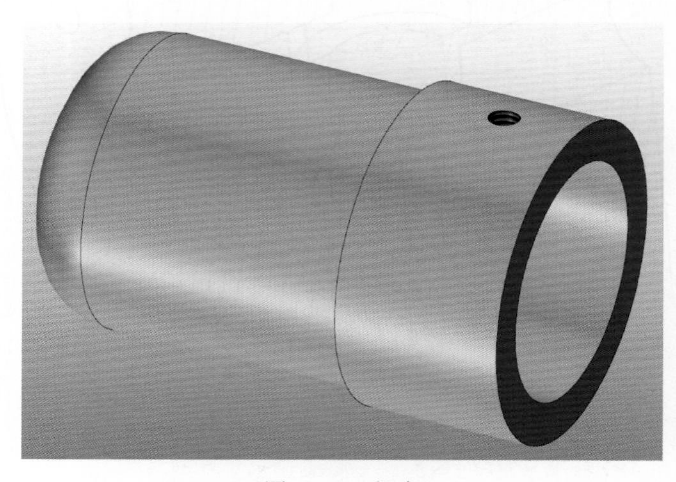

图9-131 阀套

3. 阀盖的三维建模

1）创建新的阀盖三维模型文件，选择XY草图平面并进入草图，绘制固定板轮廓，退出草图后，运用拉伸基体功能完成固定板三维模型；单击“圆柱体”命令，拉伸ϕ52mm台阶，以固定板做同心圆拉伸圆柱体高度为20mm；拉伸ϕ35mm台阶，拉伸高度为9mm；拉伸ϕ26mm台阶，拉伸高度为4mm；拉伸ϕ22mm圆柱体，拉伸高度为5mm；拉伸ϕ52mm台阶，拉伸高度为5mm；拉伸底面内孔ϕ39mm，切除高度为25mm，如图9-132所示。

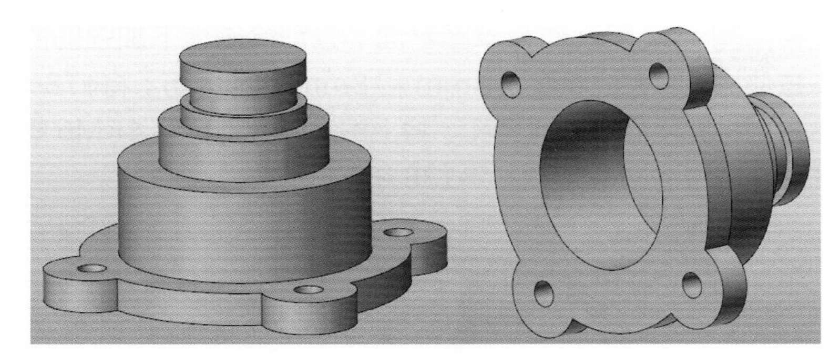

图 9-132 阀盖 1

2）单击“孔”→“螺纹孔”命令，以内孔做同心圆 M10 的圆心，完成 M10 螺纹通孔的创建；最后锐边倒圆倒角，如图 9-133 所示。

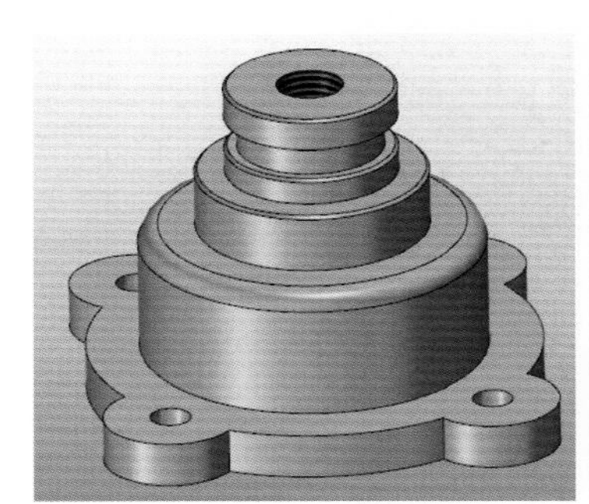

图 9-133 阀盖 2

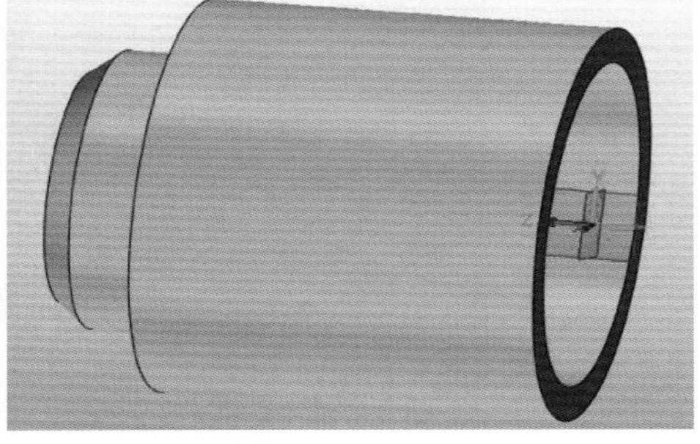

图 9-134 阀体套

4. 阀体套的三维建模

创建新的阀体套三维模型文件，单击“圆柱体”命令，拉伸 ϕ34mm 圆柱体，拉伸高度为 26mm；拉伸 ϕ22mm 圆柱体，拉伸高度为 7mm；使用拉伸减运算功能拉伸 ϕ28mm 圆柱孔，切除深度为 23mm；最后，对 ϕ22mm 圆柱体端部倒角 C2，如图 9-134 所示。

5. 阀体的三维建模

1）创建新的阀体三维模型文件，选择 XY 面作为草图平面并进入草图，绘制 ϕ63mm 与 4 个 ϕ18mm 圆弧组成的轮廓，退出草图后，运用拉伸基体功能完成高度 14mm 的基体三维模型，单击“圆柱体”命令，以 ϕ63mm 做圆心拉伸 ϕ52mm 圆柱体，拉伸高度为 53mm；选择端面创建草图，绘制 ϕ68mm 与 4 个 ϕ20mm 圆弧组成的凸台轮廓，退出草图后，运用拉伸加运算功能完成高度 12mm 的凸台三维模型，如图 9-135 所示。

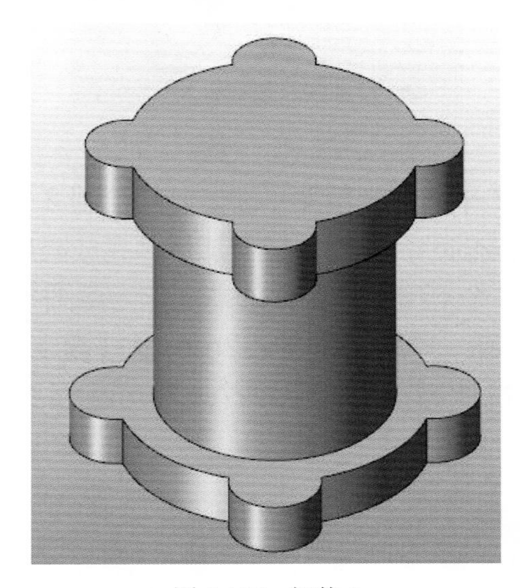

图 9-135 阀体 1

2）单击“圆柱体”命令，切除 ϕ22mm 圆柱通孔；选择 ϕ68mm 凸台的端面创建草图，绘制 ϕ34mm 与 4 个 ϕ6mm 圆弧组成的型腔以及 ϕ38mm、ϕ34mm 轮廓，切除型腔的深度为 36mm，切除 ϕ38mm 深 7mm 与 ϕ34mm 深 14mm 的内沟槽，如图 9-136 所示。

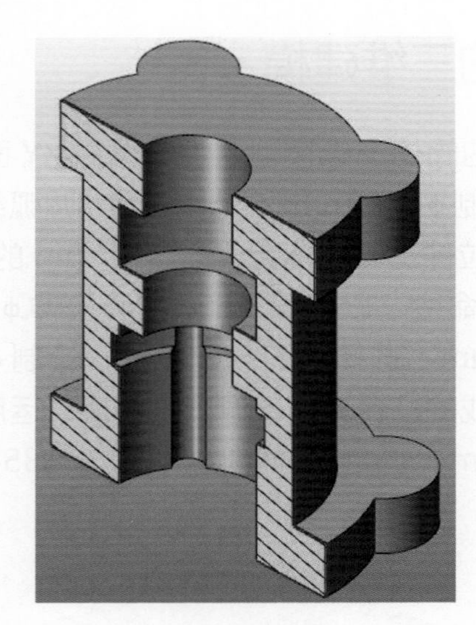

图 9-136 阀体 2

3）选择 YZ 平面作为草图平面，分别绘制 2 个ϕ78mm 与 8 个ϕ8mm 圆组成的凸台轮廓，拉伸加运算完成高度为 9mm 的凸台；分别选择 2 个ϕ78mm 凸台的端面作为草图平面，绘制 2 个ϕ33mm 圆的草图，然后拉伸到ϕ52mm 圆柱面；分别以ϕ78mm 凸台为圆心，拉伸减运算切除两个ϕ20mm 通孔，如图 9-137 所示。

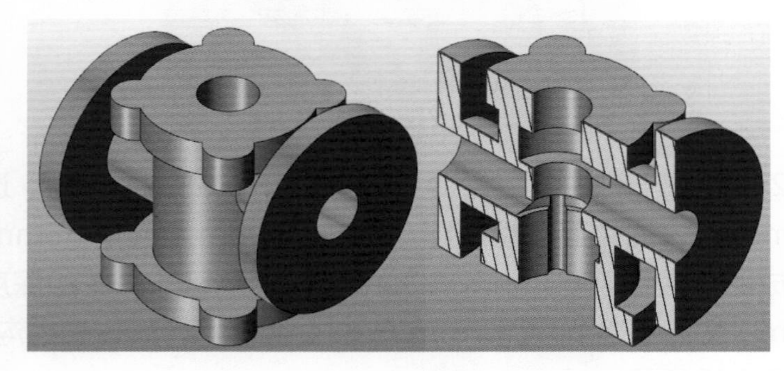

图 9-137 阀体 3

4）选择 XZ 平面作为草图平面，分别绘制上下加强筋的轮廓，拉伸加运算完成厚度为 4mm 和 8mm 的加强筋；将ϕ78mm 凸台分别打孔 4×ϕ8mm 通孔；将上下表面分别打孔 4×M6 螺纹通孔；最后锐边倒角，如图 9-138 所示。

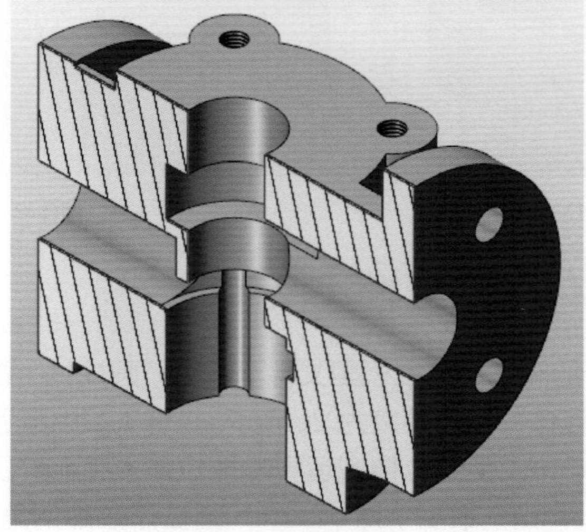

图 9-138 阀体 4

6. 节流阀的三维装配

导入各个零件的三维模型，并按照实际运动原理利用同心、重合、平衡等约束功能完成节流阀的三维装配，如图 9-139 所示。

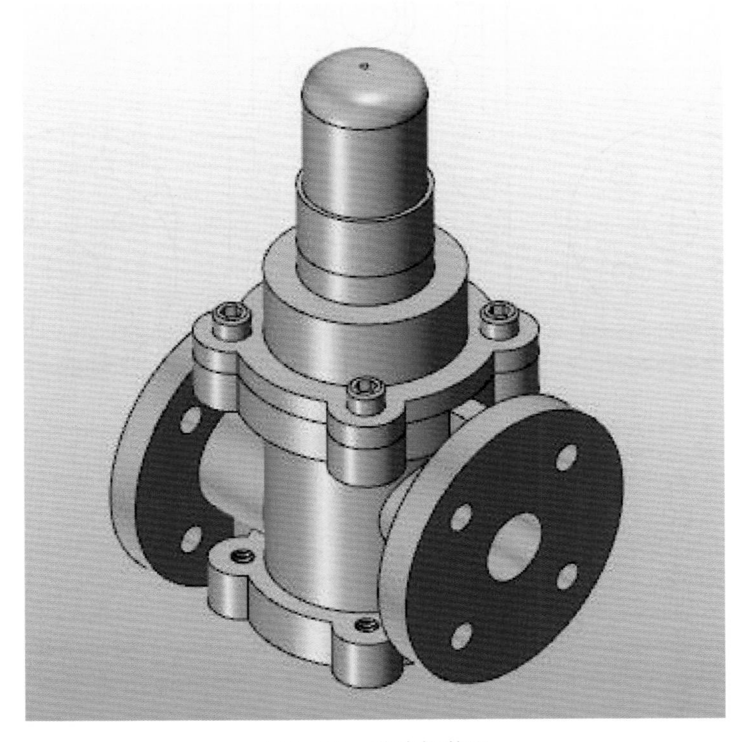

图 9-139　节流阀装配

9.3.3 节流阀零部件工程图的导出

1. 端盖（图 9-140）

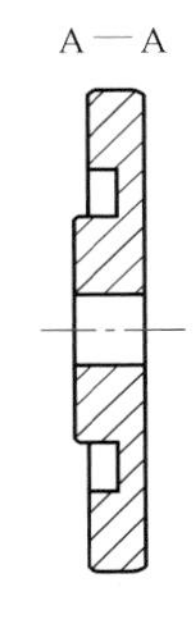

图 9-140　端盖工程图

2. 阀套（图 9-141）

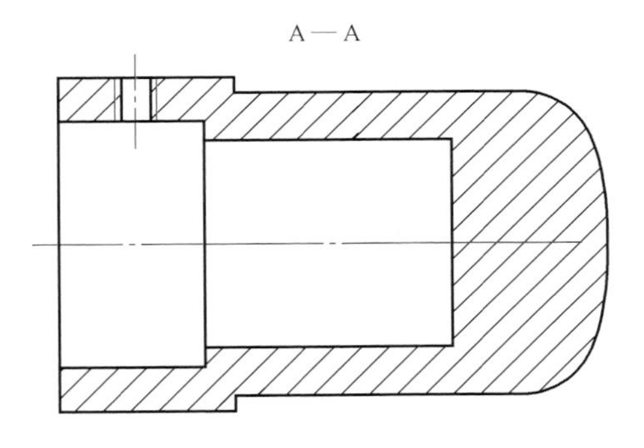

图 9-141　阀套工程图

3. 阀盖（图 9-142）

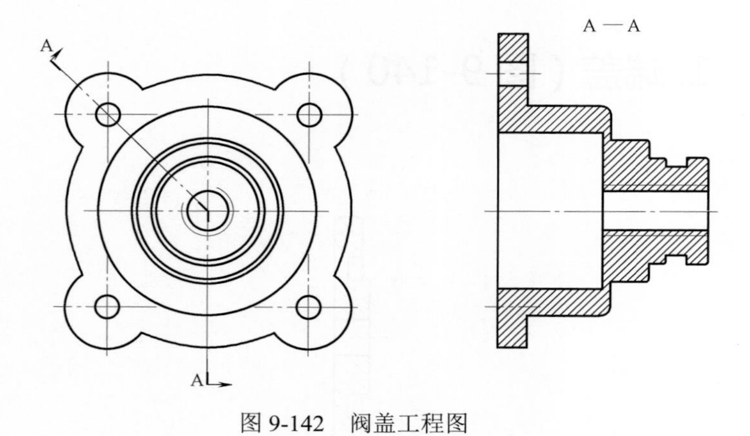

图 9-142 阀盖工程图

4. 阀体套（图 9-143）

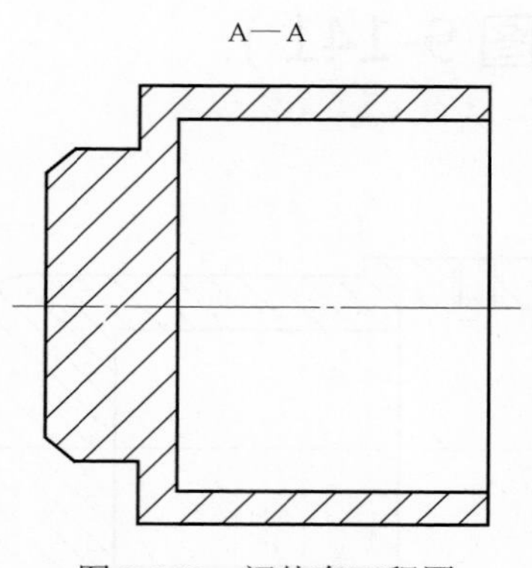

图 9-143 阀体套工程图

5. 阀体（图 9-144）

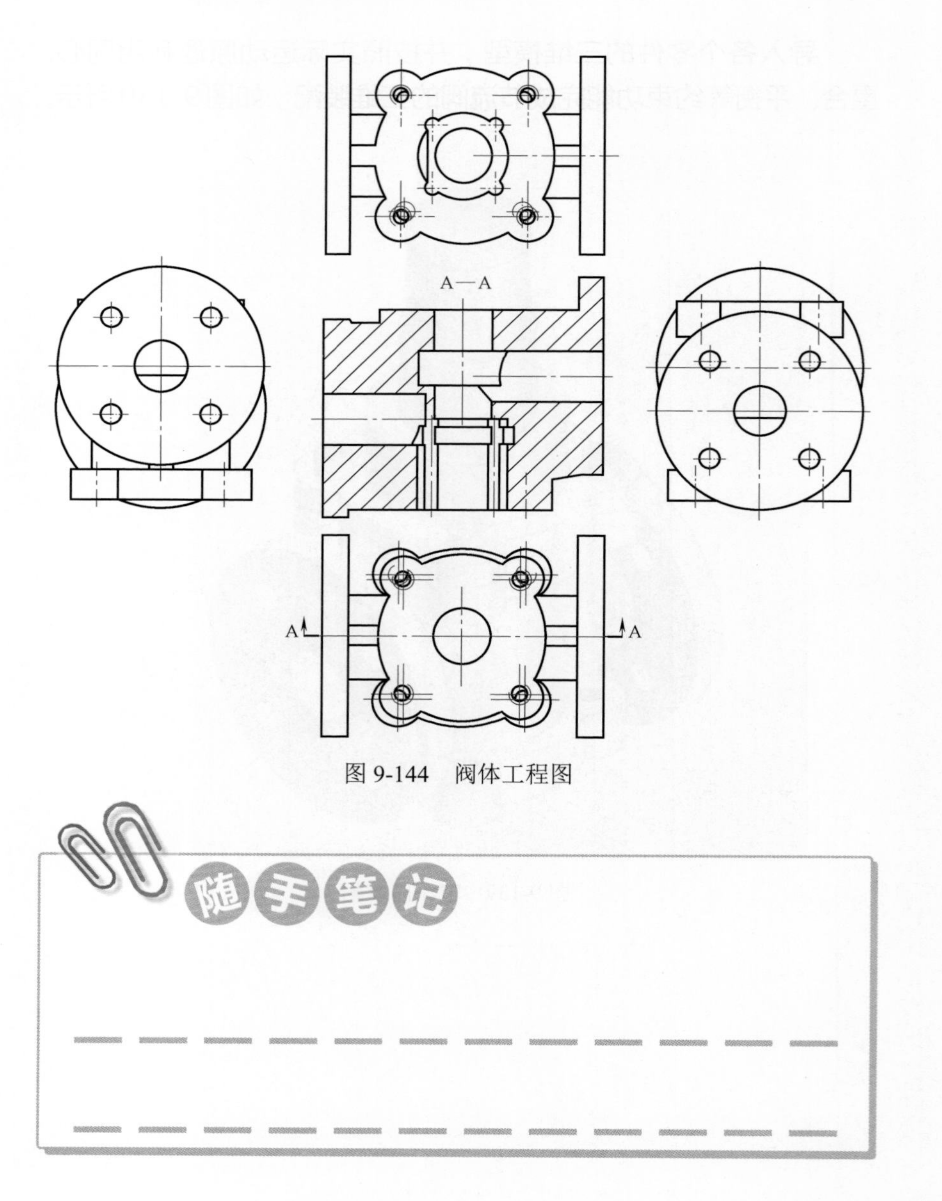

图 9-144 阀体工程图

随手笔记

9.3.4 节流阀零部件二维图样的视图表达与尺寸标注

1. 端盖（图 9-145）

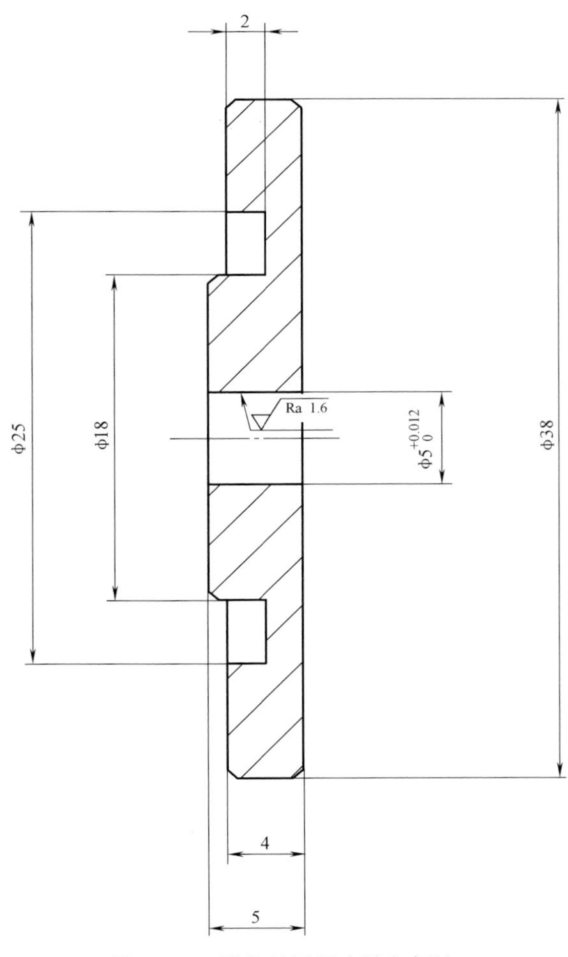

图 9-145 端盖的视图表达与标注

2. 阀套（图 9-146）

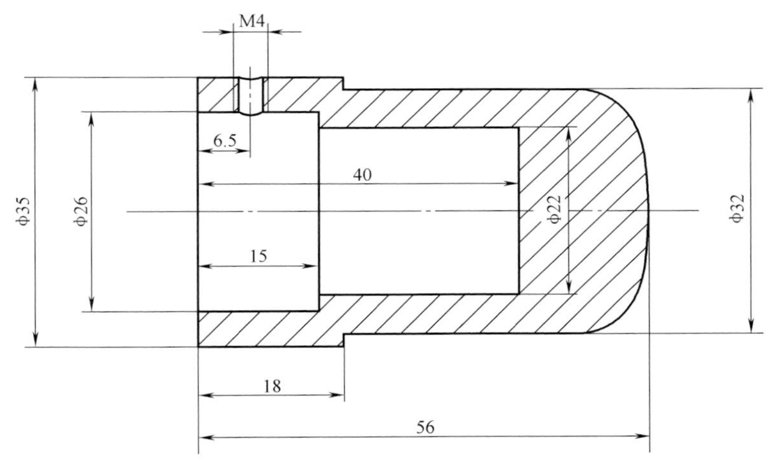

图 9-146 阀套的视图表达与标注

3. 阀体套（图 9-147）

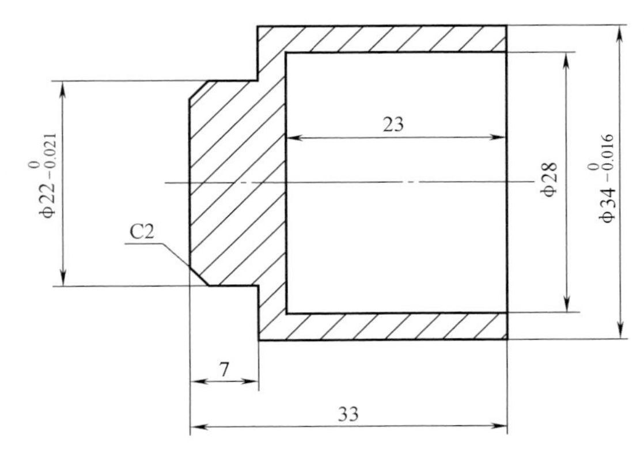

图 9-147 阀体套的视图表达与标注

4. 阀盖（图 9-148）

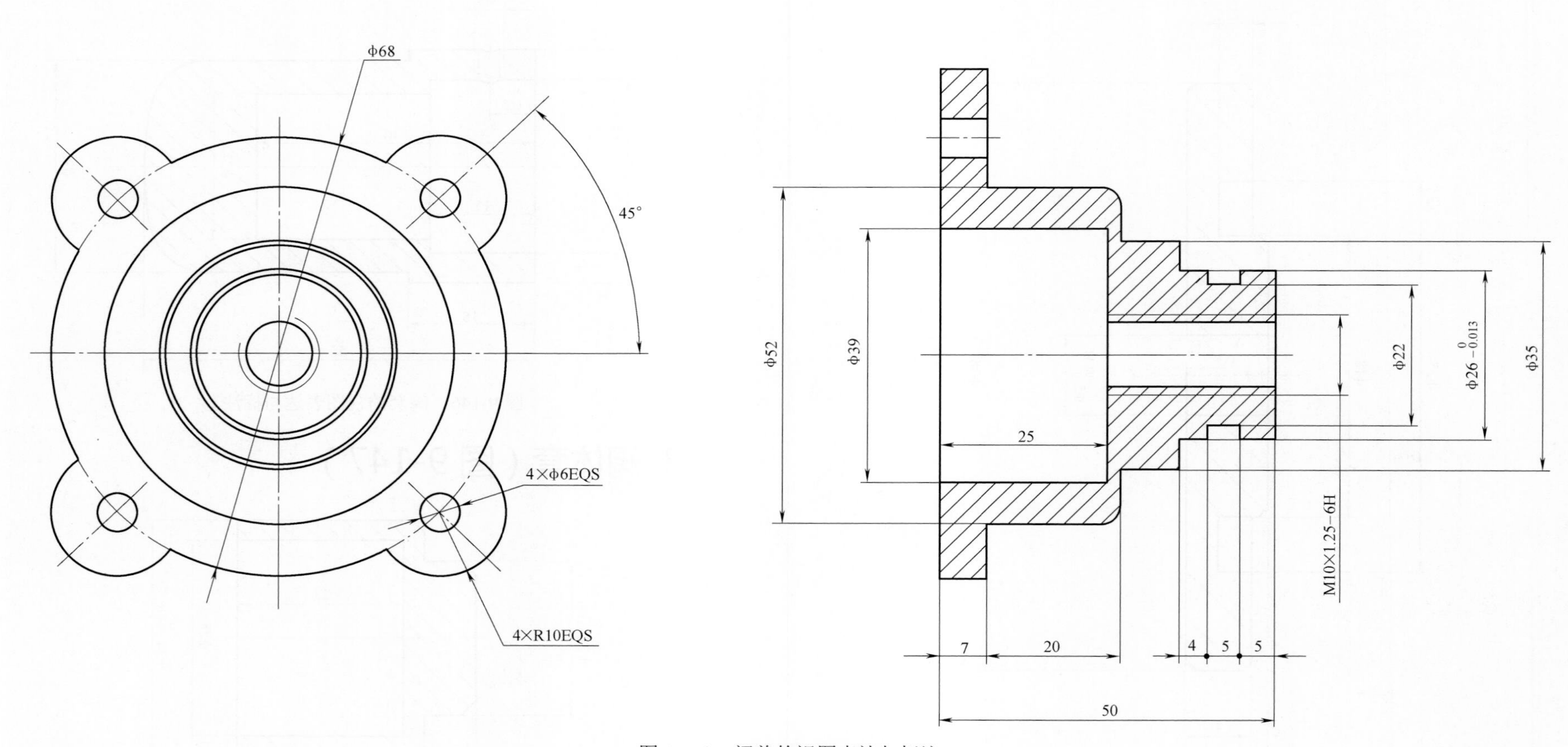

图 9-148　阀盖的视图表达与标注

5. 阀体（图 9-149）

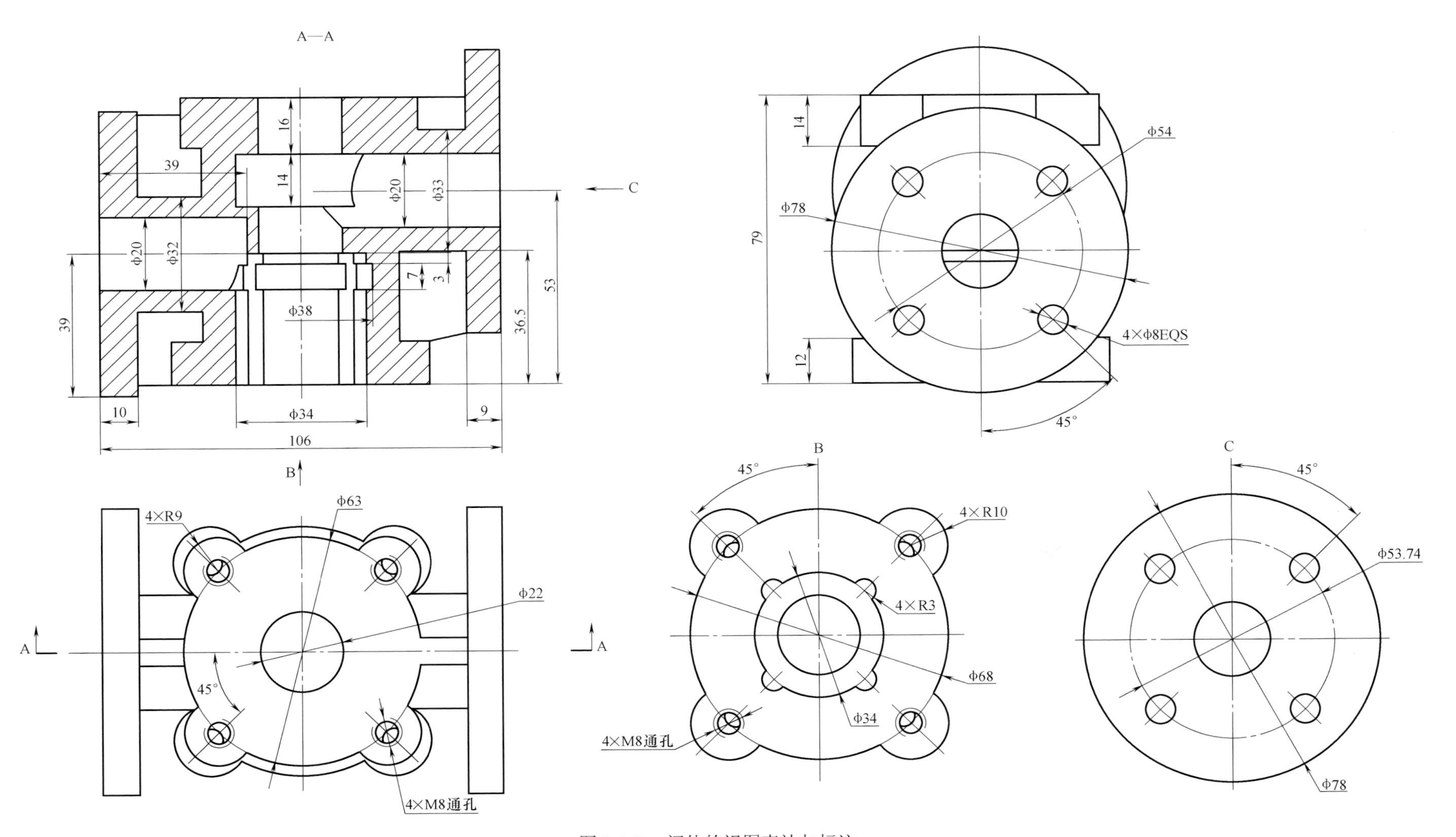

图 9-149 阀体的视图表达与标注

9.3.5 节流阀零部件几何公差与表面粗糙度及技术要求的书写

1. 端盖（图 9-150）

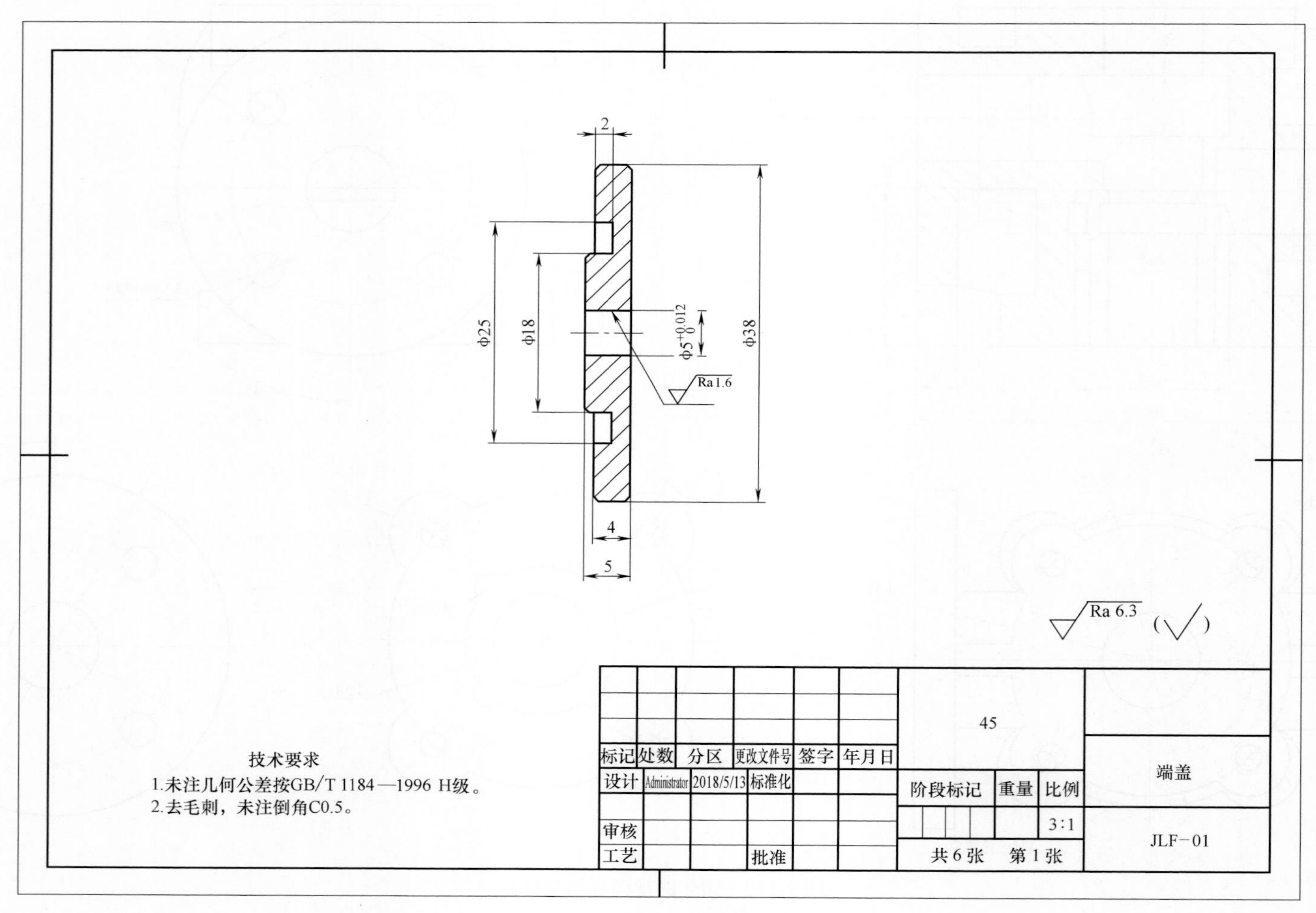

图 9-150　端盖零件图

2. 阀套（图 9-151）

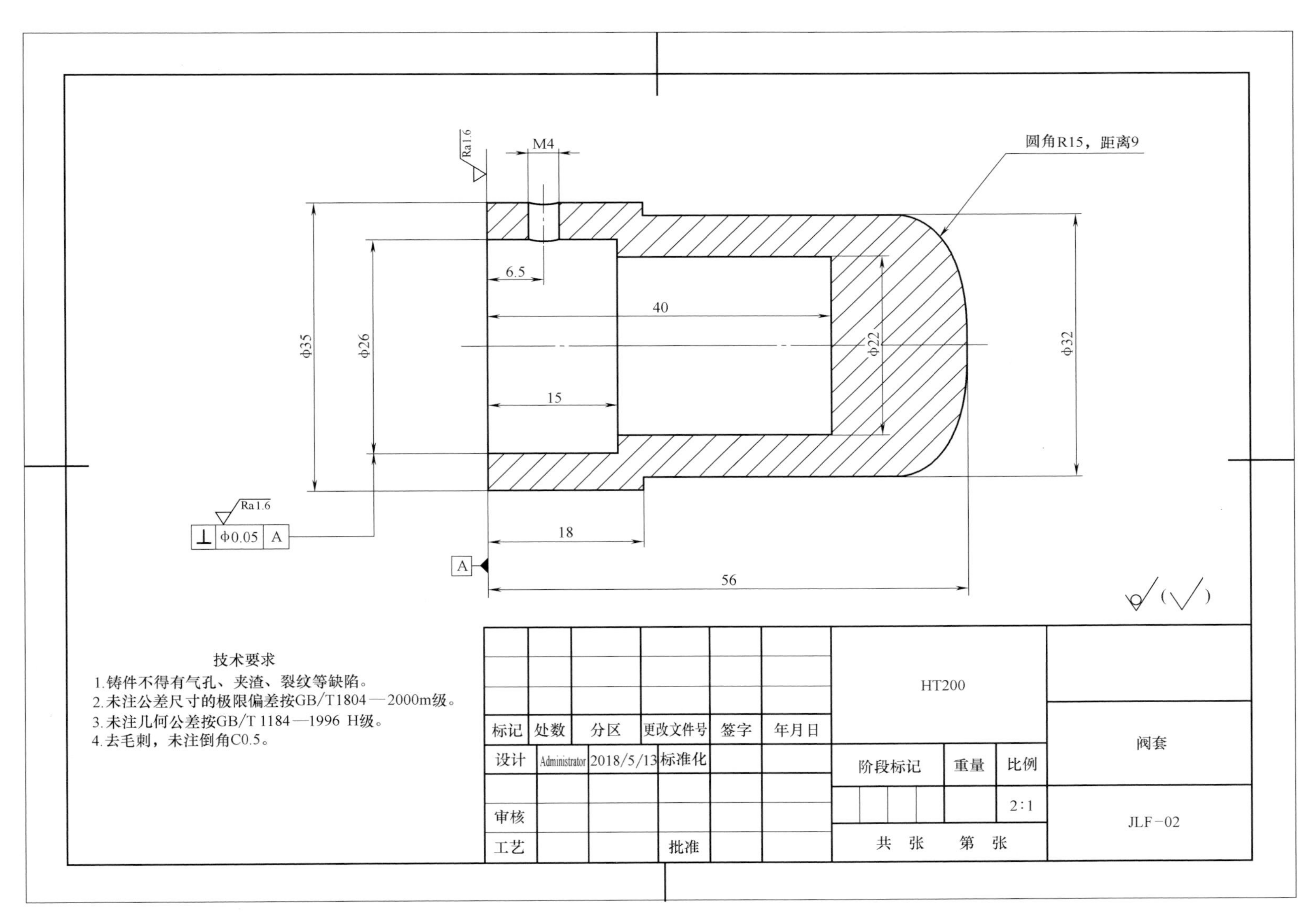

图 9-151 阀套零件图

3. 阀盖（图 9-152）

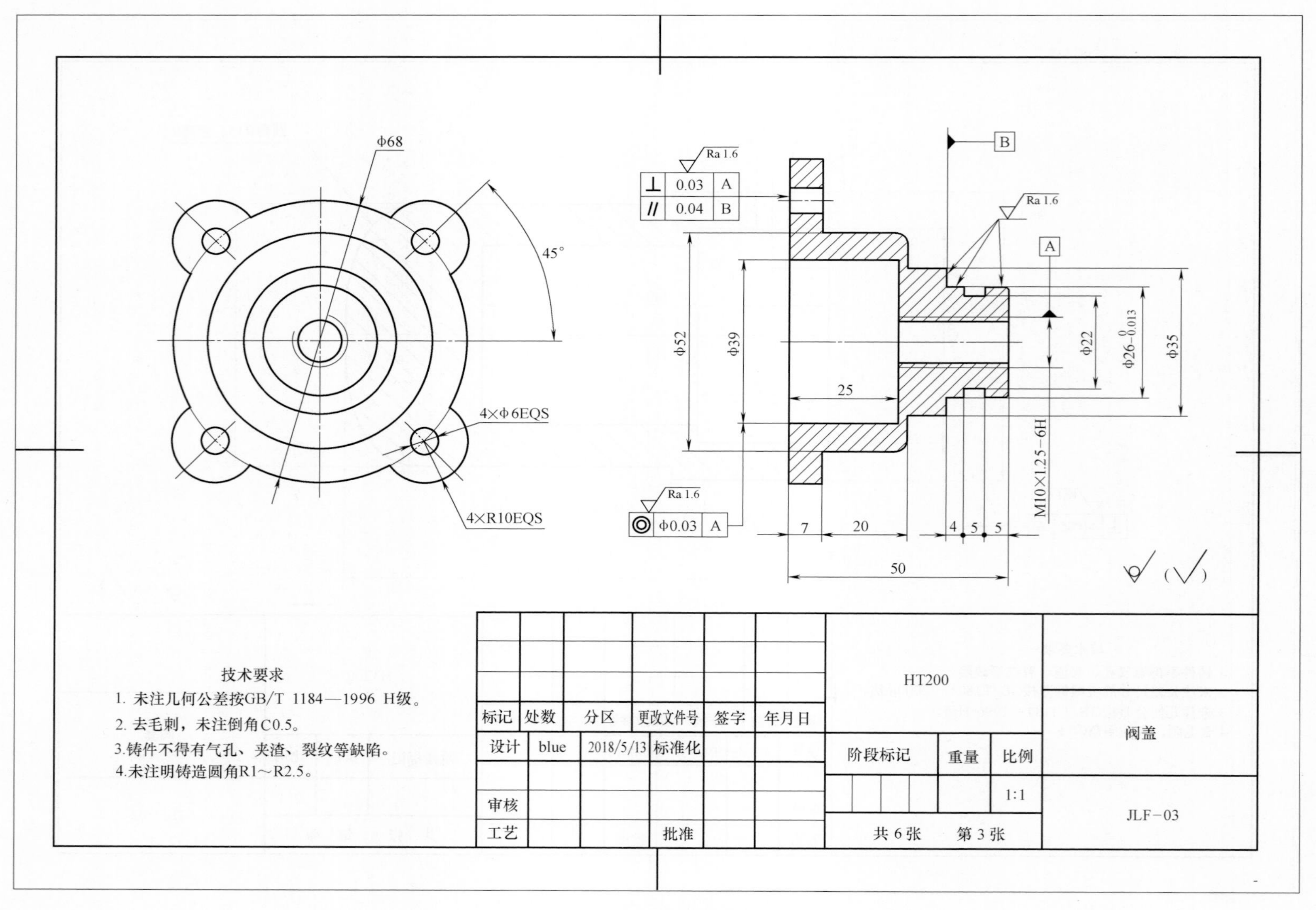

图 9-152　阀盖零件图

4. 阀体套（图 9-153）

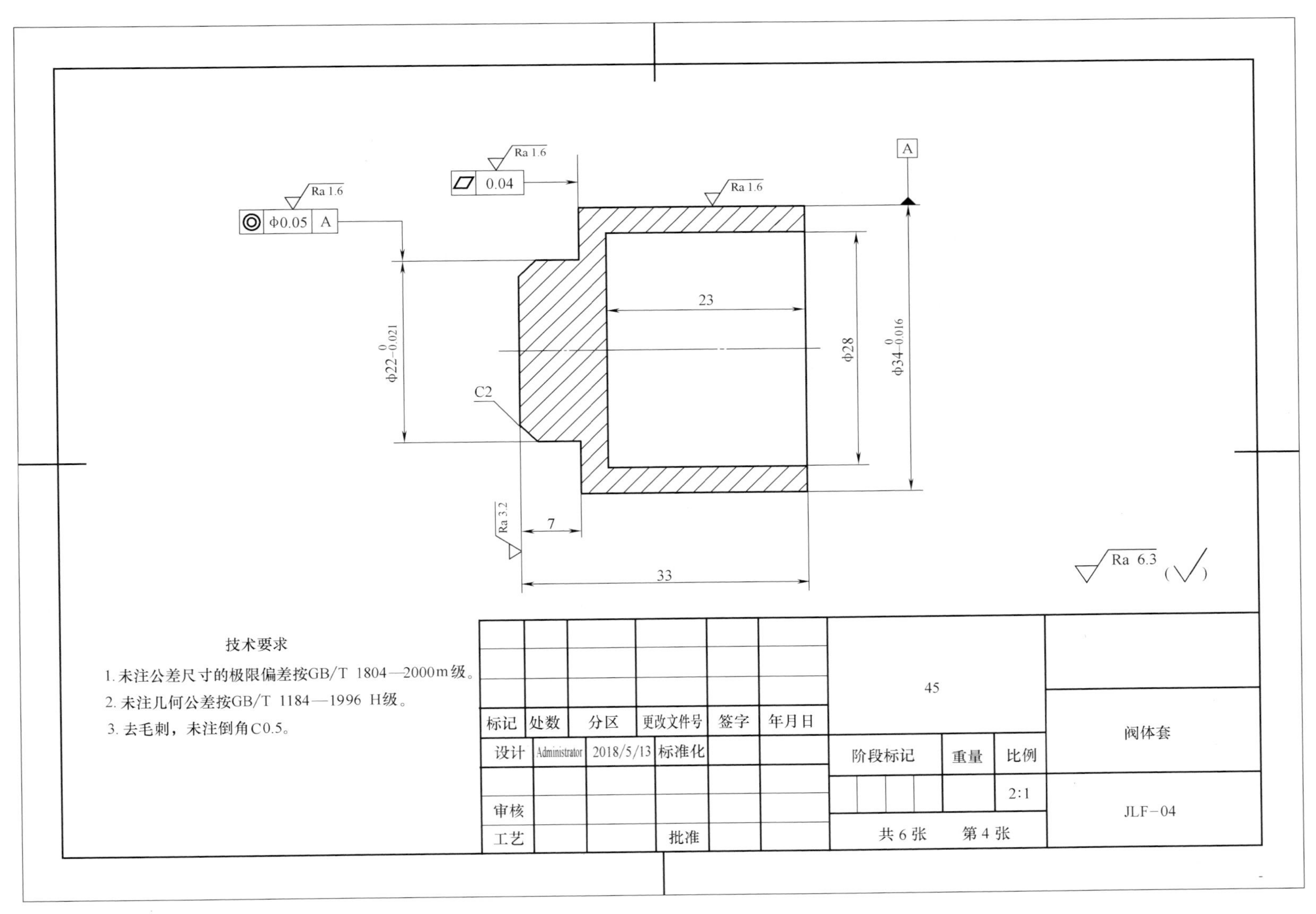

图 9-153　阀体套零件图

5. 阀体（图 9-154）

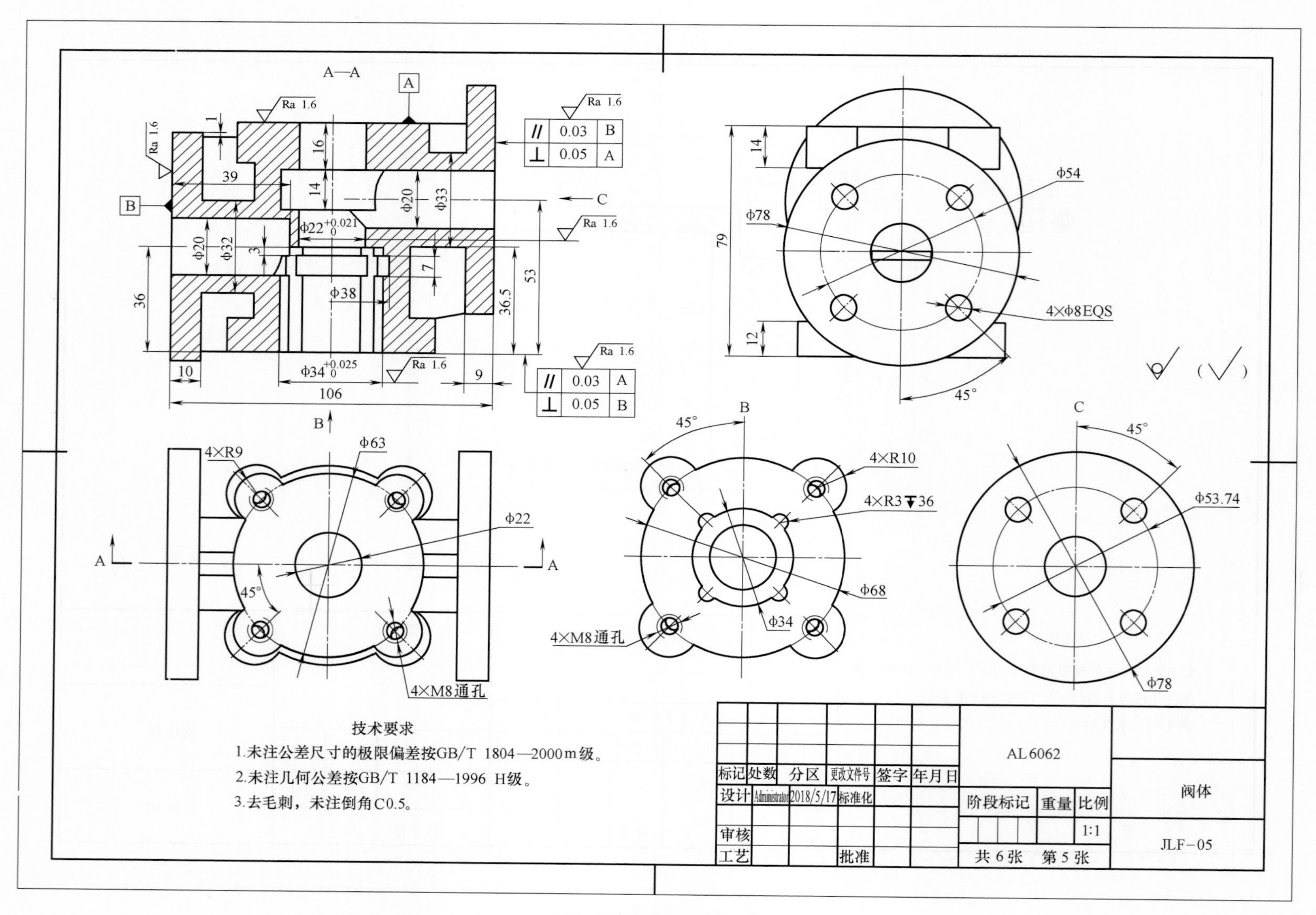

图 9-154 阀体零件图

9.3.6 节流阀二维装配图的绘制

如图 9-155 所示，阀体零件的内部结构不太复杂，因此，两幅视图就能表达清楚其各零部件之间的装配关系。

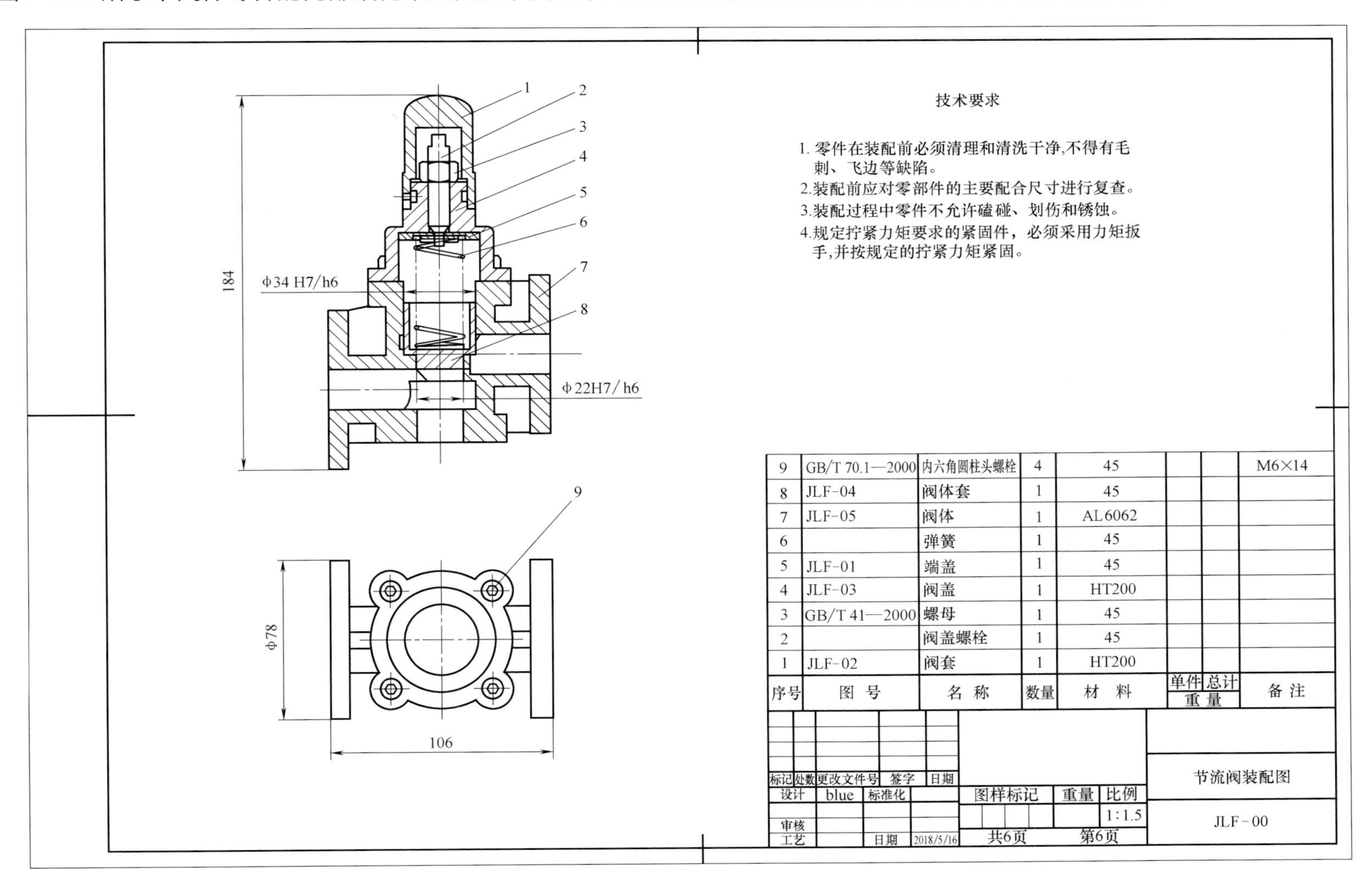

序号	图 号	名 称	数量	材 料	单件重量	总计重量	备 注
9	GB/T 70.1—2000	内六角圆柱头螺栓	4	45			M6×14
8	JLF-04	阀体套	1	45			
7	JLF-05	阀体	1	AL6062			
6		弹簧	1	45			
5	JLF-01	端盖	1	45			
4	JLF-03	阀盖	1	HT200			
3	GB/T 41—2000	螺母	1	45			
2		阀盖螺栓	1	45			
1	JLF-02	阀套	1	HT200			

图 9-155　节流阀装配图

参 考 文 献

［1］ 蒋继红，何时剑，姜亚南．机械零部件测绘［M］．北京：机械工业出版社，2009.

［2］ 毛江峰，强光辉．机械绘图实例应用（中望机械 CAD 教育版）［M］．北京：清华大学出版社，2016.

［3］ 范梅梅，肖友才．极限配合与技术测量［M］．北京：高等教育出版社，2015.

［4］ 樊宁，何培英．典型机械零部件表达方法 350 例［M］．北京：化学工业出版社，2016.

［5］ 付赐寿．看图与画图制图题解 919 例［M］．北京：化学工业出版社，2013.

［6］ 冯仁余，白丽娜．机械制图与识图难点解析［M］．北京：化学工业出版社，2016.

［7］ 刘立平．制图测绘与 CAD 实训［M］．上海：复旦大学出版社，2015.

［8］ 陈国清．浅谈《零部件测绘与 CAD 成图技术》技能竞赛对中职机械制图和 CAD 制图课程整合的影响［J］．大陆桥视野，2016（18）：241.

［9］ 王旭东，周岭．机械制图零部件测绘［M］．广州：暨南大学出版社，2010.

［10］ 钱志芳．机械制图［M］．南京：江苏教育出版社，2010.